实干的人，还要会巧干

给予，让你的生命增值

你无法改变世界时
请改变你自己

连山 ☆ 编著

四川人民出版社

图书在版编目（CIP）数据

你无法改变世界时：请改变你自己 / 连山编著 . -- 成都：四川人民出版社，2020.5

ISBN 978-7-220-11629-2

Ⅰ . ①你… Ⅱ . ①连… Ⅲ . ①人生哲学—通俗读物 Ⅳ . ① B821-49

中国版本图书馆 CIP 数据核字 (2019) 第 210905 号

NI WUFA GAIBIAN SHIJIE SHI : QING GAIBIAN NI ZIJI

你无法改变世界时：请改变你自己

连山 编著

出 版 人	黄立新
策划组稿	张明辉
责任编辑	张东升
营销策划	张明辉
插画绘制	金版文化
封面设计	简明波
责任校对	吴 玥
责任印刷	许 茜
出版发行	四川人民出版社（成都槐树街2号）
网 址	http：//www.scpph.com
E-mail	sarmcbs@sina.com
新浪微博	@四川人民出版社
微信公众号	四川人民出版社
发行部业务电话	（028）86259624 86259453
防盗版举报电话	（028）86259624
印 刷	深圳市雅佳图印刷有限公司
成品尺寸	135mm × 180mm
印 张	14
字 数	300千
版 次	2020年5月第1版
印 次	2020年5月第1次印刷
书 号	ISBN 978-7-220-11629-2
定 价	48.00元

前言

Preface

卡耐基训练中国公司负责人黑幼龙说过："不抱怨的人一定是最快乐的人，没有抱怨的世界一定最令人向往。"

人类的烦恼起源于困难本身，但让烦恼得以延续下去的却是抱怨。心理学家研究发现，人们所有的消极情绪和负面情绪不断滋长的根源就在于抱怨。当出现问题或者面对困境时，大多数人会习惯性地先推卸责任，去指责和抱怨他人。对于抱怨，17世纪的西班牙思想家、哲学家格拉西安告诫人们："藏起你受伤的手指，否则它会四处碰壁。"抱怨也许是一帖心灵的镇痛剂，能暂时缓解失败的痛苦，但却不能从根本上解决问题，它只会在你的痛觉苏醒的时候让你的痛感更加强烈。久而久之，抱怨就成了难以戒掉的"鸦片"。一个人的心态决定了他的行为和语言，同样，一个人的行为和语言也折射了他的心态，越是少抱怨、积极进取的人越容易成功，越是怨天尤人、失意颓废的人越容易失败。

为了让人们远离抱怨，美国知名牧师威尔·鲍温发起了一项"不抱怨运动"，邀请每位参加者戴上一个紫手环，只要一察觉自己开始抱怨，就将紫手环换到另一只手上，以此类推，直到这个紫手环能持续戴在同一只手上21天为止。威尔·鲍温和他的同事们把这种鼓励人们放下抱怨、用健康的心态面对生活的运动，称为"紫手环的力量"。全世界80多个国家、600多万人参与了这项不抱怨的运动，无数人的命运因其而改变。

这项运动的发起者威尔·鲍温牧师强调："在你的手中，握有翻转人生的秘密。"抱怨这种负面思维不但是我们最大的敌人，还会影响他人。不抱怨是成功人生的最佳态度。优秀的人很少抱怨，抱怨是失败的标签、愚者的陋习。人生要面对的是非成败实在太多，如果对所得所失不能处之泰然，就会影响到前进的方向。“人生就是与困境周旋”，人生总有诸多不如意，战胜失意才能得意。英国著名诗人、政论家弥尔顿双目失明，德国最伟大的音乐家贝多芬双耳失聪，意大利小提琴大师帕格尼尼最后因病不能发声，但正是这三位最有资格抱怨不幸的人被称为“世界文艺史上三大怪杰”，是不抱怨、积极面对人生让他们获得了杰出的成就。可以说，抱怨让我们失去，不抱怨让我们获得。

不抱怨是获得幸福生活的秘密所在。“对过去不悔，对现在不烦，对未来不忧”，远离抱怨能够让我们幸福快乐地生活。在无法得到自己想要的东西时，与其耿耿于怀，不如放下心结，整装待发，为下一次的奋斗做好准备。当我们抱怨时，其实是在不断强调我们不想要的人、事、物，但最终这些糟粕不会因抱怨而消失，它们还是会挥之不去，围绕在我们身边。不抱怨是一种大智慧，它是最有效的吸引力法则。不抱怨的人是最受欢迎的人，没有人喜欢喋喋不休的抱怨者。一味地抱怨，使人丧失的不只是面对生活的勇气，还有身边的朋友。爱抱怨也是影响人们职业生涯的因素之一。职场上永无休止的抱怨，只会让人失去奋斗的激情，且让他人敬而远之。荀子说：“自知者不怨人，知命者不怨天，怨人者穷，怨天者无志。”这就是说有自知之明的人会选择生活道路，不做无谓的抱怨，时刻把握命运的主动权。因此，我们应该学会感恩生活，远离抱怨。

愚者抱怨，智者行动。不抱怨具有正面的、令人积极进取的能量，能让我们拥有成功的人生和幸福的生活。这本《你无法改变世界时：请改变你自己》详尽分析了抱怨对人生各个方面的危害，诸如影响人际关系、阻碍事业发展、影响婚姻生活、使不良情绪无止境地蔓延、丧失积极进取的勇气等，同时阐述了帮助人们远离抱怨的各种方法和技巧，讲授了不抱怨的智慧。本书内容全面，技巧丰富，方法实用，道理深刻，以理论联系实际，以事例为佐证，是个人改善自我、走向成功的心灵读本，也是各种公司、组织提升团队精神、提高员工觉悟、促进整体发展的必选员工励志书。不抱怨，将从阅读本书开始。

目录

Contents

第一篇 不抱怨的世界

002 **PART 01 不抱怨，从紫手环运动开始**

002 终结抱怨，接受 21 天的挑战

005 内心足够强大，生命就会屹立不倒

007 抱怨是世界上最没有价值的语言

009 抱怨往往来自心理暗示

010 怨天尤人不如改变心态

013 **PART 02 接纳生活中的不公平**

013 生命本身并没有残缺

016 不要抱怨生活的不公平

017 水温够了茶自香

020 吃亏有时是一种福

022 **PART 03 不抱怨的磁场，将引来更多的快乐**

022 内心期待什么就能做成什么

024 我们随时都有选择快乐的权利

026 看淡得失，也就减少了痛苦

028 活着，就是一种幸福

031 **PART 04 不要给负面想法任何余地**

031 悲观是自酿的苦酒

033 世上没有任何事情是值得忧虑的

036 世界因你的心情而改变
037 将眼光停留在生活的美好处
040 先为自己设想一个好的结果
042 **PART 05 以不抱怨回应生命中的挑战**
042 在逆境中抱怨，等于遗弃幸运
044 勇敢地度过生命中的不如意
046 命运的冷遇也是一种幸运
048 磨砺到了，幸福也就到了
050 **PART 06 给自己时间，别害怕重新开始**
050 人生随时都可以重新开始
052 昨天总要在今天归零
054 怀旧情绪适可而止
056 太阳每天都是新的

第二篇 不抱怨的智慧

060 **PART 01 别抱怨，每一个人的人生都有坎坷**
060 人生没有过不去的坎
062 不要把自己禁锢在眼前的苦痛中
064 别为了关上的门而痛苦，老天还为你留了一扇窗
066 笑迎人生风雨

069 **PART 02 用感恩的心驱走抱怨的“恶魔”**
069 感恩的心才能念动幸福的咒语
071 让心中的抱怨“工厂”关门大吉
073 “打击”你的人可能更爱你
075 感谢别人给你的一片阳光
077 感谢折磨，锤炼自己
080 **PART 03 学会忍耐，让宽容代替抱怨**
080 宽容比怨恨更具威慑力
082 让谣言止于平静
084 多点雅量面对嘲笑
086 原谅生活，是为了更好地生活
090 **PART 04 知足，让抱怨无处停留**
090 抱怨源自不知足
092 如果为了没有鞋而哭泣，看看那些没有脚的人
094 远离名利，生命才更逍遥
096 错过花，我们将收获雨
098 **PART 05 打好手中的坏牌**
098 发牌的是上帝，出牌的是自己
100 别人的牌可能更坏
103 晒晒自己的优点，越臭的牌局越需要掌声
105 深思熟虑，让坏牌变好牌
108 **PART 06 该做就做，行动比抱怨更有效**
108 抱怨失败不如用行动接近成功

110 青春经不起一再蹉跎
112 等待永远是美好的最大敌人
114 让问题止于自己的行动
117 清理抱怨，清理行动障碍
119 最佳的任务完成期是昨天

第三篇 不抱怨的工作

122 **PART 01 公司就是你的船**
122 责任不容推却
125 感恩公司，是它给了你发展的平台
127 跳槽时代，不当“背叛的水手”
131 多问我能做什么，而非能得到什么
134 工作中没有“不关我的事”
136 跟公司一起成长
139 **PART 02 抱怨工作不如热爱工作**
139 带着怨气不如带着快乐工作
141 让工作成为愉快的旅程
144 蔑视工作就是否定自己
146 你的工作就是你的事业
149 不只为薪水工作，成长比成功更重要

152 顾客的磨炼将为你的成功打下基础
155 工作中的折磨使你不断超越自我
158 **PART 03 学会理解领导的不容易**
158 老板也在为我们工作
160 把问题留给自己，把业绩留给老板
163 给老板多一些理解和支持
165 获得老板的认可
167 老板与员工是合作关系
170 学会与老板换位思考
173 **PART 04 方法总比问题多**
173 正确的方法比执着的态度更重要
176 实干的人，还要会巧干
178 “此路不通”就换个方法
180 只要有智慧，劣势也能变优势
183 **PART 05 与其抱怨别人，不如从自己身上找原因**
183 工作中没有“不可能”，障碍都在你心里
186 抱怨别人不如反省自己
189 不要为失败找借口
192 抱怨如同诅咒，越抱怨越退步
195 与其抱怨，不如实干
198 **PART 06 放下抱怨，改善你与同事之间的关系**
198 他人的蜡烛灭了，你的也未必亮
201 尊重单位里的“老前辈”
203 清扫你心灵的垃圾

204　努力塑造一个最好的“我”
207　永远保持积极的心态

第四篇　不抱怨的情感

210　**PART 01 不懂珍惜生活的人，最会抱怨它的匆匆而过**
210　停止抱怨，珍惜你所拥有的
212　好马也吃“回头草”
215　身边出现的每一个人都是我们的福分
217　不为打翻的牛奶哭泣
220　**PART 02 快乐不在于拥有得多，而在于计较得少**
220　因为不争，所以天下没有人能与之争
223　不妨做个“糊涂”的人
225　要拿得起，更要能放得下
227　生活的烦恼，一笑了之
228　凡事不能太较真
231　小事缠身，不要斤斤计较
234　**PART 03 爱，就是无条件的接纳**
234　爱自己必先爱他人
236　远离吝啬的魔鬼
238　给予，让你的生命增值

240 让自私无处停留
243 微笑着面对犯过错误的父母
246 PART 04 杜绝抱怨，才能做到有效沟通
246 你对待别人的态度，决定了他人对你的态度
249 唠叨是好人缘的致命伤
251 你是否还在喋喋不休
253 他人失意时莫谈你的得意
256 不想抱怨，就沉默
259 PART 05 欣赏比指责更让人神往
259 将对手看成风景
261 用欣赏的眼光发现每个人身上的优点
264 不要在别人身上吹毛求疵
267 让赞美成为一种习惯
269 爱情需要欣赏，而非塑造
272 用赞扬代替批评

第五篇 不抱怨的自己

276 PART 01 你就是问题的根源
276 98% 的问题是自己造成的
279 天堂是由自己搭建的

281 心里不是堆“垃圾”的地方
284 你对了，整个世界都对了
286 你很重要，所以你没有理由不爱自己
289 **PART 02 接纳不完美的自己**
289 你不可能让所有人满意
292 全世界都和你一样不完美
294 自卑是对自己的抱怨
296 别太在意别人的眼光，那会抹杀你的光彩
299 相信自己才能成功
302 **PART 03 抱怨别人，不如修正自己**
302 修正自己才能提高能力
305 修正自己在于管理自己
307 愉悦自己，才是真正地爱自己
310 反击别人不如充实自己
313 莫因害怕“出丑”而禁锢生活
316 **PART 04 为小事抓狂是在跟自己过不去**
316 不要让小事情牵着鼻子走
318 心小难成大器
320 瞻前顾后只能使你停滞不前
323 冷静从容地应对危难
326 在琐事之中获得生活的满足
329 抱怨只会让事情更糟

332 **PART 05 告诉自己：我可以坚持**
332 坚强，唤起坚不可摧的希望
335 失败了也要昂首挺胸
337 生命在，希望就在
339 成功属于那些坚忍不拔的人
341 不放弃万分之一的成功机会
344 屡败屡战，绝不放弃

第六篇 不抱怨的身心

348 **PART 01 不抱怨的身心来自健康的生活理念**
348 失去健康你就失去一切
350 健康比金钱更重要
353 不要靠酒精消愁
356 良好的生活习惯带来健康
359 学会忙里偷闲，张弛有度
362 休息为你赢得好状态
364 平衡的生活才是幸福的生活
368 **PART 02 抱怨疾病，是在消灭健康的能量**
368 你的身体跟思想是统一的
370 心理健康，身体才会健康

372 消极的自我暗示为疾病打开了门
375 疾病从“自我怀疑”开始
378 脾气来了，健康就没了
380 抱怨是种传染病
382 不要把怨气传染给别人
386 PART 03 远离抱怨，维护身心的健康
386 亚健康最爱找上抱怨的人
388 抑郁，心灵上的一次“流感”
391 做自己的心理健康导师
393 与病态心理说再见
396 别让焦虑啃噬你的健康
399 PART 04 疏导情绪，让健康与你同行
399 掌握好情绪的转换器
401 让自己的精神快乐起来
403 适时发泄，不让怒气折磨自己
406 消融冷漠，去除人体“毒素”
409 紧张，会让精神“上火”
411 疏导压抑，给心灵松绑
414 PART 05 自己是最好的心理医生
414 自闭症的自我调适
417 强迫症的自我调适
421 癔症的自我调适
424 神经衰弱的自我调适
428 恐惧症的自我调适

第一篇

不抱怨的世界

PART

01

不抱怨，从紫手环运动开始

终结抱怨，接受21天的挑战

你对你的现状如何评价？你觉得你的生活幸福吗？你认为你是快乐的吗？你研究过不快乐的人吗？他们为什么会不快乐，你找到答案了吗？

让我们来告诉你：幸福的人生就是不抱怨的人生，快乐的世界就是不抱怨的世界。

尽管我们在抱怨的时候能够尝到一定的甜头：你可能因为抱怨身体不舒服而不用参加社会活动；你可能因为抱怨自己的怀才不遇而获得过别人的同情；你甚至可能因为抱怨公交车太挤而让别人对你的迟到表示谅解……可是，当你为了那一些甜头沾沾自喜的时候，你会发现，原来自己已经变成了一个爱抱怨的人，身边的任何一件小事都可能引发你的不满情绪。

由于习惯了抱怨，你总是关注生活中最不好的那一面，于是你会变得越来越悲观失落，你的生活也将被阴霾填满。果真要这样吗？难道你不想改变自己的生活吗？那就赶快加入“不抱怨运动”，接受21天的挑战吧！

美国的心灵导师威尔·鲍温与他的同事们一起，组织了这场构建“不抱怨的世界”的活动，他们把这种鼓励人们放下抱怨、用健康的心态面对生活的运动，称之为“紫手环的力量”。它的具体环节是这样的：

1.首先定制一枚紫手环，将它戴在你的手腕上。

2.如果你发现自己说了抱怨他人的话，这其中包括对别人的批评和指责、向别人诉苦、说自己身体的某个部位不舒服等，一旦发现你说出了这样的话，就要将紫手环移至另一只手

的手腕上。

3. 你也可以让身边的人对你进行监督。如果别人发现你说出了抱怨的话，对你进行了指正，那么你就必须将紫手环再挪回另一只手上重新开始。当然，如果对方也戴着紫手环，那么在他提醒你的那一刻，他也必须将紫手环换手，因为他在指出你的错误的时候，也算是一种抱怨。

4. 坚持做下去。尽管活动的计划是21天内不抱怨就算是成功了，可是通常情况下是不可能在一个月之内完成的。因为抱怨总是纠缠着我们，所以如果没有恒心和毅力，我们是没有办法将这样的活动进行到底的。

5. 心态要放轻松。不要因为参加了这样的活动，就对什么事情都变得小心翼翼了。因为不抱怨并不是你不说出来就算做到了，而是要杜绝抱怨的念头，从心态上改变自己的想法。所以，在这个过程中，你的世界观和价值观也会跟着变化。

当然，如果你已经意识到了抱怨的坏处，并且希望加入这样的活动，接受21天的挑战，那么你完全不必等着定制紫手环，因为那不过是一种象征，你可以用身边的橡皮筋、硬币等物品来代替它。

只要你加入“不抱怨”的活动，接受这样的挑战，即使没有成功，你也会从中了解到：我们几乎每天都在抱怨，而杜绝抱怨却是那么的难。一旦你成功了，你就会发现，原来我们一直用抱怨的眼光看世界，而忽略了它很多的美好。当我们杜绝了抱怨的时候，身边的世界就会变得多彩而充满欢乐。

内心足够强大，生命就会屹立不倒

在每个人的生命中，每一年都会发生各种各样的事情，或大喜或大悲。无论如何，这些事情就像我们生命中的坐标一样，它们或深或浅或明媚或黯淡的色调，构成了我们的人生画卷。

尽管在人生的岁月里，起伏不定常常带给人们不安全感。所以，人们常常抱怨磨难，抱怨那些让我们的生活变得艰苦的事情，抱怨那些让我们的内心承受煎熬的经历。可是，人们在抱怨的时候并没有想到，这些磨难就像烈火，我们只有经过锤炼，才能变得更加坚忍、更加刚强。

德国有一位名叫班纳德的人，在风风雨雨的50年间，他遭受了200多次磨难的洗礼，成为世界上最倒霉的人，但这些也使他成为世界上最坚强的人。

他出生后的第14个月，摔伤了后背；之后又从楼梯上掉下来，摔残了一只脚；再后来爬树时又摔伤了四肢；一次骑车时，忽然不知从何处刮来一阵大风，把他吹了个人仰车翻，膝盖又受了重伤；13岁时掉进了下水道，差点窒息；一辆汽车失控，把他的头撞了一个大洞，血如泉涌；又有一辆垃圾车倾倒垃圾时将他埋在了下面；还有一次他在理发屋中坐着，突然一辆飞驰的汽车驶了进来……

他一生遭遇无数灾祸，在最为晦气的一年中，竟遇到了17次意外。

令人惊奇的是，他至今仍旧健康地活着，心中充满着自信。他历经了200多次磨难的洗礼，还怕什么呢？

人生不可能一帆风顺，一旦困境出现，首先被摧毁的就是缺乏意志力的温室花朵，经常接受磨炼的人才能创造出崭新的天地，这就是所谓的“置之死地而后生”。

“自古雄才多磨难，从来纨绔少伟男”，人们最出色的成绩往往是在挫折中做出的。我们要有一个辩证的挫折观，经常保持充足的信心和乐观的态度。挫折和磨难使我们变得聪明和成熟，正是不断从失败中汲取经验，我们才能获得最终的成功。我们要接纳自己和他人，要能容忍不利的因素，学会自我宽慰，情绪乐观、满怀信心地去争取成功。

如果能在磨难中坚持下去，那么磨难就是人生不可多得的一笔财富。有人说，不要做在树林中安睡的鸟儿，要做在雷鸣般的瀑布边也能安睡的鸟儿，就是这个道理。磨难并不可怕，只要我们学会适应，那么磨难带来的逆境，反而会让我们拥有进取的精神和百折不挠的毅力。

我们在埋怨自己生活多磨难的同时，不妨想想班纳德的人生经历，或许还有更多多灾多难的人们，与他们相比，我们的困难和挫折算得了什么呢？只要我们内心足够自信与强大，生命就能屹立不倒。

习惯抱怨生活太苦、运气太差的人，是不是也能说一句这样的豪言壮语：“我已经经历了那么多的磨难，眼下的这一点痛又算得了什么？！”

只要相信自己，就没有什么外在因素可以伤害或摧毁你，至于受老板的责骂、受客户的折磨、被别人批评之类的小事，你还会在乎吗？

抱怨是世界上最没有价值的语言

今天抱怨这个，明天抱怨那个，仿佛一刻不说抱怨的话，有些人就感受不到心理的平衡。可是只是一味地去抱怨，对于改善处境没有丝毫益处，只有先静下心来分析自己，并下定决心去改变它，付诸行动，才能向自己所希望的方向发展。

画家列宾和他的朋友在雪后去散步，他的朋友瞥见路边有一片污渍，显然是狗留下来的尿迹，就顺便用靴尖挑起雪和泥土把它覆盖了，没想到列宾发现时却生气了，他说："几天来我总是到这来欣赏这一片美丽的琥珀色。"

在生活中，当我们老是埋怨别人给我们带来不快，或抱怨生活不如意时，想想那片狗留下的尿迹。其实，它是"污渍"还是"一片美丽的琥珀色"，都取决于你自己的心态。

不要抱怨你的工作不好，不要抱怨你住在破宿舍里，不要抱怨你的男人穷或你的女人丑，不要抱怨你没有一个好爸爸，不要抱怨你空怀一身绝技没人赏识你，现实有太多的不如意，就算生活给你的是垃圾，你同样可以把垃圾踩在脚底下，登上世界之巅。

孔雀向王后朱诺抱怨。它说："王后陛下，我不是无理取闹来诉说，您赐给我的歌喉，没有任何人喜欢听。可您看那黄莺小精灵，唱出的歌声婉转，它独占春光，风头出尽。"

朱诺听到如此言语，严厉地批评道："你赶紧住嘴，嫉妒的鸟儿，你看你脖子四周，如一条七彩丝带。当你行走时，舒展的华丽羽毛，出现在人们面前，就好像色彩斑斓的珠宝。你是如此美丽，你难道好意思去嫉妒黄莺的歌声吗？和你相比，这世界上没有任何一种鸟能像你这样受到别人的喜爱。一种动物不可能具备世界上所有动物的优点。我们赐给大家不同的天赋，有的天生长得高大威猛；有的如鹰一样的勇敢，鹊一样的敏捷；乌鸦则有可以预告未来之声。大家彼此相融，各司其职。所以我奉劝你停止抱怨，不然的话，作为惩罚，你将失去你美丽的羽毛。”

抱怨对事情没有一点帮助，与其不停地抱怨，不如把力气用于行动。

宽容地讲，抱怨实属人之常情。然而抱怨之所以不可取在于：抱怨等于往自己的鞋里倒水，只会使以后的路更难走。抱怨的人在抱怨之后不仅让别人感到难过，自己的心情也往往更糟，心头的怨气不但没有减少，反而更多了。常言道：放下就是快乐。与其抱怨，不如将其放下，用超然豁达的心态去面对一切，这样迎来的将是一番新的景象。

天下有很多东西是毫无价值的，抱怨就是其中一种。

抱怨往往来自心理暗示

暗示是一种奇妙的心理现象，可分为他暗示与自我暗示两种形式。他暗示从某种意义上说可以称之为预言，虽然它对我们的生活也起一定作用，但却不及自我暗示的力量大。

自我暗示就是自己对自己的暗示。所有为自我提供的刺激，一旦进入了人的内心世界，都可称为自我暗示。自我暗示是思想意识与外部行动两者之间沟通的媒介。它还是一种启示、提醒和指令，它会告诉你注意什么、追求什么、致力于什么和怎样行动，因而能支配影响你的行为。这是每个人都拥有的一个看不见的法宝。

自有人类以来，不知有多少思想家、传教士和教育者都已经一再强调不抱怨的重要性。但他们都没有明确指出：不抱怨其实也是一种心理状态，是一种可以用自我暗示引导和修炼出来的积极的心理状态。

成功始于觉醒，心态决定命运。这是当今时代的伟大发现，是成功心理学的卓越贡献。成功心理、积极心态的核心就是自我主动意识，或者称作积极的自我意识，而这种意识的来源和成果就是经常在心理上进行积极的自我暗示。反之也一样，消极心态、自卑意识，也是经常在心理上暗示造成的，不同的心理暗示是形成不同的意识与心态的根源。

我们多数人的生活境遇，既不是一无所有、一切糟糕，也不是什么都好、事事如意。这种一般的境遇相当于“半杯咖啡”。你面对这半杯咖啡，心里会产生什么念头呢？消极的自我暗示是为少了半杯而不高兴，情绪消沉；而积极的自我暗示是庆幸自己已经获得了半杯咖啡，那就好好享用，因而情绪振作、行动积极。

由此可见，心理暗示这个法宝有积极的一面，也有消极的一面，不同的心理暗示必然会有不同的选择与行为，而不同的选择与行为必然会有不同的结果。你习惯于在心理上进行什么样的自我暗示，就是你贫与富、成与败的根本原因。

每个人都带着一个看不见的法宝。这个法宝具有两种不同的作用，这两种不同的力量都很神奇。它会让你鼓起信心勇气，抓住机遇，采取行动，去获得财富、成就和幸福；也会让你排斥和失去这些极为宝贵的东西。这个法宝的两面就是两种截然不同的心理上的自我暗示，关键就在于你选择哪一面，经常使用哪一面。

一个人的心理暗示是怎样的，他就会真的变成那样。我们要调动自己的情绪心理，充分利用积极的心理暗示。让自己从内心中剔除抱怨，不断地给自己激励与鼓舞的正面暗示，你才能感受到精神与行动的统一，才能感受到在不抱怨的世界里的那股神奇力量。

怨天尤人不如改变心态

电视剧《好想好想谈恋爱》中有这样一段，女主人公谭艾琳和男朋友伍岳峰分手之后，巨大的伤痛让她几乎崩溃，她将自己所有的情绪都用来抱怨：

“你现在打死伍岳峰他也不会明白，其实最受损失的是他，而不是我。我是他生命中唯一一次爱情机会，他错失了，他以后再也没有机会了，他以为他的天底下有几个谭艾琳？他真是有眼无珠，他以后只有哭的份儿了，这就叫过了这村就没这店了，他肠子都得悔青了。

“有的男人对我来说重如泰山，有的轻如鸿毛。伍岳峰就是鸿毛。我像扔个酒瓶似的把他彻底打碎了，他根本不懂女人，离开他是我的幸运和解脱，他将永远处处碰壁，对，碰壁，碰得头破血流。而我经过历练，炉火纯青，笑到最后的是我。他完蛋了，他会一蹶不振，追悔莫及，太好了。”

诸如此类的抱怨她几乎如同潮水一样地倾倒给自己所有的朋友，直到有一天，朋友实在忍受不住她的抱怨：“你已经唠叨了一个星期了。说实话我听得已经有点儿头晕耳鸣了，再听下去我会疯掉的。”于是，在之后的日子中，她与同样失恋的男人章月明一起倾诉彼此的不幸，在章月明的不断抱怨中，谭艾琳自己渐渐开始沉默，直到有一天她也听够了大喊道：“别说了，太无聊了，一个男人或一个女人一辈子愤怒的是爱情，谩骂的是爱情，得意的是爱情，沮丧的还是爱情，一辈子就忙活爱情吗？你别再跟我唠叨了，我受够了。别人没有义务承担你感情的后果，这是你应该自己解决的问题，你爱一个人就是愿打愿挨的事，没有人逼你，知道吗？敢做就得敢当。”

的确，就像谭艾琳那样，当自己不断地抱怨的时候，自己对于已经成为别人眼中的“怨妇”毫无知觉，可当看到另一个人如同自己一样整天抱怨的时候，这时候才会突然觉醒，原来自己竟是如此可怜、可悲，在别人的事情中看到了自己的影子，也可能会突然觉得如此抱怨是多么的令人厌倦。

当一个人开始抱怨的时候，他能想到的只是自己当初如何的不幸，才造成如今的结果，越想越伤心，越想越生气，当这种情绪不断蔓延的时候，根本没有心情去做别的事情。比如当抱怨自己的生活条件不佳，不仅不能为改善你的生活起到任何作用，反而影响到你为自己创造更好条件的机会和时间。如果说将抱怨的时间用来努力想办法改善自己的生活条件的话，那么很可能当初和自己条件相当的人在一年之后仍然在抱怨，而自己却已经在咖啡厅里悠闲地享受生活了。

虽然有时候我们常常会因为遇到困难而暴躁不安，可是苦难不会因为你的暴躁而消失。当我们苦闷的时候可以适当地倾诉，但是不能一直沉浸在不幸的事情上。充满信心，昂首挺胸地迎接生活的挑战才是打好胜仗的前提条件。

PART

02

接纳生活中的不公平

生命本身并没有残缺

每个人的生命都是完整的。你的身体可能有缺陷或者残缺，但你仍然可以拥有一个完整的人生和幸福的生活。这才是对待生命的正确态度。

1967年的夏天，对美国跳水运动员乔妮来说是一段伤心的日子，她在一次跳水事故中身负重伤，全身瘫痪，只剩下脖子以上可以活动。

乔妮哭了，她躺在病床上彻夜难眠。她怎么也摆脱不了那场噩梦：跳板为什么会滑？为什么她会恰好在那时跳下？不论家人怎样劝慰，她总认为命运对她实在不公。出院后，她叫家人把她推到跳水池旁，注视着那蓝莹莹的水面，仰望那高高的跳台。她再也不能站立在光洁的跳板上了，那温柔的水再也不会溅起朵朵美丽的水花拥抱她了，她又掩面哭了起来。从此她被迫结束了自己的跳水生涯，离开了那条通向跳水冠军领奖台的路。

她曾经绝望过，但现在，她拒绝了死神的召唤，开始冷静思索人生的意义和生命的价值。她借来许多介绍前人如何成才的书籍，一本一本认真地读了起来。她虽然双目健全，但读书也是很艰难的，只能靠嘴衔根小竹片去翻书，劳累、伤痛常常迫使她停下来。休息片刻后，她又坚持读下去。通过大量的阅读，她终于领悟到：我是残疾了，但许多人残疾之后，却在另外一条道路上获得了成功，他们有的成了作家，有的创造出美妙的音乐，我为什么不能？于是，她想到了自己中学时代喜欢画画，为什么不能在画画上有所成就呢？这位纤弱的姑娘变得坚强、自信起来了。她捡起了中学时代曾经用过的画笔，用嘴衔着，开始了练习。

这是一个常人难以想象的艰辛过程。家人担心她累坏了，于是纷纷劝阻她："乔妮，别那么死心眼了，哪有用嘴画画的？我们会养活你的。"可是，他们的话反而激起了她学画的决心："我怎么能让家人一辈子养活我呢？"她更加刻苦了，常常累得头晕目眩，甚至有时委屈的泪水把画纸也弄湿了。为了积累素材，她还常常乘车外出，拜访艺术大师。好些年头过去了，她的辛勤劳动没有白费，她的一幅风景油画在一次画展上展出后，得到了美术界的好评。

后来，乔妮决心涉足文学。她的家人及朋友们又劝她了："乔妮，你绘画已经很不错了，还搞什么文学，那会更苦了你自己的。"她没有说话，想起一家刊物曾向她约稿，要谈谈自己学绘画的经过和感受，她用了很大力气，可稿子还是没有完成。这件事对她刺激太大了，她深感自己写作水平差，必须一步一个脚印地去学习。

这是一条通向光荣和梦想的荆棘路，虽然艰辛，但乔妮仿佛看到艺术的桂冠在前面熠熠闪光，等待她去摘取。

是的，这是一个很美的梦，乔妮要圆这个梦。终于，又经过许多艰辛的岁月，这个美丽的梦终于成了现实。1976年，她的自传《乔妮》出版并轰动了文坛，她收到了数以万计的热情洋溢的信。又两年过去了，她的《再前进一步》一书又问世了，该书以作者的亲身经历，告诉所有的残疾人，应该怎样战胜病痛、立志成才。后来，这本书被搬上了银幕，影片的主角就是由她自己扮演，她成了青年们的偶像，成了千千万万个青年自强不息、奋进不止的榜样。

乔妮是好样的，她用自己的行动向我们说明了这样一个道理：你的生命没有残缺，无论你的命运面临怎样的困厄，它们也丝毫阻止不了你实现自己的人生价值，相反，它们会成为你人生道路中一笔宝贵的精神财富。

不要抱怨生活的不公平

在现实中，我们难免要遭遇挫折与不公正的待遇，每当这时，有些人往往会产生不满，不满通常会引起牢骚，希望以此引起更多人的同情。从心理学角度上讲，这是一种正常的心理自卫行为。但这种自卫行为同时也是许多人心中的痛，牢骚、抱怨会削弱责任心，降低工作积极性，这几乎是所有人为之担心的问题。

奎尔是一家汽车修理厂的修理工，从进厂的第一天起，他就开始喋喋不休地抱怨，“修理这活太脏了，瞧瞧我身上弄的”，“真累呀，我简直讨厌死这份工作了”……每天，奎尔都是在抱怨和不满的情绪中度过。他认为自己在受煎熬，在像奴隶一样卖苦力。因此，奎尔每时每刻都窥视着师傅的眼神与行动，稍有空隙，他便偷懒耍滑，应付手中的工作。

转眼几年过去了，当时与奎尔一同进厂的三个工友，各自凭着精湛的手艺，或另谋高就，或被公司送进大学进修，只有奎尔，仍旧在抱怨中做他讨厌的修理工。

抱怨的最大受害者是自己。生活中你会遇到许多才华横溢的失业者，当你和这些失业者交流时，你会发现，这些人对原有工作充满了抱怨、不满和谴责，要么就怪环境条件不够好，要么就怪老板有眼无珠、不识才……总之，牢骚一大堆，积怨满天飞。殊不知这就是问题的关键所在——吹毛求疵的恶习使他们丢失了责任感和使命感，只对寻找不利因素兴趣十足，从而使自己发展的道路越走越窄。他们与公司格格不入，变得不再有用，只好被迫离开。

提及抱怨与责任，有位企业领导者一针见血地指出：“抱怨是失败的一个借口，是逃避责任的理由。爱抱怨的人没有胸怀，很难担当大任。”仔细观察任何一个管理健全的机构，你会发现，没有人会因为喋喋不休的抱怨而获得奖励和提升。这是再自然不过的事了。

如果你受雇于某个公司，就请对工作竭尽全力、主动负责吧！只要你依然还是整体中的一员，就不要谴责它，不要伤害它，否则你只会诋毁你的公司，同时也断送了自己的前程。如果你对公司、对工作有满腹的牢骚无从宣泄时，做个选择吧：一是选择离开，到公司的门外去宣泄；二是选择留下。当你选择留在这里的时候，就应该做到在其位谋其政，全身心地投入到工作上来，为更好地完成工作而努力。记住，这是你的责任。

比尔·盖茨曾告诫初入社会的年轻人：“社会是不公平的，这种不公平遍布于个人发展的每一个阶段。”在这一现实面前，任何急躁、抱怨都没有益处，只有坦然地接受现实并战胜眼前的痛苦，才能使自己的事业有进一步发展的可能。

水温够了茶自香

一个屡屡失意的年轻人觉得在工作单位很不痛快，单位领导并没有给他重要的岗位去锻炼，也没有提拔他的迹象……于是他决定外出寻求指点。他千里迢迢来到普济寺，慕名寻到老

僧释圆，沮丧地对他说：“人生总不如意，活着也是苟且，有什么意思呢？”

释圆静静地听着年轻人的叹息和絮叨，末了才吩咐小和尚说：“施主远道而来，烧一壶温水送过来。”

不一会儿，小和尚送来了一壶温水。释圆抓了茶叶放进杯子，然后用温水沏了，放在茶几上，微笑着请年轻人喝茶。杯子冒出微微的水汽，茶叶静静浮着。年轻人不解地询问：“宝刹怎么用温水沏茶？”

释圆笑而不语。年轻人喝一口细品，不由得摇摇头：“一点茶香都没有呢。”

释圆说：“这可是闽地名茶铁观音啊。”

年轻人又端起杯子品尝，然后肯定地说：“真的没有一丝茶香。”

释圆又吩咐小和尚：“再去烧一壶沸水送过来。”

又过了一会儿，小和尚提着一壶冒着浓浓白汽的沸水进来。释圆起身，又取过一个杯子，放茶叶，倒沸水，再放在茶几上。年轻人俯首看去，茶叶在杯子里上下沉浮，丝丝清香不绝如缕，让人望而生津。年轻人欲端杯，释圆挡住，又提起水壶注入一线沸水。茶叶翻腾得更厉害了，一缕更醇厚、更醉人的茶香袅袅升腾，在大禅房弥漫开来。释圆这样注了五次水，杯子终于满了，那绿绿的一杯茶水，端在手上清香扑鼻，入口沁人心脾。

释圆笑着问："施主可知道，同是铁观音，为什么茶味迥异吗？"

年轻人思忖着说："一杯用温水，一杯用沸水，冲沏的水不同。"

释圆点头："用水不同，则茶叶的沉浮就不一样。温水沏茶，茶叶轻浮水上，怎会散发清香？沸水沏茶，反复几次，茶叶沉沉浮浮，释放出四季的风韵：既有春的幽静、夏的炽热，又有秋的丰盈和冬的清冽。世间芸芸众生，也和沏茶是同一个道理，沏茶的水温不够，不可能沏出散发诱人香味的茶水。你自己的能力不足，要想处处得力、事事顺心自然很难。要想摆脱失意，最有效的方法就是苦练内功，提高自己的能力。"

年轻人茅塞顿开，回去后刻苦学习，虚心向人求教，不久就得到了单位领导的重视。

水温够了茶自然香，功夫到了事自然成。历史上有所建树的人，往往都是很勤奋、很努力的人。任何一项成就的取得，都是与勤奋和努力分不开的，只要功夫做到家，自然能获得成功。

吃亏有时是一种福

做事有长远计划的人，往往懂得在适当的时候舍弃。因为他们知道，有时候吃亏并不是一种灾难，只有在经历了一番舍弃以后，才能获得更多的意外收获。

英国哈利斯食品加工工业公司总经理亨利，有一次突然从化验室的报告单上发现，他们生产食品的配方中起保鲜作用的添加剂有毒，虽然毒性不大，但长期服用对身体有害。但如果不用添加剂，则又会影响食品的新鲜度。

亨利考虑了一下，他认为应以诚对待顾客，于是他毅然把这一有损销量的事情告诉了每位顾客，随之又向社会宣布，防腐剂有毒，对身体有害。

做出这样的举措之后，他承受了很大的压力。食品销路锐减不说，所有从事食品加工的老板都联合起来，用一切手段向他反扑，指责他别有用心，打击别人，抬高自己，他们一起抵制亨利公司的产品，亨利的公司一下子跌到了濒临倒闭的边缘。苦苦挣扎了4年之后，亨利的食品加工公司已经无以为继，但他的名声却家喻户晓。

这时候，政府站出来支持亨利了，哈利斯公司的产品又成了人们放心满意的热门货，在很短时间内便恢复了元气，规模扩大了两倍。哈利斯食品加工公司一举成了英国食品加工业的“龙头公司”。

很多人认为吃亏是一种损失，若自己想要的东西没有得到，或者本来应该拥有的没有获得，心里就总会有一种失落的感觉。可是，如果你不舍弃自己的利益，成全别人，就不会得到别人的关注和支持。

深圳有一个农村来的妇女，起初给人当保姆，后来在街头摆小摊儿，卖一个胶卷赚一角钱。她认死理，一个胶卷永远只赚一角。后来她开了一家摄影器材店，门面越做越大，还是一个胶卷赚一角；市场上一个柯达胶卷卖23元，她卖16元1角，批发量大得惊人，深圳搞摄影的没有不知道她的。外地人的钱包丢在她那儿了，她花了很多长途电话费才找到失主；有时候算错账多收了人家的钱，她心急火燎找到人家还钱。听起来像傻子，可赚的钱不得了。在深圳，再牛气的摄影商，也都乖乖地去她那儿拿货。

在很多人眼里，这个深圳妇女总是做着吃亏的“傻事”，可是正是因为她的勇于吃亏，正是她对于别人的利益的成全，她才能吸引更多的顾客，才能让自己的生意做得越来越红火。所以说，吃亏并不如我们想象中那么可怕，有时候反而是一种福气。

吃亏是福，需要的是一种潇洒的生活态度，也需要一种做事的魄力。虽然有时候我们需要舍弃的东西并不多，可是能够将自己的东西和利益拱手相让，还是需要一份勇气、一种风度、一种气量。

关键的时候敢于吃亏，这不仅体现我们大度的胸怀，同时也是做大事业的必要素质。赢到最后的人，才是真正的赢家。

PART

03

不抱怨的磁场，将引来更多的快乐

内心期待什么就能做成什么

我们的内心有着很强大的力量，如果我们一直对生活寄托很多美好的期许，那么即使是在厄运当中，我们的命运也会很快得到扭转。

大学期间，戴尔经常听到同学们谈论想买电脑，但由于售价太高，许多人买不起。戴尔心想："经销商的经营成本并不高，为什么要让他们赚那么丰厚的利润？为什么不由制造商直接卖给用户呢？"戴尔知道，国际商用机器公司规定，经销商每月必须提取一定数额的个人电脑，而多数经销商都无法把货全部卖掉。他也知道，如果存货积压太多，经销商会损失很大。于是，他以很低的价格购得经销商的存货，然后在宿舍里加装配件，改进性能。这些经过改良的电脑十分受欢迎。戴尔见到市场的需求巨大，于是在当地刊登广告，以零售价的八五折推出他那些改装过的电脑。不久，许多商业机构、医疗机构和律师事务所都成了他的顾客。由于戴尔一边上学一边创业，父母一直担心他的学习成绩会受到影响，父亲劝他说：“如果你想创业，等你获得学位之后再说吧。”

可是戴尔觉得如果听父亲的话，就是在放弃一个一生难遇的机会。于是，便坦白地告诉父母：“我决定退学，自己开公司。”“你的梦想到底是什么？”父亲问道。“和国际商用机器公司竞争。”戴尔说。和国际商用机器公司竞争？他的父母大吃一惊，觉得他太不自量力了。但无论他们怎样劝说，戴尔始终不放弃自己的梦想。最终，他和父母达成了协议：他可以在暑假试办一家电脑公司，如果办得不成功，到9月就要回学校去读书。得到父母的允许后，戴尔拿出全部积蓄创办了戴尔电脑公司，当时他19岁。

他以每月续约一次的方式租了一个小小的办事处，雇用了一名28岁的经理，负责处理财务和行政工作。在广告方面，他在一只空盒子底上画了戴尔电脑公司第一张广告的草图。朋友按草图重绘后拿到报社去刊登。戴

尔仍然专门直销经他改装的国际商用机器公司的个人电脑，第一个月营业额便达到18万美元，第二个月达265万美元，仅仅一年，便实现每月售出个人电脑1000台。积极推行直销、按客户要求装配电脑、提供退货还钱以及对失灵电脑“保证翌日登门修理”的服务举措，为戴尔公司赢得了广阔的市场。大学毕业的时候，迈克尔·戴尔的公司每年营业额已达7000万美元。后来，戴尔停止出售改装电脑，转为自行设计、生产和销售自己的电脑。如今，戴尔电脑公司已成为享誉全球的世界500强企业。假如戴尔不是忠于梦想，并且基于梦想坚决行动的话，显然是不可能成为当今世界最年轻的富豪之一的。

我们读着弥尔顿的那句话“境由心生”，就会产生很大的感触：原来心中有天堂，我们就生活在天堂里；心中有地狱，我们就会在地狱中挣扎。我们的生活总是跟着内心变化的，内心期许什么，我们就能做成什么。既然是这样，我们为什么不往好的方面想，让那些不快乐的事情远离我们的生活，给予自己一片纯净而又快乐的天空呢？

我们随时都有**选择快乐的权利**

如果你遇到了挫折，遭遇了失败，心情低落到了极点，情绪坏到了不能再坏的地步，那么请先让自己冷静下来。铺开一张纸，就好像铺开自己的心情一样，把自己的不快乐都列在这张清单上。当然，你还要找出一张纸，上面写上可能让你得到幸福的事情，不要放过任何一个快乐的源泉，比如你长得漂亮、你的身体很健康、你的家人对你很好，等等。紧接着，你就可以对比了。这个时候，你就会发现，让你快乐的理由远远大于悲伤和难过的。既然如此，你就不该再将自己置于悲伤和痛苦的阴影当中了。

多年以前，有一个女孩因为错手伤了人而坐牢，尽管后来被释放，她仍然很痛苦，就到教堂祷告，希望上帝能够分担她的痛苦。看到女孩一脸悲伤，牧师问她发生了什么事。女孩哭了，她泣不成声地说："我多么的不幸啊，我这一辈子都摆脱不了这件事情给我带来的痛苦了……"

听罢她的叙述，牧师对她说："这位小姐，你是自愿坐牢的。"

女孩被牧师的话吓了一跳，说："你说什么？我怎么可能自愿坐牢？"

牧师对她说："你尽管已经从监狱里出来了，但在你的心里，自己还天天心甘情愿地被关在牢里，那你不是自愿坐在心中的牢狱里吗？"

"这是什么意思呢？"女孩不解地问。

"在你身边发生了一件不好的事情，你就好像看了一场不好的电影一样，天天在回想，这不是很笨吗？你改变不了环境，但你可以改变自己；你改变不了事实，但你可以改变态度；你改变不了过去，但你可以改变现在；你不能控制他人，但你可以掌握自己；你不能预知明天，但你可以把握今天；你不可能样样顺利，但你可以事事尽心；你不能延伸生命的长度，但你可以决定生命的宽度；你不能左右天气，但你可以改变心情……”

生活本身已经制造了那么多问题，如果我们又进一步在脑子里提炼出那么多不快乐，的确是在增加心理的负荷。每天都要面对那么多无法预测的事情，还要承受自己给自己制造的不快乐，这本身难道不是一种愚蠢的行为吗？

我们不要再强调那些不快乐，来看看怎么才能停止制造不幸的过程：我们是因为想不快乐的事情，使用我们惯有的悲观情绪去想问题，所以才变得不快乐的。那么，只要我们停止再想这些问题，停止用悲观的眼睛看待世界，就会开心得多。

看淡得失，也就减少了痛苦

人生之中，难免会经历这样或那样的波折。面对生活中的痛苦，如果一味沉浸在对命运的抱怨中，那么我们看到的只能是漫无边际的悲观和失望；可是如果保持一颗豁达的心，即使是在人生的风雪里，也只会把它当成是一种风景来观赏。

曼德拉因为领导反对白人种族隔离的政策而入狱，白人统治者把他关在荒凉的大西洋小岛罗本岛上27年。当时曼德拉年事已高，但白人统治者依然像对待年轻犯人一样对他进行残酷的虐待。

罗本岛上布满岩石，到处是海豹、蛇和其他动物。曼德拉被关在总集中营的一个“锌皮房”，白天打石头，将采石场的大石块碎成石料。他有时要下到冰冷的海水里捞海带，有时要干采石灰的活儿——每天早晨排队到采石场，然后被解开脚镣，在一个很大的石灰石场里，用尖镐和铁锹挖石灰石。因为曼德拉是要犯，看管他的看守就有3人。他们对他并不友好，总是寻找各种理由虐待他。

谁也没有想到，1991年曼德拉出狱当选总统以后，他在就职典礼上的一个举动震惊了整个世界。

总统就职仪式开始后，曼德拉起身致辞，欢迎来宾。他依次介绍了来自世界各国的政要，然后他说，能接待这么多尊贵的客人，他深感荣幸，但他最高兴的是，当初在罗本岛监狱看守他的3名狱警也能到场。随即他邀请他们起身，并把他们介绍给大家。

曼德拉的博大胸襟和宽容精神，令那些残酷虐待了他27年的白人汗颜，也让所有到场的人肃然起敬。看着年迈的曼德拉缓缓站起，恭敬地向3个曾关押他的看守致敬，在场的所有来宾，以至整个世界，都静下来了。

后来，曼德拉向朋友们解释说，自己年轻时性子很急，脾气暴躁，正是狱中生活使他学会了控制情绪，因此才活了下来。牢狱岁月给了他时间与激励，也使他学会了如何处理自己遭遇的痛苦。他说，感恩与宽容常常源自痛苦与磨难，必须通过极强的毅力来训练。获释当天，他的心情平静："当我迈过通往自由的监狱大门时，我已经清楚，自己若不能把悲痛与怨恨留在身后，那么我其实仍在狱中。"

没错，面对生活中的磨难，如果不能以一颗豁达的心面对，那么我们只能一直生活在痛苦当中。在生活中，很多人都不能放下心中的痛苦，他们觉得是命运的亏待，让他们感受到了别人品尝不到的痛苦。所以，他们愤恨，他们抱怨，甚至于还会想到要报复。

可是，即便我们把不快都发泄给了另一个人，我们仍然没有办法减轻心中的痛苦，因为我们不曾放下。所以，与其将别人卷入痛苦之中，不如我们自己释怀，看淡得失，也就看淡了人生的风景。

活着，就是一种幸福

有位青年，厌倦了生活，感到一切只是无聊和痛苦。为寻求刺激，青年参加了挑战极限的活动。活动规则是：一个人待在山洞里，无光无火亦无粮，每天只供应5千克的水，时间为整整5个昼夜。

第一天，青年颇觉刺激。

第二天，饥饿、孤独、恐惧一齐袭来，四周漆黑一片，听不到任何声响。于是他有点向往起平日里的无忧无虑来。

他想起了乡下的老母亲不远千里赶来，只为送一坛韭菜花酱以及一双小孙子的虎头鞋；他想起了终日相伴的妻子在寒夜里为自己掖好被子；他想起了宝贝儿子为自己端的第一杯水；他甚至想起了与他发生争执的同事曾经给自己买过的一份工作餐……渐渐地，他后悔起平日里对生活的态度来：懒懒散散，敷衍了事，冷漠虚伪，无所作为。

到了第三天，他几乎要饿昏过去。可是一想到人世间的种种美好，便坚持了下来。第四天、第五天，他仍然在饥饿、孤独、极大的恐惧中反思过去，向往未来。

他责骂自己竟然忘记了母亲的生日；他遗憾妻子分娩之时未尽照料义务；他后悔听信流言与好友分道扬镳……他这才觉出需要他努力弥补的事情竟是那么多。可是，连他自己也不知道，他能不能挺过最后一关。此时，泪流满面的他发现：洞门开了。阳光照射进来，白云就在眼前，淡淡的花香，悦耳的鸟鸣——他又迎来了一个美好的人间。

青年扶着石壁慢慢走出山洞，脸上浮现出了一丝难得的笑容。五天来，他一直用心在说一句话，那就是：活着，就是幸福。

放下死亡的包袱，敲开自己的心扉，积极地对待生活中的每一天，你才能好好地活着。

一位名人去世了，朋友们都来参加他的追悼会。昔日前呼后拥、香车宝马的名人躺在骨灰盒里，百万家财不再属于他，宽敞的楼房也不再属于他，他所拥有的只有一个骨灰盒大小的空间。

从名人的追悼会上回来，几乎每一个人都对生命有了新的看法。那么聪明的一个人，那么会算计的一个人，每一个曾经与他斗的人最终都败下阵来，可是他斗来斗去也斗不过命。撒手人寰以后，一切都是空。

人们想：趁现在好好活着吧，活着就是幸福，什么名、利、权、势，轰轰烈烈了一世，最后还不是一个人孤零零？以前踩着那么多人的肩膀向上爬，得罪了那么多人，值么？

追悼会是一次洗礼。从死亡的身边经过以后，才知道活着究竟是怎么回事。

可是，明天还是要忙忙碌碌地奔波，钩心斗角地生活。

一边是死亡的震撼，一边是活着的琐碎，我们很容易被死亡震撼，然而我们更容易被活着的琐碎淹没。不要去在意那些繁杂的纠葛、苦痛、伤害、低迷等，一切的一切仅仅是生活中小小的注脚而已。活着即意味着追求幸福的资本和契机，活着就是幸福，让我们好好珍惜现在鲜活的生命。

PART 04

不要给负面想法任何余地

悲观是自酿的苦酒

女作家张爱玲的一生完整地诠释了悲观给人带来的负面影响是多么巨大。

张爱玲一生聚集了一大堆矛盾：她是一个善于将艺术生活化、将生活艺术化的享乐主义者，又是一个对生活充满悲剧感的人；她是名门之后、贵族小姐，却宣称自己是一个自食其力的小市民；她悲天悯人，时时洞见芸芸众生“可笑”背后的“可怜”，但在实际生活中却显得冷漠寡情；她在20世纪40年代的上海大红大紫，几十年后，她在美国又深居简出，过着与世隔绝的生活。所以有人说：“只有张爱玲才可以同时承受灿烂夺目的喧闹与极度的孤寂。”

这种生活态度的确不是普通人能够承受和理解的，但用现代心理学的眼光看，其实张爱玲的这种生活态度源于她始终抱着一种悲观的心态活在人间，这种悲观的心态让她无法真正地融入生活，因此她总在两种生活状态里不停地左右徘徊。

张爱玲悲观苍凉的感情色调，深深地沉积在她的作品中，使其作品产生了巨大而独特的艺术魅力。但无论作家用怎样流利优美的文字，写出怎样可笑或传奇的故事，终不免露出悲音。那种渗透着个人身世之感的悲剧意识，使她能与时代生活中的悲剧氛围相通，从而在更广阔的历史背景上臻于深广。

张爱玲所拥有的深刻的悲剧意识，并没有把她引向西方现代派文学那种对人生彻底绝望的境界。个人气质和文化底蕴最终决定了她只能回到传统文化的意境，且不免自伤自怜，因此在生活中，她时而在世俗的喧嚣中沉浸，时而又陷入极度的寂寞中，最后孤老死去。

张爱玲的悲剧人生让我们看到了悲观对一个人的戕害是多么惨重。现实生活中，不止文豪有这样的悲观情绪，平常的人也会经历这样的心情。

有一位年老的父亲，他有两个儿子，他们都很可爱。在圣诞节来临前，父亲分别送给他们完全不同的礼物，在夜里悄悄把这些礼物挂在圣诞树上。第二天早晨，哥哥和弟弟都早早起来，想看看圣诞老人给自己的是什么礼物。哥哥的礼物很多，有一把气枪，有一辆崭新的自行车，还有一个足球。哥哥把自己的礼物一件一件地取下来，却并不高兴，反而忧心忡忡。

父亲问他："是礼物不好吗？"哥哥拿起气枪说："看吧，这支气枪我如果拿出去玩，没准会把邻居的窗户打碎，那样一定会招来一顿责骂。还有这辆自行车，我骑出去倒是高兴，但说不定会撞到树干上，会把自己摔伤。而这个足球，我终归会把它踢爆的。”父亲听了没有说话。

弟弟除了一个纸包外，什么也没有。他把纸包打开后，不禁哈哈大笑起来，一边笑，一边在屋子里到处找。父亲问他：“为什么这样高兴？”他说：“我的圣诞礼物是一包马粪，这说明肯定会有一匹小马驹在我们家里。”最后，他果然在屋后找到了一匹小马驹。父亲也跟着他笑起来：“真是一个快乐的圣诞节啊！”

其实，在工作和生活中，很多事情也是这样：乐观情绪总会带来快乐的结果，而悲观的心理则会使一切变得灰暗。受苦的人，没有悲观的权利；失火时，没有怕黑的权利；战场上，只有不怕死的战士才能取得胜利；也只有受苦而不悲观的人，才能克服困难，脱离困境。

我们不仅要在快乐的时候微笑，更要学会在面对困难的时候微笑。因为只有这样，你才能在挫折面前精神不倒；只有这样，你才能告别悲伤的凄凉，迎接生活的春日暖阳。

世上没有任何事情是值得忧虑的

获得平静的心有一个很重要的方法，那就是将心灵清空。你可以多尝试几次，但是一定要清空心中的恐惧、仇恨、不安全感、内疚、悔恨和罪恶感。事实上，只要你清空自己的心灵，就会缓和你的痛苦和负担。如果你不这样做，一味地忧虑下去，那么你只是在折磨自己，事情不会发生任何改变。

一个商人的妻子不停地劝慰着她那在床上翻来覆去足有几百次的丈夫："睡吧，别再胡思乱想了。"

"嗨，老婆子啊，"丈夫说，"几个月前，我借了一笔钱，明天就到还钱的日子了。可你知道，咱家哪有钱啊！你也知道，借给我钱的那些邻居们比蝎子还毒，我要是还不上钱，他们能饶得了我吗？为了这个，我能睡得着吗？"

妻子试图劝他，让他宽心："睡吧，等到明天，总会有办法的，我们说不定能弄到钱还债的。"

"不行了，一点儿办法都没有啦！"丈夫喊叫着。

最后，妻子忍耐不住了，她爬上房顶，对着邻居家高声喊道："你们知道，我丈夫欠你们的债明天就要到期了。现在我告诉你们，我丈夫明天没有钱还债！"她跑回卧室，对丈夫说，"这回睡不着觉的不是你，而是他们了。"

如果凌晨三四点的时候，你还在忧虑，似乎全世界的重担都压在你肩膀上：到哪里去找一间合适的房子？如何找一份好一点的工作？怎样可以使那个啰唆的主管对你有好印象？儿子的健康、女儿的行为、明天的伙食、孩子们的学费……可怜！你的脑子里有许多烦恼、问题和亟待要做的事在那里滚转翻腾！女儿的男友配得上她吗？粮食会不会又要涨价了？可怜！你脑子里的思绪东飘西荡，你仿佛永远无法再入睡了！

不，你会睡着的，只要你采取一个简单的步骤，对自己说一句简短的话，说上几遍，每一次要深呼吸，放松！你要对自己说，同时心里也要真的这样想："不要怕。"

深呼吸，一切由它去！睁开眼睛，再轻松地闭起来，告诉自己："不要怕。"要仔细想想这些有魔力的字句，而且要真正相信，不要让你的心仍彷徨在恐惧和烦恼之中。

但有一点，我们不能将忧虑与计划安排混为一谈，虽然二者都是对未来的一种考虑。如果你是在制订未来的计划，这将更有助于你现实中的活动，使你对未来有自己的具体想法与行动指南；而忧虑只是因今后可能发生的事情而担心。忧虑是一种流行的社会通病，几乎每个人都要花费大量的时间为未来担忧。忧虑既然如此消极而无益，既然你是在为毫无积极效果的行为浪费自己宝贵的时光，那么你就必须改变这一缺点。

请记住一点，世上没有任何事情是值得忧虑的，绝对没有！

世界因你的心情而改变

生活对于我们每个人本来都是一样的，但一经各人不同的心态诠释后，便代表了不同的意义，因而形成了不同的环境和世界。心态改变，则环境就会改变；心中是什么，则世界就是什么。心里装着哀愁，眼里看到的就全是黑暗，抛弃已经发生的令人不痛快的事情或经历，才会迎来新心情下的新乐趣。

有一天，詹姆斯忘记关上餐厅的后门，结果早上三个持枪歹徒闯入抢劫，他们要挟詹姆斯打开保险箱。由于过度紧张，詹姆斯弄错了一个号码，造成抢匪的惊慌，开枪射击詹姆斯。幸运的是，詹姆斯很快被邻居发现了，紧急送到医院抢救，经过18小时的外科手术以及长时间的悉心照顾，詹姆斯终于出院了，但还有颗子弹留在他身上……

事件发生6个月之后詹姆斯被问起当抢匪闯入时，他的心路历程。詹姆斯答道："当他们击中我之后，我躺在地板上，还记得我有两个选择——我可以选择生，或选择死。我选择活下去。"

"你不害怕吗？"别人问他。詹姆斯继续说："医护人员真了不起，他们一直告诉我没事、放心。但是在他们将我推入紧急手术间的路上，我看到医生跟护士脸上忧虑的神情，我真的被吓到了，他们的脸上好像写着——他已经是个死人了！我知道我需要采取行动。"

"当时你做了什么？"

詹姆斯说："当时有个护士用吼叫的音量问我一个问题，

她问我是否会对什么东西过敏，我回答‘有’。”

“这时，医生跟护士都停下来等待我的回答。我深深地吸了一口气喊着：‘子弹！’等他们笑完之后，我告诉他们：‘我现在选择活下去，请把我当作一个活生生的人来开刀，不是一个死人。’”

詹姆斯能活下来当然要归功于医生的精湛医术，但同时也源于他令人吃惊的求生态度。我们能从他身上学到，每天你都能选择享受你的生命，或是憎恨它。这是唯一一件真正属于你的权利。没有人能够控制或夺去的东西，就是你的态度。如果你能时时注意这件事实，你生命中的其他事情都会变得容易许多。

心情的颜色会影响世界的颜色。如果一个人对生活抱一种乐观的态度，就不会稍有不如意就自怨自艾，只看到生活中不完美的一面。在我们的身边，大部分终日苦恼的人，实际上并不是遭受了多大的不幸，而是自己的内心素质存在着某种缺陷，对生活的认识存在偏差。事实上，生活中有很多坚强的人，即使遭受挫折，承受着来自于生活的各种各样的折磨，他们在精神上也会岿然不动。充满着欢乐与战斗精神的人们，永远不会为困难所打倒，在他们的心中始终承载着欢乐，不管是雷霆还是阳光，他们会给予同样的欢迎和珍视。

将眼光停留在生活的美好处

要想赢得人生，就不能总把目光停留在那些消极的东西上，那只会使你沮丧、自卑、徒增烦恼，还会影响你的身心健康。结果，你的人生就可能被失败的阴影遮蔽，失去它本该有的光辉。悲观失望的人在挫折面前，会陷入不能自拔的困境。乐观向上的人即使在绝境之中，也能看到一线生机，并为此释然。

尤利乌斯是一个画家，而且是一个很不错的画家。他画快乐的世界，因为他自己就是一个快乐的人。不过没人买他的画，因此他想起来会有点伤感，但只是一会儿。

他的朋友们劝他："玩玩足球彩票吧！只花2马克便可以赢很多钱！"

于是尤利乌斯花2马克买了一张彩票，并真的中了奖！他赚了50万马克。

他的朋友都对他说："你瞧！你多走运啊！现在你还经常画画吗？"

"我现在就只画支票上的数字！"尤利乌斯笑道。

尤利乌斯买了一幢别墅，并对它进行了一番装饰。他很有品位，买了许多好东西：阿富汗地毯、维也纳柜橱、佛罗伦萨小桌、迈森瓷器，还有古老的威尼斯吊灯。

尤利乌斯很满足地坐下来，他点燃一支香烟，静静地享受他的幸福。突然他感到好孤单，便想去看看朋友。他把烟往地上一扔，在原来那个石头做的画室里他经常这样做，然后他就出去了。

燃烧着的香烟躺在地上，躺在华丽的阿富汗地毯上……一个小时以后，别墅变成一片火的海洋，它完全烧没了。

朋友们很快就知道了这个消息，他们都来安慰尤利乌斯。

"尤利乌斯，真是不幸呀！"他们说。

“怎么不幸了？”他问。

“损失呀！尤利乌斯，你现在什么都没有了。”

“什么呀？不过是损失了2马克。”

朋友们为了失去的别墅而惋惜，可是尤利乌斯却不在意，正如他所说的，不过是2马克，怎么能够影响他正常的生活，让他陷入悲伤之中呢？由此可见，事情本身并不重要，重要的是面对事情的态度。只要有一双能够发现美好事物的眼睛，有一颗保持乐观的心，那么即使是再悲惨的事情，也不会让我们悲伤。

我们都有这样的感受：快乐开心的人在我们的记忆里会留存很长的时间，因为我们更愿意留下快乐的而不是悲伤的记忆。每当我们回想起那些勇敢且愉快的人们时，我们总能感受到一种柔和的亲切感。

19世纪英国较有影响力的诗人胡德曾说过：“即使到了我生命的最后一天，我也要像太阳一样，总是面对着事物光明的一面。”到处都有明媚宜人的阳光，勇敢的人一路纵情歌唱。即使在乌云的笼罩之下，他也会充满对美好未来的期待，跳动的心灵一刻都不曾沮丧悲观；不管他从事什么行业，他都会觉得工作很重要、很体面；即使他穿的衣服褴褛不堪，也无碍于他的尊严；他不仅自己感到快乐，也给别人带来快乐。

千万不要让自己心情消沉，一旦发现有这种倾向就要马上避免。我们应该养成乐观的个性，面对所有的打击我们都要坚韧地承受，面对生活的阴影我们也要勇敢地克服。要知道，任何事物总有光明的一面，我们应该努力去发现。垂头丧气和心情沮丧是非常危险的，这种情绪会减少我们生活的乐趣，甚至会毁灭我们的生活。

先为自己设想一个好的结果

很多时候，我们做事情的动力来自于心理的暗示。如果心里想着，这是一件好事，一定会有一个好结果，那么我们在做事情的时候就会很开心，也会很有激情；可是如果在开始的时候就告诉自己，这是一件很糟糕的事情，即使是做了，也不会有什么好的结果出现，那么我们的信心将会受到打击，也会因为失望和难过而丧失了做事的动力。所以我们做任何事之前，都要先预想一个好的结果，有了好结果的鼓舞，你就会信心百倍，有这种积极心态的人，成功的可能性也很大。前世界拳击冠军乔・弗列勒每战必胜的秘诀是：参加比赛的前一天，总要在天花板上贴上自己的座右铭——“我能胜！”

然而，生活中有很多人，在还没有做事前，就想到事情会失败，这种心态消极、负面思考的人，结果真的就难以成功。

一个人是否成功，关键是在于他的心态是否积极。成功者在做事前，就相信自己能够取得成功，这是人的意识和潜意识在起作用。

一天晚上，在一条偏僻的公路上，一个年轻人的汽车轮胎爆了。

年轻人翻遍工具箱，也没有找到千斤顶，而没有千斤顶是换不成轮胎的。怎么办？这条路几个小时都不会有一辆车经过，他远远望见一座亮灯的房子，决定去那户人家借千斤顶。在路上，年轻人不停地想：

要是没有人来开门怎么办？

要是没有千斤顶怎么办？

要是那家伙有千斤顶，却不肯借给我，那该怎么办？

……

顺着这种思路想下去，他越想越生气，当走到那间房子前敲开门，主人刚出来，他冲着人家劈头就是一句："你那千斤顶有什么稀罕的！"

主人丈二和尚摸不着头脑，认为年轻人是一个精神病人，"砰"的一声就把门关上了。

做事前就认为自己会失败，自然难以成功了。

做任何事，不要在心里制造失败，我们都要想到成功，要想办法把"一定会失败"的意念排除掉。

一个人期望成功，就可能成功；想的尽是失败，就会失败。成功产生在那些有了成功意识的人身上，失败根源于那些不自觉地让自己走向失败的人身上。

PART

05

以不抱怨回应生命中的挑战

在逆境中抱怨，等于遗弃幸运

在人生路途上，谁都会遭遇逆境，逆境是生活的一部分。逆境充满荆棘，却也蕴藏着成功的机遇。只要勇敢面对，就一定能从布满荆棘的路途中走出一条阳光大道。正如培根所说："奇迹多是在厄运中出现的。"其实，我们不应该在逆境中抱怨，因为抱怨逆境无疑是在遗弃幸运。

道本连自己的名字都不会写，却在大阪的一所中学当了几十年的校工。尽管工资不多，但他已经很满足命运为他所安排的一切。就在他快要退休时，新上任的校长以他"连字都不认识，却在校园工作，太不可思议了"为由，将他辞退了。

道本恋恋不舍地离开了校园，像往常一样，他去为自己的晚餐买半磅香肠，但快到食品店门前时，他想起食品店已经关门多日了。而不巧的是，附近街区竟然没有第二家卖香肠的。忽然，一个念头在他脑海里闪过——为什么我不开一家专卖香肠的小店呢？他很快拿出自己仅有的一点积蓄开了一家食品店，专门卖起香肠来。

因为道本灵活多变的经营，十年后，他成了一家熟食加工公司的总裁，他的香肠连锁店遍及了大阪的大街小巷，并且是产、供、销“一条龙”服务，颇有名气的道本香肠制作技术学校也应运而生。

当年辞退他的校长早已忘了道本这一位曾经的校工，在得知著名的董事长识字不多时，便十分敬佩地称赞他：“道本先生，您没有受过正规的学校教育，却拥有如此成功的事业，实在是太不可思议了。”

道本诚恳地回答：“真感谢您当初辞退了我，让我摔了跟头，从那之后我才认识到自己还能干更多的事情。否则，我现在肯定还是一位靠一点退休金过日子的校工。”

正如道本一样，成功者首先是从逆境中崛起的。逆境可以锻炼一个人的品格，也可以激发一个人向上发展的勇气和潜力。在逆境中，当被逼得退无可退、无路可走时，人们往往在最后的时刻想尽办法来自救，无形之中反而促成了人生的辉煌。所以，我们应该感谢逆境和难题，感谢其中所孕育的成功。

在我们陷

入逆境时，一味地埋怨和诅咒是无济于事的，那只会让我们变得更加沮丧而觉得无望。与其苦苦等待，不如点燃自己手中仅有的“火种”和希望，去战胜黑暗，摆脱困境，为自己创造一个光明的前程。

勇敢地度过生命中的不如意

乔很爱音乐，尤其是喜欢小提琴。在国内学习了一段时间之后，他把视线转到了国外，想出国深造。但是国外没一个认识的人，他到了那里如何生存呢？这些他当然也想过，但是为了自己的音乐之梦，他勇敢地踏出了国门。维也纳是他的目的地，因为那里是音乐的故乡。这次出国的费用家里辛辛苦苦地凑了出来，但是学费与生活费是无论如何也拿不出来了。所以，他虽然来到了音乐之都，却只能站在大学的门外，因为他没有钱。他必须先到街头上拉琴卖艺来赚够自己的学费与生活费。

很幸运，乔在一家大型商场的附近找到一位为人不错的琴手，他们一起在那里拉琴。这个地理位置比较优越，他们挣到了很多钱。

但是这些钱并没有让乔忘记自己的梦想。过了一段时日，乔赚够了自己必要的生活费与学费，就和那个琴手道别了。他要学习，要进入大学进修，要在音乐的学府里拜师学艺，要和琴技高超的同学们互相切磋。乔将全部的时间和精力都投注在提升音乐素养和琴艺之中。十年后，乔有一次路过那家大型商场，巧得很，他的老朋友——那个当初和他一起拉琴的家伙，仍在那儿拉琴，表情一如往昔，脸上露着得意、满足与陶醉。

那个人也发现了乔，很高兴地停下拉琴的手，热络地说道："兄弟啊！好久没见啦！你现在在哪里拉琴啊？"

乔回答了一个很有名的音乐厅的名字，那个琴手疑惑地问道："那里也让流浪艺人拉琴吗？"乔没有说什么，只淡淡地笑着点了点头。

其实，十年后的乔，早已不是当年那个当街献艺的乔了，他已经成为一位音乐家，经常应邀在著名的音乐厅中登台献艺，早就实现了自己的梦想。

我们的才华、我们的潜力、我们的前程，如果没有胆量的推动，很可能只是一场镜花水月，当梦醒来，一切也就醒了。

一个永不丧失勇气的人是永远不会被打败的。就像弥尔顿所说的："即使土地丧失了，那有什么关系？即使所有的东西都丧失了，但不可被征服的意志和勇气是永远不会屈服的。"如果你以一种充满希望、充满自信的精神进行工作的话，如果你期待着自己的伟业，并且相信自己能够成就这番伟业的话，如果你能展现出自己的勇气的话——任何事情都不能阻挡你前进，你可能遇到的任何失败都只是暂时性的，你最终必定会取得胜利。

另一方面，如果你觉得自己非常渺小，如果你认为自己是一个效率很低、微不足道的人，并且你不相信自己可以出色地完成任务的话——这就会限制你可能达到的人生高度。你不可能超越你的想象。自我贬低和害羞怯懦不但会阻止你的进步，而且会严重损害你的整个职业生涯，甚至还会损害到你的身体健康。

“勇气是在偶然的机会中激发出来的。”莎士比亚说。除非你让自己时刻保持一种接受勇气的态度，否则，你不要指望自己的身上会时时刻刻体现出巨大的勇气。在就寝前的每个夜晚，在起床时的每个清晨，你都要对自己说“我会做到的，我能行”，并以此作为自己坚定的信条，然后充满自信地勇敢前进。

命运的冷遇也是一种幸运

想实现自己的梦想，就要有胆识有胆量，要勇敢地面对挑战，做一个生活的攀登者，只有这样才能攀上人生的顶峰，欣赏到无限的风景。有时候，白眼、冷遇、嘲讽会让弱者低头走开，但对强者而言，这也是另一种幸运和动力。

她从小就“与众不同”，因为小儿麻痹症，不要说像其他孩子那样欢快地跳跃奔跑，就连正常走路都做不到。寸步难行的她非常悲观和忧郁，当医生教她做一点运动，说这可能对她恢复健康有益时，她就像没有听到一般。随着年龄的增长，她的忧郁和自卑感越来越重，甚至拒绝所有人的靠近。但也有个例外，邻居家那个只有一只胳膊的老人却成为她的好伙伴。老人是在一场战争中失去一只胳膊的，老人非常乐观，她非常喜欢听老人讲故事。

这天，她被老人用轮椅推着去附近的一所幼儿园，操场上孩子们动听的歌声吸引了他们。当一首歌唱完，老人说道：“我们为他们鼓掌吧！”她吃惊地看着老人，问道：“你只有一只胳膊，怎么鼓掌啊？”老人对她笑了笑，解开衬衣扣子，露出胸膛，用手掌拍起了胸膛……

那是一个初春，风中还有几分寒意，但她却突然感觉自己的身体里涌动起一股暖流。老人对她笑了笑，说：“只要努力，一个巴掌一样可以拍响。你一样能站起来的！”

那天晚上，她让父亲写了一张字条，贴到了墙上，上面是这样的一行字：“一个巴掌也能鼓掌。”从那之后，她开始配合医生做运动。无论多么艰难和痛苦，她都咬牙坚持着。有一点进步了，她又以更大的受苦姿态，来求更大的进步。甚至在父母不在时，她自己扔开支架，试着走路。她坚持着，她相信自己能够像其他孩子一样，她要行走，她要奔跑……

11岁时，她终于扔掉支架。她又向另一个更高的目标努力着，开始锻炼打篮球和参加田径运动。

1960年罗马奥运会女子100米跑决赛，当她以11秒18第一个撞线后，顿时掌声雷动，人们都站起来为她喝彩，齐声欢呼着这个美国黑人的名字：威尔玛·鲁道夫。

那一届奥运会上，威尔玛·鲁道夫成为当时世界上跑得最快的女性，她共摘取了3枚金牌，也是第一个黑人奥运女子百米冠军。

生活中，当我们遭到冷遇时，不必沮丧，不必愤恨，唯有尽全力赢得成功。不因幸运而故步自封，不因厄运而一蹶不振。真正的强者，善于从顺境中找到阴影，从逆境中找到光亮，时时校准自己前进的目标，人生的冷遇也可能成为幸运的起点。

磨砺到了，幸福也就到了

世间很多事情都是难以预料的，亲人的离去、生意的失败、失恋、失业等打破了我们原本平静的生活，以后的路究竟应该怎么走？

难道生活真的就这么难吗？日子真的就暗无天日吗？其实，并不是这样的。在这个世界上，为何有的人活得轻松，而有的人却活得沉重？因为前者拿得起，放得下，后者是拿得起，却放不下。很多人在受到伤害之后，一蹶不振，在伤痛的海洋里沉沦。只得到不失去的事情是不可能的，而一个人在失去之后，就对未来丧失信心和希望，又怎么在失去之后再得到呢？人生又怎能过得快乐幸福呢？

被誉为“经营之神”的松下幸之助9岁起就去大阪做一个小伙计，父亲的过早去世使得15岁的他不得不担负起生活的重担，寄人篱下的生活使他过早地体验了做人的艰辛。

22岁那年，他晋升为一家电灯公司的检查员。就在这时，松下幸之助发现自己得了家族病，已经有9位家人在30岁前因为家族病离开了人世。他没了退路，反而对可能发生的事情有了充分的精神准备，这也使他形成了一套与疾病做斗争的办法：不断调整自己的心态，以平常之心面对疾病，使自己保持旺盛的精力。这样的过程持续了一年，他的身体变得结实起来，内心也越来越坚强，这种心态也影响了他的一生。

改良插座的愿望受阻后，他决心辞去公司的工作，开始独立经营插座生意。创业之初，正逢第一次世界大战，物价飞涨，而松下幸之助手里的资金少得可怜。公司成立后，最初的产品是插座和灯头，却因销量不佳，使得工厂到了难以维持的地步，员工相继离去，松下幸之助的境况变得很糟糕。

但他把这一切都看成是创业的必然经历，他对自己说："再下点功夫，总会成功的！已有更接近成功的把握了。"他相信：坚持下去取得成功，就是对自己最好的报答。功夫不负有心人，生意逐渐有了转机，直到6年后拿出第一个像样的产品，也就是自行车前灯时，公司才慢慢走出了困境。

日本的战败使得松下幸之助变得几乎一无所有，剩下的是到1949年时达10亿元的巨额债务。为抗议把公司定为财阀，松下幸之助不下50次去美军司令部进行交涉。

一次又一次的打击并没有击垮松下幸之助，如今松下已经成为享誉全世界的知名品牌，这个品牌正是在不断的磨砺之中逐渐成长起来的。

如果当初在得知自己患上家族病的那一刻，松下就将自己埋没在悲观之中，那么，或许我们今天就不会看到松下这个品牌了。

生活中有各种各样我们想不到的事情，其实这些事情本身并不可怕，可怕的是我们无法从这件事情所造成的影响中抽身出来，尽早地以最新、最好的状态去投入下面的事情，哪怕我们现在身无分文，我们可以从身无分文起步，一点一滴地打拼，磨砺到了，幸福也就到了。

PART 06

给自己时间，别害怕重新开始

人生随时都可以**重新开始**

这个世界上不会有人一生都一成不变，穷人可能会发迹为富人，富人也可能沦落为穷人，很多事情都是发生在一瞬间。富有或贫穷，成功或失败，光荣与耻辱，所有的改变都可能在一瞬间发生。

比如，一个人要戒烟，如果他总认为戒烟是一个渐进的、缓慢的过程，要逐渐地戒，那他永远也戒不了烟；他只有在某天突然醒悟，才会痛下决断，马上坚决采取戒烟措施，才有可能戒掉烟。

CNN的老板特德·特纳，年轻时是一个典型的花花公子，从不安分守己，他的父亲也拿他没办法。他曾两次被布朗大学除名。不久，他的父亲因企业债务问题而自杀，他因此受到了很大的触动。他想到父亲含辛茹苦地为家庭打拼，他却在胡作非为，不仅不能帮助父亲，反而为父亲添了无数麻烦。他决定改变自己的行为，要把父亲留给自己的公司打理好。从此他像变了一个人，成了一个工作狂，而且不断寻找机会，壮大父亲留下的企业，最终将CNN从一个小企业变成了世界级的大公司。

其实，人的改变就在一瞬间，只要我们思想上有了一种强烈的要改变的意识，并下定决心，变化就会出现。一瞬间的改变可以成就一个人的一生，也可以毁灭一个人的一生，所以，我们不能忽视一瞬间的力量。

鲁迅起初认为中国落后是因为中国人的体格不行，被称作“东亚病夫”，于是他去日本学习医学。但一次在课间看电影的时候，他看到日本军人挥刀砍杀中国人，而围观的中国人却一脸的麻木，当时其他的日本同学大声地议论：“只要看中国人的样子，就可以断定中国必然灭亡。”鲁迅的思想顿时发生了改变，他说：“由此我觉得医学并非一件紧要事，凡是愚弱的国民，即使体格如何健全、如何茁壮，也只能做毫无意义的

示众的材料和看客，病死多少是不必以为不幸的，所以我的第一要素是在改变他们的精神，而善于改变精神的是，我那时以为当然要推文艺，于是想提倡文艺运动了。”从此，鲁迅决定弃医从文，以笔为枪，去唤醒沉睡中的中国，中国也多了一位伟大的思想家和文学家。

禅宗讲求顿悟，认为人的得道在于顿悟，在于一刹那的开悟。其实人生也是这样，人思想的改变就在一瞬间。当我们顿悟后，我们就能洞察生命的本性，从被奴役的生活走向自由的道路，将蕴藏在内心的仁慈和潜能都充分发挥出来。

一个人想要达到成功的巅峰，也需要顿悟，从你的内心深处升起的那份卓越的渴望，将会在瞬间改变你的一生。

昨天总要**在今天归零**

年轻的时候，玛丽比较贪心，什么都追求最好的，拼了命想抓住每一个机会。有一段时间，她手上同时拥有十三个广播节目，每天忙得天昏地暗，她形容自己：“简直累得跟狗一样！”

事情都是双方面的，所谓有一利必有一弊，事业愈做愈大，压力也愈来愈大。到了后来，玛丽发觉拥有更多、更大不是乐趣，反而是一种沉重的负担。她的内心始终被一种强烈的不安全感笼罩着。

1995年，灾难发生了，她独资经营的传播公司被恶性倒账四五千万美元，交往了七年的男友和她分手……一连串的打击直奔她而来，就在极度沮丧的时候，她冒出了结束自己生命的念头。

在面临崩溃之际，她向一位朋友求助："如果我把公司关掉，我不知道我还能做什么。"朋友沉吟片刻后回答："你什么都能做，别忘了，当初我们都是从'零'开始的！"

这句话让她恍然大悟，也让她勇气再生："是啊！我们本来就是一无所有，既然如此，又有什么好怕的呢？"就这样念头一转，没有想到在短短半个月之内，她连续接到两笔很大的业务，濒临倒闭的公司起死回生，又重新正常运转了起来。

历经这些挫折后，让玛丽体悟到人生无常的一面：费尽了力气去强求，虽然勉强得到，最后留也留不住；反而是一旦放空了，随之而来的是更大的能量。

她学会了"生活的减法"。为了简化生活，她谢绝应酬，搬离了150平方米的房子。索性以公司为家，在一间小小的办公室里，淘汰不必要的家当，只留下一张床、一张小茶几，还有两只做伴的狗儿。

玛丽忽然发现，原来一个人需要的其实那么有限，许多附加的东西只是徒增无谓的负担而已。朋友不解地问她："你为什么都不爱自己了？"她回答："我现在是从内心爱自己。"

对于过去发生的事情，我们无能为力；关于未来，它还没有发生，我们对于它的一切不过是想象。只有此刻，才是最真实的，也只有抓住此刻，才是最幸福的，才是最懂得疼爱自己的。

有人喜欢抓住过去不放，总是活在过去里，对往事缅怀。可是过去的事情里，我们大概忘记了兴奋与激情了吧，只有悲伤还残存在记忆中。于是我们每天都在咀嚼自己的痛苦，用过去的事情来折磨自己。

以为离开了自己，什么事情都做不了，这样的想法是不对的；以为没有了一切，自己就活不下去，这也是不对的。宇宙间的事情，不是谁没有了谁就延续不下去的，只要我们愿意，我们随时都可以从零开始。

抛开过去，就在今天全部归零，我们才能整装待发，快乐出行。

怀旧情绪适可而止

淑娟是某校一位普通的学生，她曾经沉浸在考入重点大学的喜悦中，但好景不长，大一开学才两个月，她就对自己失去了信心：连续两次与同学闹别扭，功课也不能令她满意，她对自己失望透了。

她自认为是一个坚强的女孩，很少有被打倒的时候，但她没想到大学开学才两个月，自己就对大学四年的生活失去了信心。她曾经安慰过自己，也无数次试着让自己抱以希望，但换来的却只是一次又一次的失望。

以前在中学时，几乎所有老师跟她的关系都很好，很喜欢她，她的学习状态也很好，学什么会什么，身边还有一群朋友，那时她感觉自己像个明星似的。但是进入大学后，一切都变了，人与人的隔阂是那样明显，自己的学习成绩又如此糟糕。现在的她很无助，她常常想："我并未比别人少付出，并未比别人少努力，为什么别人能做到的，我却不能呢？"

进入一个新的学校，新生往往会不自觉地与以前相对比，而当困难和挫折发生时，产生"回归心理"更是一种普遍的心理状态。淑娟在新学校中缺少安全感，不管是与人相处方面，还是自尊、自信方面，这使她长期处于一种怀旧、留恋过去的心理状态中，如果不去正视目前的困境，就会更加难以适应新的生活环境、建立新的自信。

不能尽快适应新环境，就会导致过分的怀旧。一些人在人际交往中只能做到"不忘老朋友"，但难以做到"结识新朋友"，个人的交际圈也大大缩小。此类过分的怀旧行为将阻碍你去适应新的环境，使你很难与时代同步。回忆是属于过去的岁月的，一个人应该不断进步。我们要试着走出过去的回忆，不管它是悲还是喜，不能让回忆干扰我们今天的生活。

一个人适当怀旧是正常的，也是必要的，但是因为怀旧而否认现在和将来，就会陷入病态。

不要总是表现出对现状很不满意的样子，更不要因此过于沉溺在对过去的追忆中。当你不厌其烦地重复述说往事，述说着过去如何如何时，你可能忽略了今天正在经历的体验。把过多的时间放在追忆上，会影响你的正常生活。

我们需要做的，是尽情地享受现在。过去的东西再美好抑或再悲伤，那毕竟已经因为岁月的流逝而沉淀。如果你总是因为昨天错过今天，那么在不远的将来，你又会回忆着今天的错过。在这样的恶性循环中，你永远是一个迟到的人。

隆萨乐尔曾经说过："不是时间流逝，而是我们流逝。"不是吗？在已逝的岁月里，我们毫无抗拒地让生命一点一滴地流逝，却做出了分秒必争的滑稽模样。

说穿了，回到从前也只能是一次心灵的谎言，是对现在的一种不负责的敷衍。史威福说："没有人活在现在，大家都活着为其他时间做准备。"所谓"活在现在"，就是指活在今天，今天应该好好地生活。这其实并不是一件很难的事，我们都可以轻易做到。

太阳每天都是新的

人的一生中会遇到各种各样的困难和挫折，逃避和消沉是解决不了问题的，唯有以乐观的阳光心态去迎接生活的挑战，才有机会成功。阳光的人每天都拥有一个全新的太阳，积极向上，并能从生活中不断汲取前进的动力。

"不论担子有多重，每个人都能支持到夜晚的来临，"19

世纪的浪漫主义代表、小说《金银岛》的作者罗勃·史蒂文森写道，“不论工作有多苦，每个人都能做他那一天的工作，每一个人都能很甜美、很有耐心、很可爱、很纯洁地活到太阳下山，而这就是生命的真谛。”不错，生命对我们所要求的也就是这些。可是住在密歇根州萨基诺城的薛尔德太太，在学到“要生活到上床为止”这一点之前，却感到极度的颓丧，甚至几乎想自杀。

1937年，薛尔德太太的丈夫死了，她觉得非常颓丧——而且几乎不名一文。她写信给她以前的老板李奥罗区先生，请他允许她回去做她以前的老工作，她以前靠推销世界百科全书过活。两年前她丈夫生病的时候，她把汽车卖了，如今她勉强凑足钱，分期付款才买了一部旧车，又开始出去卖书。

她原想，再回去做事或许可以帮她解脱她的颓丧。可是要一个人驾车，一个人吃饭，几乎令她无法忍受。有些区域简直就做不出什么成绩来，虽然分期付款买车的数目不大，却很难付清。

1938年的春天，她在密苏里州的维沙里市，见到那儿的学校都很穷，路很坏，很难找到客户。她一个人又孤独又沮丧，有一次甚至想要自杀。她觉得成功是不可能的，活着也没有什么希望。每天早上她都很怕起床面对生活。她什么都怕，怕付不出分期付款的车钱，怕付不出房租，怕没有足够的东西吃，怕她的健康情况变坏而没有钱看医生。让她没有自杀的唯一理由是，她担心她的姐姐会因此而觉得很难过，而且她姐姐也没有足够的钱来支付自己的丧葬费用。

然而有一天，她读到一篇文章，使她从消沉中振作了起来，使她有勇气继续活下去。她永远感激那篇文章里那一句令人振奋的话："对一个聪明人来说，太阳每天都是新的。"她用打字机把这句话打下来，贴在她的车子里，这样，在她开车的时候，每一分钟都能看见这句话。她发现每次只活一天并不困难，她学会了忘记过去，不想未来，每天早上都对自己说："今天又是一个新的开始。"

她克服了对孤寂和对需要的恐惧。她现在很快活，也还算成功，对生命充满了热忱和爱。她也知道，不论在生活上碰到什么事情，都不要害怕；她也知道，不必怕未来，每次只要活一天——"对一个聪明人来说，太阳每天都是新的"。

在日常生活中可能会碰到令人兴奋的事情，也同样会碰到令人消极的、悲观的坏事，这本来应属正常，但如果我们的思维总是围着那些不如意的事情转动的话，也就相当于往下看，那么终究会摔下去的。因此，我们应尽量做到脑海想的、眼睛看的，以及口中说的都应该是光明的、乐观的、积极的，相信每天的太阳都是新的，每一天都是一个新的开始。

第二篇

不抱怨的智慧

PART 01

别抱怨，每一个人的人生都有坎坷

人生没有过不去的坎

“没有永久的幸福，也没有永久的不幸”，尽管在生活中，我们每个人都会遇到各种各样的挫折和不幸，而且有的人不仅仅要承受一种磨难，甚至受打击的时间可能长达几年、十几年，但是让人极度讨厌的厄运也有它的“致命弱点”，那就是它不会持久存在。

人们在遭受了生活的打击之后，总是习惯抱怨自己的命运不好，身边没有能够帮忙的朋友，家世也不好，没有可依靠的父母，等等。其实抱怨并不能解决问题，当问题发生的时候，我们一定要相信——厄运不久就会远走，好运迟早会到来。

匹兹堡有一个女人，她已经35岁了，过着平静、舒适的中产阶层的家庭生活。但是，她突然连遭四重厄运的打击。丈夫在一次事故中丧生，留下两个小孩。没过多久，一个女儿被烤面包的油脂烫伤了脸，医生告诉她孩子脸上的伤疤终生难消，母亲为此伤透了心。她在一家小商店找了份工作，可没过多久，这家商店就关门倒闭了。丈夫给她留下一份小额保险，但是她耽误了最后一次保费的续交期，因此保险公司拒绝支付赔偿。

碰到一连串不幸事件后，女人近乎绝望。她左思右想，为了自救，她决定再做一次努力，尽力拿到保险补偿。在此之前，她一直与保险公司的普通员工打交道。当她想面见经理时，一位接待员告诉她经理出去了。她站在办公室门口无所适从，就在这时，接待员离开了办公桌。机遇来了。她毫不犹豫地走进了经理的办公室，结果看见经理独自一人在那里。经理很有礼貌地问候了她。她受到了鼓励，沉着镇静地讲述了索赔时碰到的难题。经理派人取来她的档案，经过再三思索，决定应当以德为先，给予赔偿，虽然从法律上讲公司没有承担赔偿的义务。工作人员按照经理的决定为她办了赔偿手续。

但是，由此引发的好运并没有到此终止。经理尚未结婚，对这位年轻寡妇一见倾心。他给她打了电话，几星期后，他为寡妇推荐了一位医生，医生为她的女儿治好了伤，脸上的伤疤被清除干净；经理通过在一家大百货公司工作的朋友给寡妇安排了一份工作，这份工作比以前那份工作好多了。不久，经理向她求婚。几个月后，他们结为夫妻，而且婚姻生活相当美满。

这个故事很好地阐释了厄运与好运的意义，厄运不会一直存在于我们的生活里，即使是现在深陷困境，也会在不久之后就等到了厄运的夭折期。

易卜生说："不因幸运而故步自封，不因厄运而一蹶不振。真正的强者，善于从顺境中找到阴影，从逆境中找到光亮，时时校准自己前进的目标。"

任何时候，都不要因厄运而气馁，厄运不会时时伴随你，阴云之后的阳光很快就会来临。

不要把自己禁锢在眼前的苦痛中

世事无常，我们随时都会遇到困厄和挫折。遇见生命中突如其来的困难时，你都是怎么看待的呢？不要把自己禁锢在眼前的困苦中，眼光放远一点，当你看得见成功的未来远景时，便能走出困境，达到你梦想的目标。

在断崖上，不知何时长出了一株小小的百合。它刚发芽的时候，长得和野草一模一样，但是，它心里知道自己并不是一株野草。它的内心深处，有一个坚定的念头："我是一株百合，不是一株野草。唯一能证明我是百合的方法，就是开出美丽的花朵。"它努力地吸收水分和阳光，深深地扎根，直直地挺着胸膛，对附近的杂草置之不理。

在野草和蜂蝶的鄙夷下，百合努力地释放内心的能量。百合说：“我要开花，是因为知道自己有美丽的花；我要开花，是为了完成作为一株花的庄严使命；我要开花，是由于自己喜欢以花来证明自己的存在。不管你们怎样看我，我都要开花！”

终于，它开花了。它那灵性的洁白和秀挺的风姿，成为断崖上最美丽的风景。年年春天，百合努力地开花、结籽。最后，这里被称为“百合谷地”，因为这里到处是洁白的百合。

我们生活在一个竞争十分激烈的社会，有时在某方面一时落后，有时困难重重，有时失败连连，甚至有时被人嘲笑……无论什么时候，我们都不能放弃努力；无论什么时候，我们都应该像那株百合一样，为自己播下希望的种子。

内心充满希望，它可以为你增添一分勇气和力量，它可以支撑起你一身的傲骨。当莱特兄弟研究飞机的时候，许多人都讥笑他们是异想天开，当时甚至有句俗语说：“上帝如果有意让人飞，早就让他们长出翅膀。”但是莱特兄弟毫不理会外界的说法，终于发明了飞机。当伽利略以望远镜观察天体，支持地球绕太阳而行的学说时，教皇曾将他下狱，命令他改变主张，但是伽利略依然继续研究，并著书阐明日心说，他的研究成果后来终于获得了证实。最伟大的成就，常属于那些在大家都认为不可能的情况下却能坚持到底的人。坚持就是胜利，这是成功的一条秘诀。

暂时的落后一点都不可怕，自卑的心理才是可怕的。人生的不如意、挫折、失败对人是一种考验，是一种学习，是一种财富。我们要牢记勤能补拙，既能正确认识自己的不足，又能放下包袱，以最大的决心和最顽强的毅力克服这些不足，弥补这些缺陷。

在不断前进的人生中，凡是看得见未来的人，也一定能掌握现在，因为明天的方向他已经规划好了，知道自己的人生将走向何方。留住心中的“希望种子”，相信自己会有一个无可限量的未来，心存希望，任何艰难都不会成为我们的阻碍。只要怀抱希望，生命自然会充满激情与活力。

别为了关上的门而痛苦，老天还为你留了一扇窗

生活中，我们往往看到的只是事物的一个侧面，这个侧面让人痛苦，但痛苦却可以转化。蚌因身体嵌入沙砾，伤口的刺激使它不断分泌物质来疗伤，如此，才出现一颗晶莹的珍珠。哪颗珍珠不是由痛苦孕育而成？可见，任何不幸、失败与损失，都有可能成为对我们有利的因素。

1900年前，在意大利的庞贝古城里，有一个叫莉蒂雅的卖花女孩。她自小双目失明，但并不自怨自艾，也没有垂头丧气把自己关在家里，而是像常人一样靠劳动自食其力。

不久，一场毁灭性的灾难降临到了庞贝城。没有任何预兆的维苏威火山突然爆发，数亿吨的火山灰和灼热的岩浆顷刻间把庞贝城给吞没了。

整座城市被笼罩在浓烟和尘埃中，漆黑如无星的午夜。惊慌失措的居民跌来碰去寻找出路，却无法找到。许多人来不及逃脱，被活活埋葬；有些人设法躲入地窖，但因熔岩和火山灰层的覆盖而窒息，也没有幸免；城中 2 万多居民大部分逃到了别处，但仍有2千多人遇难。由于盲女莉蒂雅这些年走街串巷地卖花，她的不幸这时反而成了她的大幸。她靠着自己的触觉和听觉找到了生路，而且还救了许多人。残疾，成为她的财富。

生活中谁都难免遭遇挫折，只要你树立信心，继续努力，肯定会有“柳暗花明又一村”的新景象。

西娅在维伦公司担任高级主管，待遇优厚。很长一段时间，她都为到底去什么地方度假而烦恼。但是情况很快就变得糟糕起来。为了应对激烈的竞争，公司开始裁员，而西娅则是被裁掉的一员。那一年，她43岁。

“我在学校一直表现不错！”她对好友墨菲说，“但没有哪一项特别突出。后来，我开始从事市场销售。在30岁的时候，我加入了那家大公司，担任高级主管。”

“我以为一切都会很好，但在我43岁的时候，我失业了。那感觉就像有人给了我的鼻子一拳。”她接着说，“简直糟糕透了。”

西娅似乎又回到了那段灰暗的日子，语气也沉重了许多。但是，不久她凭借自己的优势找到了工作，两年后，她拥有了自己的咨询公司。

“被裁员是一件糟糕的事情，但那绝对不是地狱。也许，对你自己来说，可能还是一个改变命运的机会，比如现在的我。重要的是如何看待，我记得那句名言：世界上没有失败，只有暂时的不成功。”西娅真诚地对墨菲说。

世界充满了就业的机遇，也充满了被淘汰的可能。被淘汰不一定是坏事，也许这正是上帝在以另一种方式告诉你：你未尽其才，你需要寻找更适合你发展的空间。

笑迎人生风雨

生活中难免有痛苦和失落，但是我们不能总是用悲观的心去对待生活，而应该在艰难中给自己一点希望，让自己坚强起来，再苦也要笑一笑。

钟爱东，百亩鱼塘的主人，被评为省“巾帼科技兴农带头人”。

从一名普通的下岗女工到身价千万的养殖大王，不惑之年的钟爱东仍然勤劳淳朴。事业几经起落，她说，横下一条心，没有过不去的坎儿。

1997年1月1日，是钟爱东不能忘却的日子：这一天，本以为捧上“铁饭碗”的她下岗了。在这家工厂工作了近20年，还成了厂里的“一把手”，钟爱东说，她把全部的心血、最好的青春年华都给了工厂，甚至没有时间照顾年幼的孩子，“当时觉得，心里有什么东西被人硬掰了下来”，钟爱东说。那天，她哭了。

下岗后，她接到的第一个电话，是花都区妇联打来的，她说，就是这个电话，在最艰难的时候教会她“用笑容去迎接困难”。钟爱东在当厂长的时候就经常与周围的农民接触，知道养殖水产有赚头，看准这一点，她拿出了仅有的2000元“压箱底钱”，又东奔西走借了些款，一咬牙承包了200亩低洼田，资金不够，就赚一分投入一分，滚动式周转。几年下来，天天“泡”鱼塘、搞技术，200亩低洼田变成了水产养殖地。钟爱东说，那时照看鱼塘就是她全部的生活了。她每天早上都要花一个小时绕池塘走上几圈。

钟爱东没想到，生活中的第二次打击来得这么快。那一天，是钟爱东伤心的日子，一场大洪水湮灭了她刚刚兴旺的鱼塘。站在堤坝上，看着不断上涨的洪水一点点吞没了鱼塘，钟爱东绝望地回了家。“哪里跌倒就从哪里爬起来。”钟爱东说，这是当时丈夫说的唯一的话，倔强的她这次没有流泪。她开始带着工人挖塘、养苗，引进新技术、新鱼种，被洪水湮灭的鱼塘一点点“回来”了。

钟爱东成了远近闻名的“鱼王”，鱼塘越做越大，还办起了企业。多年的艰难经营，“养鱼为生”的钟爱东对技术情有独钟：一个没有创新、没有新产品的企业，就像脱水的鱼。

钟爱东有个温暖的四口之家，她说，在最困难的时候，家人的支持成了她的精神支柱。“当初好多次想到放弃，是他们帮我挺过了难关。”屡经磨难，钟爱东说最重要的是要学会如何看待失败，“下岗、失败都不用怕，路是自己走出来的，认定目标走下去，一定会成功。”

生命，有起有落，有悲有喜，起伏不定，但是太阳却依然明亮，月亮仍然美丽，星星依旧闪烁……一切的一切仍旧是那么和谐，而生命，依然会有着更美丽的色彩，亟待我们去开发。明天，总是美好的，只要我们有心，只要我们在艰难中咬紧牙关，我们就能够在痛苦中盼来新一轮的朝阳。

PART 02

用感恩的心驱走抱怨的“恶魔”

感恩的心才能念动幸福的咒语

一位哲人说，世界上最大的悲剧和不幸就是一个人大言不惭地说：“没人给过我任何东西。”对生活常怀有一颗感恩之心的人，即使遇上再大的灾难，也能熬过去。

在日本“推销之神”原一平的奋斗史中，最受人们推崇的是“三恩主义”，即社恩、佛恩和客恩。

即使被尊称为“推销之神”，原一平也没有骄傲，反而以谦恭为怀，时时刻刻感谢公司的栽培，认为没有公司提供的平台，就没有今日的他，因此他十分尊敬公司，晚上睡觉脚都不敢朝向公司的方向。这就是社恩。原一平一生的成功，除了自己的辛苦奋斗之外，串田董事长的知遇和栽培功不可没。不过，他内心里最感谢的是启蒙恩师吉田胜逞法师、伊藤道海法师，没有他们的一语道破及指点迷津，或许原一平还只是一名推销的小卒呢！这就是佛恩。对参加保险的客户以及周围合作的同事心怀感激，这就是客恩。据原一平自称：他的所得除

10%留为己用外，其余皆回馈给公司及客户。由于对公司有着感谢的胸怀，所以处处为公司的利益着想，为客户提供无微不至的服务，从而也锻炼了自己的能力，得到上司和客户的回赠，登上了事业的高峰。

感恩，可以使我们浮躁的心态得以平静下来，也使我们能够从全新的角度来看待身边的事物。

感恩是一种处世哲学，是生活中的大智慧。人生在世，不可能一帆风顺，种种失败、无奈都需要我们勇敢地面对、旷达地处理。当挫折、失败来临时，是一味地埋怨生活，从此变得消沉、萎靡不振，还是对生活满怀感恩，跌倒了再爬起来？

感恩之情是滋润生命的营养素，它使我们的生活充满芳香和阳光。一个不懂得感恩的人，即使家财万贯，他仍是个贫穷的人；懂得感恩，才是天下最富有的人。

让心中的抱怨“工厂”关门大吉

杯子里只有半杯水了，一个人看见会说：“唉，只有半杯水了。”而另一个则说：“啊，还有半杯水呢！”这就是对待事物的不同心态。前者是抱怨而悲观的，而后者是感恩而乐观的。我们应该养成积极的心态，确信天黑透了，就能够看见星星，而不是去抱怨没有太阳，因为太阳绝不会听到你的抱怨。

1972年，新加坡旅游局给总理李光耀打了一份报告，大意是说，我们新加坡不像埃及有金字塔，不像中国有长城，不像日本有富士山，不像夏威夷有十几米高的海浪。我们除了一年四季直射的阳光，什么名胜古迹都没有，要发展旅游事业，实在是巧妇难为无米之炊。

李光耀看过报告，非常气愤。据说，他在报告上批示了这么一行字：你想让上帝给我们多少东西？阳光，阳光就够了！

后来，新加坡利用那一年四季直射的阳光种花植草，在很短的时间里发展成为世界上著名的“花园城市”，连续多年，旅游收入列亚洲第三位。

与旅游局长心存抱怨形成鲜明对照的是，李光耀总理心存感谢。即使是一缕阳光，那也是上天的恩赐，新加坡正是抓住了阳光，做大了阳光产业，新加坡从而发展成为亚洲“四小龙”之一。一个国家如此，一个人也应如此，一定要心怀感恩：对自己的生活环境充满感激，对自己的家人充满感激，对自己的朋友充满感激。

有的人会对工作抱怨，诸如今天又遇到比较烦的事、比较难沟通的客户，但如果你换个角度想想，假如你把比较烦的事情都做好了，比较难沟通的客户给协调好了，那说明你的服务水平又提高了，你又有进步了。如果你用积极乐观的心态去做事，相信从此你会多一分快乐，少一分抱怨。

不知感恩是一种严重的职业“癌症”，会严重阻碍职业发展，甚至是把自己毁灭掉。

在某企业的一次招聘中有两个年轻人脱颖而出，最后主考官单独约见了他们，问了他们同一个问题：“你觉得以前你工作的那个公司怎么样？”

一个面试者抱怨说：“糟透了，同事们整天不干正事，主管的水平实在太低！真难以想象我在那里是怎么度过了两年的！”

另外一个面试者却说：“虽然我原来工作的是一家很小的公司，管理也不是很规范，不过在我工作的那段时间里，学到了不少的东西。正因如此，我现在才有勇气坐在这里。我很感激原来工作的公司。”

最后被录取的，毫无疑问，当然是后者！

不知感恩，缺乏感恩心态会导致一个人的情感变得麻木；对人对事缺乏热情与认真；工作、生活懈怠，渐渐蜕化成冷漠无情的动物。不懂感恩的人，他们的存在价值大打折扣。

只要关闭心中的抱怨“工厂”，搭建心中的感恩“花

园”，你的生活将会实现神奇的改变。从现在开始，每天抽出一点时间，为自己目前所拥有的一切而感恩，为自己的生活而感谢吧。

“打击”你的人可能更爱你

人跟人是不同的，有的人比较直接，所以跟别人表达自己的感情也比较直接：喜欢你就会告诉你，对你好也会让你感觉出来。有些人比较内敛：即使是关心你的，也不会表现出来，反而会给你个很严肃的表情，让你觉得好像欠了他的钱一样。

后一种人最容易遭到别人的误解，以为跟他是很难相处的，事实上他对你早就有了一份关心和爱护。相对于你的误解，他往往更注意自己应该怎样做才对你有利，怎样做才能让你成长得更快。

日本大企业家福富先生就曾遇到过这样的人。在他做服务生的时候，他的老板毛利先生常常会很严厉地责骂他。

尽管挨骂的时候，自己的心里是很难过的，可是福富发现自己每次挨了责骂后都会得到一些启示，学会一些事情，所以福富总是“主动地”挨骂。只要遇见了毛利先生，福富绝不会像其他怕麻烦的服务生一样逃之夭夭，他会掌握机会，立刻趋身向前，向毛利先生打招呼，并请教说：“早安！请问我有什么地方需要改进？”

这时，毛利先生便会对他指出许多需要注意的地方，福富在聆听训话之后，必定马上遵照他的指示改正缺点。

福富之所以殷勤主动地到毛利先生面前请教，是因为他深知年轻资浅的服务生很难有机会和老板交谈，只有如此把握机会，别无他法。而且向老板请教，通常正是老板在视察自己工作的时候，这就是向老板推销自己的最佳时机。所以，毛利先生对福富的印象就深刻，对福富有所指示时，也总是亲切直呼他的名字，告诉福富什么地方需要注意。

他就这样每天主动又虚心地向毛利先生请教，持续了两年。有一天，毛利先生对福富说：“我长期观察，发现你工作相当勤勉，值得鼓励，所以明天开始请你担任经理。”就这样，19岁的服务生一下子便晋升为经理，在待遇方面也提高很多。被人指责训斥，就是在接受另一种形式的教育。对于毛利先生一年365天的不断教导，福富至今仍感谢不已。

在被指责或训斥时，心里总是会受到一定的打击，会觉得很沮丧甚至很失望。尤其是对方说话或者做事的态度很难让你接受的时候，就会觉得对方很讨厌，甚至会对他产生怨恨。但是，你有没有静下心来想一想：在你承受对方给你的压力之后，你是否成长了？或者说，对方是出于什么心态来“打击”你的？难道他是跟你有仇，还是只为了自己的一时发泄？

对方给予你“打击”，正是希望你能从中知道自己的错误，并且能够从中学习到一些东西。尽管处理事情的方式可能与你不同，可是，给予你“打击”的人，往往是比任何人都关心你、爱护你的。就如同自己的家长，可能每天都在骂你，但是他们的真实心愿是希望你能尽快地成才；你的上司，可能每天都在责罚你，可是他往往是想让你尽快地成长……

人与人之间，表达感情的方式是不一样的，所以在遭受委屈而对“打击”你的人产生抱怨的时候，一定要用心地想一想：他为什么这么对我？这样，你很快就会明白，“打击”你的人，原来很多都是为了你好。

感谢别人给你的一片阳光

很多人才貌双全，拥有让人羡慕的家境和学历，但他们却不快乐。无论物质上是多么的丰厚，他们都不会感到满足和幸福。而不幸福的人，往往容易被时间摧残，淡忘生活的意义。

其实，幸福是一种感觉，虽然有外在的因素，但更多地取决于自己的内心。

拥有感恩的心才是快乐的秘诀。对生活拥有一颗感恩的心的人，即使物质生活再贫穷，也可以拥有很多的快乐。

感恩是爱的根源，也是快乐的必要条件。如果我们对生命中所拥有的一切能心存感激，便能体会到人生的快乐、人间的温暖以及人生的价值。拥有一颗感恩的心，才能更懂得珍惜生命、热爱生活，那么，即使遇上再大的困难，也能够绕过去。

一家外资公司的公关部需要招聘一位职员，前来应聘的人经过甄选，最后只剩下了五个。公司告诉这五个人，聘用谁得由经理层会议讨论才能决定，结果会在三天内发到他们的邮箱里。

三天后，其中一位的电子邮箱里收到一封信，信是公司人事部发来的，内容是："经过公司研究决定，很抱歉，你落选了。我们虽然很欣赏你的学识、气质，但名额有限，这实是割爱之举。公司以后若有招聘名额，必会优先通知你。你所提交的材料在被复印后，不日将邮寄返还于你。另外，为感谢你对本公司的信任，还随信寄去本公司产品的优惠券一份。祝你好运！"

看完电子邮件，她知道自己落选了，有点难过，但又为该公司的诚意所感动，便顺手花了一分钟时间回复了一封简短的感谢信。

但在两天后，她却接到了那家外资公司的电话，说经过经理层会议讨论，她已被正式录用为该公司职员。

她很不解，后来才明白邮件其实是公司最后的一道考题。她能胜出，只不过因为多花了一分钟时间去感谢。

生命的整体是相互依存的，世界上每一样东西都依赖其他的东西：父母的养育，师长的教诲，配偶的关爱，他人的服务，大自然的慷慨赐予……你从出生那天起，便沉浸在恩惠的海洋里。只有你真正明白了这个道理，你才会感谢大自然的福佑，感谢父母的养育，感谢社会的安定，感谢食之香甜，感谢衣之温暖，感谢花草鱼虫，感谢苦难逆境。就连自己的敌人，也不忘感谢，因为真正促使自己成功，使自己变得机智勇敢、豁达大度的，不是顺境，而是那些常常可以置自己于死地的打击、挫折和对立面。

感谢折磨，锤炼自己

人不能总停留在原地，而是要努力向前。感谢折磨你的人，你将得到更迅捷的发展速度。

对于生活中的各种折磨，我们应时时心存感激。只有这样，我们才会常常有一种幸福的感觉，纷繁芜杂的世界才会变得鲜活、温馨和动人。一朵美丽的花，如果你不能以一种美好的心情去欣赏它，它在你的心中和眼里也永远娇艳妩媚不起来，而如你的心情一般灰暗和没有生机。

只有心存感激，我们才会把折磨放在背后，珍视他人的爱心，才会享受生活的美好，才会发现世界原本有太多的温情。心存感激，是一种珍贵的人格，是一种美好的人性。只有心存感激，我们才会热爱生活，珍惜生命，以平和的心态去努力地工作与学习，使自己成为一个有益于社会的人。心存感激，我们的生活就会洋溢着更多的欢笑和阳光，世界在我们眼里就会更加美丽动人。

面对人生中各种各样的坎坷折磨，你要保持感谢的态度，因为唯有折磨才能使你不断地成长。法国启蒙思想家伏尔泰说："人生布满了荆棘，我们的唯一办法是从那些荆棘上面迅速踏过。"人生是不平坦的，但同时也说明生命正需要磨炼。"燧石受到的敲打越厉害，产生的火星就越灿烂"，正是这种敲打才使它产生火星，因此，燧石需要感谢那些敲打。人也一样，感谢折磨你的人，你就是在锤炼自己。

美国独立企业联盟主席杰克·弗雷斯从13岁起就开始在他父母的加油站工作。弗雷斯想学修车，但他父亲让他在前台接待顾客。当有汽车开进来时，弗雷斯必须在车子停稳前就站到司机门前，然后去检查油量、蓄电池、传动带、胶皮管和水箱。

弗雷斯注意到，如果他干得好的话，顾客大多还会再来。于是弗雷斯总是多干一些，帮助顾客擦去车身、挡风玻璃和车灯上的污渍。有一段时间，每周都有一位老太太开着她的车来清洗和打蜡。这个车的车内踏板凹陷得很深，很难打扫，而且这位老太太极难打交道。每次当弗雷斯帮她把车清洗好后，她都要再仔细检查一遍，让弗雷斯重新打扫，直到清除掉每一缕棉绒和灰尘，她才满意。

终于有一次，弗雷斯忍无可忍，不愿意再侍候她了。他的父亲告诫他说：“孩子，记住，这就是你的工作！不管顾客说什么或做什么，你都要记住做好你的工作，并以应有的礼貌去对待顾客。”

父亲的话让弗雷斯深受震动，许多年以后他仍不能忘记。弗雷斯说：“正是在加油站的工作使我学到了严格的职业道德和应该如何对待顾客，这些东西在我以后的职业生涯中起到了非常重要的作用。”

其实，弗雷斯的成功与他懂得感谢那些折磨自己的人有着莫大的关系。“吃一堑，长一智”，你为什么不对他心存感激呢？学会感谢折磨你的人，这样，你注定会与成功结缘。

PART

03

学会忍耐，让宽容代替抱怨

宽容比怨恨更具威慑力

古今中外，许多大人物身上都有大度、宽容的美德，这也是他们能够被人们尊重的原因之一。

一天，在开往费城的火车上，一个妇人中途上了车，她走进一节车厢，坐在了座位上。对面是一位略显肥胖的男子，正在吸烟。这位妇女禁不住咳了几声，可是，那个男子丝毫没注意到她的暗示。最后，妇人忍不住开口说："你多半是外国人吧！大概不知道这趟车有一节吸烟车厢，这里是不让吸烟的。"那个男子一声不吭，掐灭了香烟，扔出了窗外。

这时，列车员走过来对妇人说，这里是格兰特将军的私人车厢，请她离开。她听了大吃一惊，心里很害怕，站起身往门口走。而格兰特将军仍像刚才一样，没有给她任何难堪，甚至没有取笑、嘲弄她的神情。

宽容也并非大人物的专利，普通人也同样有之。

有这样一个故事：格林夫妇带着两个儿子在意大利旅游，

不幸遭到劫匪的袭击，7岁的长子尼古拉死于劫匪的枪下。在医生证实尼古拉的大脑确实已经死亡的10个小时内，孩子的父亲做出了决定，同意将儿子的器官捐出。4小时后，尼古拉的心脏移植给了一个患先天性心肌畸形的14岁孩子；一对肾分别使两个患先天性肾功能不全的孩子有了活下去的希望；一个19岁的濒危少女，获得了尼古拉的肝；尼古拉的眼角膜使两个意大利人重见光明；就连尼古拉的胰腺，也被提取出来，用于治疗糖尿病……

“我不恨这个国家，不恨意大利人。我只是希望凶手知道他们做了些什么。”格林说，嘴角的一丝微笑掩不住内心的悲痛。而他的妻子玛格丽特的庄重、坚定、安详的面容，和他们4岁幼子脸上小大人般的表情，尤其令意大利人的灵魂震撼！他们失去了自己的亲人，但事件发生后他们所表现出来的宽容与大度，令全体意大利人深感羞愧。

生活中，我们要学会宽容、大度。古人说：“大度集群朋。”一个人若能有宽宏的度量，他的身边便会聚集起大群的知心朋友。大度，表现为对人、对事能“求同存异”，不以自己的个性或癖好对待他人。大度，还要能容忍他人的过失，尤其是当他人对自己犯有过失时，能不计前嫌，一如既往。大度，更应表现为能够虚心接受批评，发现自己的过失，便立即改正，和他人发生矛盾时，能够主动检讨自己，而不文过饰非、推诿责任。

那么，如何培养度量呢？

凡是小事，不要太过计较，要原谅别人的过失。

不如意的事来临时，泰然处之，不为所累。

受人讥讽，不要睚眦必报。

学会吃亏，把便宜让给别人。

多看别人的优点，少盯着别人的缺点。

宽容是一种境界、一种美德，它能使复杂的事情变简单，使人生跃上新的台阶。

让谣言止于平静

生存于一个团体之中，无论你如何做人，也无法让每一个人都满意，更何况当有利益纷争的时候呢？出于种种原因，对我们不利的谣言就来了，有攻击我们能力的，也有诽谤我们的信誉和人格的。

流言很多，常常令我们身陷被动的境地，怎么处理它成为每个人关心的问题。其实对于身陷谣言旋涡中的人来说，最需要的是冷静的头脑，而非沮丧的心情和失望的愤怒。

他人对我们造谣的动机各种各样，但无论是出于嫉妒还是别的阴谋，我们越在不顺心的时候就越要保持冷静，绝不能被谣言的制造者打倒。

1952年，尼克松参加了艾森豪威尔总统的竞选班子。就在这时，有人揭发：加利福尼亚的某些富商以私人捐款的方式暗中资助尼克松，而尼克松将那笔钱据为己有。

尼克松据理反驳，说那笔钱是用来支付政治活动开支的，绝没有据为己有。但是，艾森豪威尔要求他的竞选伙伴必须“像猎狗的牙齿一样清白”，准备把尼克松从候选人的名单中除去。

这样，那一年10月的一天晚上，10点30分，全国所有的电视台、电台将各自的镜头、话筒对准了尼克松——他不得不通过电视讲话解释这些捐款的来龙去脉，为自己的清白而作辩护。

尼克松在讲话中并没有单刀直入地为自己辩解，而是多次提到他的出身如何低微，如何凭借自己的一股勇气、自我克制和勤奋工作才得以逐步上升的，博得了观众和听众的同情。

说着说着，他话题一转，似乎是顺便提起了一件有趣的往事，他说道：“在我被提名为候选人后，的确有人给我送来一件礼物。那是在我们一家人动身去参加竞选活动的当天，有人说寄给了我家一个包裹。我前去领取，你们猜会是什么东西？”

尼克松故意打住，以提高听众的兴趣：“打开包裹一看，是一个箱子，里面装着一条西班牙长耳朵小狗，全身有黑白相间的斑点，十分可爱。我那六岁的女儿特莉西亚喜欢极了，就给它起了一个名字，叫‘棋盘’。大家都知道，小孩子们都是喜欢狗的。所以，不管人家怎么说，我打算把狗留下来……”

这就是历史上有名的尼克松的“棋盘演说”。

这事以后，美国的一份娱乐杂志马上把这次“棋盘演说”嘲讽为花言巧语的产物。而好莱坞制片人达里尔·扎纳克则说：“这是我从未见过的最为惊人的表演。”

尼克松当时还以为自己失败了，可最后事态的发展完全出乎大家的意料，成千上万封赞扬他的电报涌进了共和党总部，他因为表现出色而最终被留在了候选人的名单上。

冷静是卓越的基础，只有冷静才能让自己不乱方寸，在谣言的旋涡中立住脚，以便伺机出击、反击对手。

冷静更是保证我们准确判断的重要因素，没有冷静的头脑就难以制订出正确的决策和行之有效的计划。

谣言并不是什么可怕的事，冷静思考是我们对待谣言的最佳处理办法。

阮玲玉就曾因为谣言漫天飞舞而割腕自杀，只留下了“人言可畏”四个字！一代名伶，最后竟以这样的方式香消玉殒，这不得不说是没能保持头脑冷静的结果。

冷静是一种出色的自制力，一个遇事总是头脑发热、丧失理智的人是非常危险的。当不利于我们的谣言出现时，告诉自己这很正常，要用冷静击破它。

多点雅量面对嘲笑

面对他人的嘲笑，一定要有胸襟、有雅量，这同时也是一种做人的智慧。

曾任美国总统的福特在大学里是一名橄榄球运动员，体质非常好，所以他在62岁入主白宫时，他的身体仍然非常挺拔结实。当了总统以后，他仍继续滑雪、打高尔夫球和网球，而且非常擅长。

1975年5月，他到奥地利访问，当飞机抵达萨尔茨堡，走下舷梯时，他的皮鞋碰到一个隆起的地方，脚一滑就跌倒在跑道上。他跳了起来，没有受伤，但使他惊奇的是，记者们竟把这次跌倒当成一项大新闻，大肆渲染起来。在同一天里，他又在丽希丹宫那被雨淋滑了的长梯上滑倒了两次，险些跌下来。随即一个奇妙的传说散播开了：福特总统笨手笨脚，行动不灵敏。自萨尔茨堡以后，福特每次跌跤或者撞伤，记者们总是添油加醋地把消息向全世界报道。后来，竟然反过来，他不跌跤也变成新闻了。哥伦比亚广播公司曾这样报道说："我一直在等待着总统撞伤头部，或者扭伤胫骨，或者受点轻伤之类的来吸引读者。"记者们如此渲染似乎想给人形成一种印象：福特总统是个行动笨拙的人。电视节目主持人还在电视中和福特总统开玩笑，喜剧演员切维·蔡斯甚至在节目里模仿总统滑倒和跌跤的动作。

福特的新闻秘书朗·聂森对此提出抗议，他对记者们说："总统是健康而且优雅的，他可以说是我们能记得起的总统中身体最为健壮的一位。"

"我是一个活动家，"福特抗议道，"活动家比任何人都容易跌跤。"

他对别人的玩笑总是一笑了之。1976年3月，他还在华盛顿广播电视记者协会年会上和切维·蔡斯同台表演过。节目开始，蔡斯先出场。当乐队奏起乐曲时，他"绊"了一下，跌倒在歌舞厅的地板上，从一端滑到另一端，头部撞到讲台上。此时，每个到场的人都捧腹大笑，福特也跟着笑了。

当轮到福特出场时，蔡斯站了起来，佯装被餐桌布缠住了，弄得碟子和银餐具纷纷落地。蔡斯装出要把演讲稿放在乐队指挥台上，可一不留心，稿纸掉了，撒得满地都是。众人哄堂大笑，福特却满不在乎地说道："蔡斯先生，你是个非常、非常滑稽的演员。"

生活是需要睿智的。如果你不够睿智，那至少可以豁达。以乐观、豁达、体谅的心态看问题，就会看出事物美好的一面；以悲观、狭隘、苛刻的心态去看问题，你会觉得世界一片灰暗。两个被关在同一间牢房里的人，透过铁窗看外面的世界，一个看到的是美丽神秘的星空，一个看到的是地上的垃圾和烂泥，这就是区别。

面对嘲笑，最忌讳的做法是勃然大怒，大骂一通，其结果只会让嘲笑之声越来越炽。要让嘲笑尽快平息，最好的办法是一笑了之。一个目标明确的人，不会去考虑别人多余的想法，而是有风度、有气概地接受一切非难与嘲笑。伟大的心灵多是海底之下的暗流，唯有小丑式的人物，才会像一只烦人的青蛙一样，整天聒噪不休！

原谅生活，是为了更好地生活

人生在世，我们不必总跟自己过不去，也别跟生活过不去，没理由不滋润、不快活，关键是我们选择什么样的角度看生活与看自己。我们有我们的悲哀，生活有生活的难处，应当学会原谅生活。

宋代文学家苏轼说：“人有悲欢离合，月有阴晴圆缺，此事古难全。”古人有古人的悲哀，可古人很看得开，把人世间的悲欢离合比作月的阴晴圆缺，一切全出于自然，其中有永恒不变的真理，它像一只无形的手在那里翻云覆雨，演绎着多色多味的世界。今人也有今人的苦恼，因为“此事古难全”。

有一位哲学家，当他是单身汉的时候，和几个朋友一起住在一间小屋里。尽管生活非常不便，但是他一天到晚总是乐呵呵的。

有人问他：“那么多人挤在一起，连转个身都困难，有什

么可乐的？”

哲学家说：“朋友们在一块儿，随时都可以交换思想、交流感情，这难道不值得高兴吗？”

过了一段时间，朋友们一个个相继成家了，先后搬了出去。屋子里只剩下了哲学家一个人，但是每天他仍然很快活。

那人又问：“你一个人孤孤单单的，有什么好高兴的？”

“我有很多书啊！一本书就是一个老师。和这么多老师在一起，时时刻刻都可以向它们请教，这怎能不令人高兴呢？”

几年后，哲学家也成了家，搬进了一座大楼里。这座大楼有七层，他的家在最底层。底层在这座楼里环境是最差的，上面老是往下面泼污水，丢死老鼠、破鞋子、臭袜子和杂七杂八的脏东西。那人见他还是一副自得其乐的样子，好奇地问：“你住这样的房间，也感到高兴吗？”

“是呀！你不知道住一楼有多少妙处啊！比如，进门就是家，不用爬很高的楼梯；搬东西方便，不必费很大的劲儿；朋友来访容易，用不着一层楼一层楼地去叩门询问……特别让我满意的是，可以在空地上养些花、种些菜。这些乐趣呀，数之不尽啊！”

后来，那人遇到哲学家的学生，问道：“你的老师总是那么快快乐乐，可我却感到，他每次所处的环境并不那么好呀。”

学生笑着说：“决定一个人快乐与否，不在于环境，而在于心境。”

苦恼和悲哀常常引起人们对生活的抱怨，哀自己命运，怨生活的不公。其实生活仍然是生活，关键看你从什么角度去看。

人生是什么？从某种意义上说，难道不像一场赌局吗？用你的青春去赌事业，用你的痛苦去赌欢乐，用你的爱去赌别人的爱。要不诗人顾城怎么会说：“如果你觉得活着没意思了，那就该死了。”

每逢沮丧失落时，我们对一切感到乏味，生活的天空阴云密布，看什么都不顺眼，像T恤衫上印着的：别理我，烦着呢！生活中有很多时候我们心情不好，面对落榜，面对失恋，面对解释不清的误会，我们的确不易很快超脱。但是人有逆反心理，更多的时候是“多云转晴”，忧郁被生气勃勃的憧憬所取代。烦些什么？你的敌人就是你自己，战胜不了自己，没法不失败；想不开、钻死胡同，全是想不开所致。

原谅生活有那么多阴差阳错，因为它要让你学会坚强、珍惜。生活在这个世界上，我们不得不怀着一颗宽大的心去原谅诸多人和事，原谅上天对人的不公，因为它总要去考验一些人、捉弄一些人……

PART 04

知足，让抱怨无处停留

抱怨源自不知足

大哲人老子曾说过：“祸莫大于不知足，咎莫大于欲得。”这句话对于今天有着尤其特殊的意义。纵观今日一些落马之人，探其缘由，“祸咎”概莫能出其“不知足”和“欲得”之外。贪婪的欲望使得一个又一个春风得意的“能人”，从马上倏然坠地，沦为“阶下囚”，甚至走上“断头台”。

自老子以后，很多先哲都提倡“知足知止”的教条，这个教条也确实在紧紧地约束着中国人的行止。比如庄子就是一个清心寡欲的人，他曾告诫人们：“知足者，不以利自累也。”

由古至今，人类始终难以摆脱欲望。在欲望的支配下，人们会做出许多不可理解的事情。当自己的欲望得到了满足的时候，就万事顺心了。可是，当欲望没有达成的时候，人们的心理就会失衡，就会产生抱怨的情绪。所以，抱怨源自不知足，只有知足的人才能感受到人生的富足。

希腊哲学家克里安德，当年虽已八十高龄，但依然精神矍铄，身体健壮，有人问他：“谁是世上最富有的人？”

克里安德斩钉截铁地说：“知足的人。”

这句话恰和老子的“知足者富”的说法如出一辙。

曾有人问美国石油大王史泰莱：“怎样才能致富？”

这位石油大王不假思索地回答：“节约。”

“谁比你更富有？”

“知足的人。”

“知足就是最大的财富吗？”

史泰莱引用了罗马哲学家塞涅卡的一句名言来回答说：“最大的财富，是在于无欲。”

塞涅卡还有一句智慧的话：“如果你不能对现在的一切感到满足，那么纵使让你拥有全世界，你也不会幸福。”

最妙的是，罗马大政治家兼哲学家西塞罗也曾有过类似的说法：“对于我们现在有的一切感到满足，就是财富上的最大保证。”

知足不是自满和自负，不是装饰，不是自谦，而是知荣辱、乐自然。知足的人即满足于自我的人，知足者能认识到无止境的欲望和痛苦，于是就干脆压抑一些无法实现的欲望，这样虽然看起来比较残忍，但它却减少了更多的痛苦。在能实现的欲望之内，他拼命为之奋斗，一旦得到了自己的所求，快乐便油然而生，每上一个台阶，快乐的程度也会增加一分。只有经常知足，在自我能达到的范围之内去要求自己，而不是刻意去勉强、强迫自己，才能心平气和地去享受幸福。

如果为了没有鞋而哭泣，看看那些没有脚的人

有这样一句话：“在这个世界上，你是自己最好的朋友，你也可以成为自己最大的敌人。”当你接受自己、爱自己时，你的心里就充满了阳光；而当你排斥自己、讨厌自己时，你的心灵就会覆盖冰雪。要知道，微不足道的一点烦恼也可以毁掉你的整个生活。

有一个富翁，为了教育每天精神不振的孩子知福惜福，便让他到当地最贫穷的村落住了一个月。一个月后，孩子精神饱满地回家了，脸上并没有带着“下放”的不悦，让富爸爸感到不可思议。爸爸想要知道孩子有何领悟，问儿子：“怎样？现在你知道，不是每个人都能像我们这样生活吧？”

儿子说：“是的，他们过的日子比我们还好。

“我们晚上只有灯，他们却有满天星空。

“我们必须花钱才买得到食物，他们吃的却是自己的土地上栽种的免费

粮食。

“我们只有一个小花园，对他们来说到处都是花园。

“我们听到的都是噪声，他们听到的都是自然音乐。

“我们工作时神经紧绷，他们一边工作一边大声唱歌。

“我们要管理用人、管理员工，他们只要管好自己。

“我们要关在房子里吹冷气，他们在树下乘凉。

“我们担心有人来偷钱，他们没什么好担心的。

“我们老是嫌菜不好，他们有东西吃就很开心。

“我们常常失眠，他们睡得好安稳。

“所以，谢谢你，爸爸。你让我知道，我们可以过得那么好。”

很多刚刚踏入社会的年轻人，无论思想还是为人处世，都有很多不成熟的地方，却又敏感异常。他们希望事事做到完美，人人都能赞许他。但当这种想法不能实现时，他们就很轻易地陷入不如意的境地，觉得自己是全世界最倒霉的人。

也许，你并不确切地了解自己幸运与否。没关系，这儿有一份专家们的全球报告，来细细地对照一下吧：

如果我们将全世界的人口压缩成一个100人的村庄，那么这个村庄将有：

57名亚洲人，21名欧洲人，14名美洲人和大洋洲人，8名非洲人；52名女人和48名男人，30名基督教徒和70名非基督教徒；89名异性恋和11名同性恋。

6人拥有全村财富的89%，而这6人均来自美国；80人住房条件不好；70人为文盲；50人营养不良；1人正在死亡；1人正在出生；1人拥有电脑；1人（对，只有1人）拥有大学文凭。

如果我们从这种压缩的角度来认识世界，我们就能发现：

假如你的冰箱里有食物可吃，身上有衣可穿，有房可住，有床可睡，那么你比世界上75%的人更富有。

假如你在银行有存款，钱包里有现钞，口袋里有零钱，那么你属于世界上8%最幸运的人。

假如你父母双全、没有离异，那你就是很稀有的地球人。

假如你今天早晨起床时身体健康，没有疾病，那么你比其他几千万人都幸运，他们甚至看不到下周的太阳。

假如你从未经历过战争的危险、牢狱的孤独、酷刑的折磨和饥饿的煎熬，那么你的处境比其他5亿人更好。

假如你能随便进出教堂或寺庙而没有任何被恐吓、强暴和杀害的危险，那么你比其他30亿人更有运气。

假如你读了以上的文字，说明你就不属于20亿文盲中的一员，他们每天都在为不识字而痛苦……

看吧，我们原来这么幸运。只要肯用心去面对、用心去体会，我们当下拥有的，足以幸福一生了。

学着豁达一些，在盯着他人财富的同时，也细细清点一下自己的所有，你会发觉，自己的运气其实一点都不差。

远离名利，生命才更逍遥

古今中外，为了生命的自由、潇洒，不少智者都懂得与名利保持距离。

惠子在梁国做了宰相，庄子想去见见这位好友。有人急忙报告惠子：“庄子来，是想取代您的相位。”惠子很恐慌，想阻止庄子，派人在国中搜了三天三夜。不料庄子从容而来拜见他道：“南方有只鸟，其名为凤凰，您可听说过？这凤凰展翅而起，从南海飞向北海，非梧桐不栖，非练实不食，非醴泉不饮。这时，有只猫头鹰正津津有味地吃着一只腐烂的老鼠，恰好凤凰从头顶飞过。猫头鹰急忙护住腐鼠，仰头视之道：‘吓！’现在您也想用您的梁国来吓我吗？”惠子十分羞愧。

一天，庄子正在濮水垂钓。楚王派来二位大夫前来聘请他：“吾王久闻先生贤名，欲以国事相累。”庄子持竿不顾，淡然说道：“我听说楚国有只神龟，被杀死时已三千岁了。楚王珍藏之以竹箱，覆之以锦缎，供奉在庙堂之上。请问二大夫，此龟是宁愿死后留骨而贵，还是宁愿生时在泥水中潜行曳尾呢？”二大夫道：“自然是愿活着在泥水中摇尾而行啦。”庄子说：“二位大夫请回去吧！我也愿在泥水中曳尾而行。”

庄子不慕名利，不恋权势，为自由而活，可谓洞悉幸福真谛的聪明人。

淡泊名利是一种境界，追逐名利是一种贪欲。放眼古今中外，真正淡泊名利的人很少，追逐名利的人很多。今天的社会是五彩斑斓的大千世界，充溢着各种各样炫人耳目的名利诱惑，要做到淡泊名利确实是一件不容易的事情。

世间有许多诱惑，如桂冠、金钱，但那都是身外之物，只有生命最美，快乐最贵。我们要想活得潇洒自在，要想过得幸福快乐，就必须做到：学会淡泊，割断权与利的联系；无官不去争，有官不去斗；位高不自傲，位低不自卑，欣然享受清心自在的美好。

这样，就会感受到生活的快乐和惬意。太看重权力地位，让一生的快乐都毁在争权夺利中，那就太不值得，也太愚蠢了。

当然，放弃荣誉并不是寻常人所能达到的境界，它是经历磨难、挫折后的一种心灵上的感悟，一种精神上的升华。“宠辱不惊，去留无意”说起来容易，做起来却十分困难。红尘的多姿、世界的多彩令大家怦然心动，名利皆你我所欲，又怎能不忧不惧、不喜不悲呢？否则也不会有那么多人穷尽一生追名逐利，更不会有那么多人失魂落魄、心灰意冷了。只有做到了宠辱不惊，方能心态平和，笑看人生。

错过花，我们将收获雨

生活中有一种痛苦叫错过。人生中一些极美、极珍贵的东西，常常与我们失之交臂，这时的我们总会因为错过美好而感到遗憾和痛苦。其实喜欢一样东西不一定非要得到它，俗话说：“得不到的东西永远是最好的。”当你为一份美好而心醉时，远远地欣赏它或许是最明智的选择，错过它或许还会给你带来意想不到的收获。

哈佛大学要在中国招一名学生，这名学生的所有费用由美国政府全额提供。初试结束后，有30名学生成为候选人。

考试结束后的第10天，是面试的日子。30名学生及其家长云集锦江饭店等待面试。当主考官劳伦斯·金出现在饭店的大厅时，一下子被大家围了起来，他们用流利的英语向他问候，有的甚至还迫不及待地向他做自我介绍。这时，只有一名学生由于起身晚了一步，没来得及围上去，等他想接近主考官时，主考官的周围已经是水泄不通了，根本没有插空而入的可能。

于是他错过了接近主考官的大好机会，他觉得自己也许已经错过了机会，于是有些懊丧起来。正在这时，他看见一个异国女人有些落寞地站在大厅一角，目光茫然地望着窗外，他想：身在异国的她是不是遇到了什么麻烦，不知自己能不能帮上忙？于是他走过去，彬彬有礼地和她打招呼，然后向她做了自我介绍，最后他问道："夫人，您有什么需要我帮助的吗？"接下来两个人聊得非常投机。

后来这名学生被劳伦斯·金选中了，在30名候选人中，他的成绩并不是最好的，而且面试之前他错过了跟主考官套近乎、加深自己在主考官心目中印象的最佳机会，但是他却无心插柳柳成荫。原来，那位异国女子正是劳伦斯·金的夫人。

这件事曾经引起很多人的震动：原来错过了美丽，收获的并不一定是遗憾，有时甚至可能是圆满。

因此，在你感觉到人生处于最困顿的时刻，也不要为错过而惋惜。失去的折磨会带给你意想不到的收获。花朵虽美，但毕竟有凋谢的一天，请不要再对花长叹了。因为可能在接下来的时间里，你将收获雨滴的温馨和细雨的浪漫。

PART
05

打好手中的坏牌

发牌的是上帝，出牌的是自己

人生的轨迹不是别人的标尺可以度量的，自己才是自己的主人，所以不能依仗别人的脚步，要大胆地往前走，开辟属于自己的道路。

有一个出身名校的大学生，毕业时被分配到一个让人们羡慕的政府机关，干着一份惬意的工作。

好景不长，他开始陷入苦闷，原来他的工作虽轻松，但与所学专业毫无关系。他可是经济专业的高才生，在机关里并无用武之地。

他想辞职外出闯天下，却又留恋眼下这一份舒适的工作。外面的世界虽然很精彩，但风险也大啊。无奈之下，他就将自己的困惑告诉了他最敬重的一位长者。长者一笑，给他讲了一个故事：

一个农民在山里打柴时，拾到一只样子怪怪的鸟。那只怪鸟和出生刚满月的小鸡一样大小，还不会飞，农民就把这只怪鸟带回家给小女儿玩耍。

调皮的小女儿玩够了，便将怪鸟放在小鸡群里充当小鸡，让母鸡养育。

怪鸟长大后，人们发现它竟是一只鹰，他们担心鹰再长大一些会吃鸡。然而，那只鹰和鸡相处得很和睦，只是当鹰出于本能飞上天空再向地面俯冲时，鸡群会产生恐慌和骚乱。渐渐地，人们越来越不满，如果哪家丢了鸡，便会首先怀疑那只鹰——要知道鹰终归是鹰，生来是要吃鸡的。大家一致强烈要求：要么杀了那只鹰，要么将它放生，让它永远也别回来。因为和鹰有了感情，这一家人决定将鹰放生。

谁知，他们把鹰带到很远的地方放生，过不了几天那只鹰又飞回来了，他们驱赶它、不让它进家门，甚至将它打得遍体鳞伤，都无法让它离开。

后来村里的一位老人说："把鹰交给我吧，我会让它永远不再回来。"老人将鹰带到附近一个最陡峭的悬崖旁，将鹰狠狠向悬崖下的深涧扔去。那只鹰开始如石头般向下坠去，然而

快要到涧底时它终于展开双翅托住了身体，开始缓缓滑翔，最后轻轻拍了拍翅膀，就飞向蔚蓝的天空。它越飞越自由舒展，越飞越高，越飞越远，渐渐变成了一个小黑点，飞出了人们的视野，再也没有回来。

听了长者的故事，年轻人似有所悟。几天后，他辞去了公职外出打拼，终有所成。

每一个人都有他自己的人生，顾虑太多，反而会失去更多。当你把外部所有可能影响你的东西切断以后，你就会发现，只有自己才能主宰命运的沉浮。

人生的风风雨雨，只有靠自己去体会、去感受，任何人都不能为你提供永远的庇护。你应该掌握前进的方向，让目标似灯塔般在高远处闪光；你应该独立思考，有自己的主见，懂得自己解决问题。是雄鹰，总会有展翅的一天。所以，不要总是把别人看成是救世主，要始终坚信，在人生的牌局上，只有自己才是自己的上帝。

别人的牌可能更坏

生活中，有人为低工资而懊恼、忧郁，猛然发现邻居大嫂已经下岗失业，于是又暗暗庆幸自己还有一份工作可以做，虽然工资低一些，但起码没有下岗失业，心情转眼就好了起来。很多人总是看重自己的痛苦，而对别人的痛苦忽略不计。当自己痛苦不堪的时候，要是能够换一个角度来思考，痛苦的程度就会大大减弱。当自己兴高采烈的时候，多向上比，会越比越进步；当自己苦恼郁闷的时候，多向下比，会越比越开心。

所以，很多时候，我们要多看到自己的优点，看到自己所拥有的，而不是抓住自己的缺点或者不曾拥有的东西不放。人生最可怜的事，不是生与死的诀别，而是面对自己所拥有的，却不知道它是多么的珍贵。

从前有一个流浪汉，不知进取，每天只知道拿着一个碗向人乞讨度日，最后终于有一天，人们发现他饥饿而死。他死后，只留下了那个他天天向人要饭用的碗。有人看到这个碗，觉得有些特别，就带回家仔细研究，后来发现，原来流浪汉用来向人乞讨的碗，竟是价值连城的古董。

《法华经》记载了这样一个故事：

有个穷人探访一位有钱有地位的富翁亲戚。富翁同情他，故热情款待，结果穷人酒醉不醒。恰好这时官方通知富翁有要事需要他处理，富翁想推醒穷人，向他告别，但穷人不醒，富翁只好悄悄地把一些珠宝塞进他的破衣服之中。

穷人醒后，浑然不知，依然如同往常，四处流浪。过了一些时日，两个人偶遇，富翁告诉他衣服中藏宝的真相，穷人方才如梦初醒。

原来这么多日子以来，自己身上有“宝藏”也不知道！

每个人身上都拥有很大的潜能，只是大多数人都毫无察觉。20世纪90年代，由于受亚洲金融风暴的影响，香港经济萧条，各行各业传来裁员的消息，社会上一下子出现了很多的“穷人”。有些人怨天怨地，自暴自弃；有些人担惊受怕，惶惶不可终日。人们都指望老天爷搭救，幻想买六合彩、赌马、打麻将能发财。这时一位学者站出来呼吁说："大家为什么不冷静地反省、思索，面对经济不景气，自己还有哪些潜藏的本事、才能没有发挥？凭自己的实力、条件，还有哪些事业、工作可以去拼搏？"

如同那位身怀"宝藏"却仍四处流浪的穷人一样，我们要仔细地"搜查"一下自己，看看自己的潜能在哪里。找到"宝藏"后，你还会失落惆怅吗？

有一幅漫画：一个漂亮的女孩子，觉得自己过得很不幸，终于有一天她决定跳楼自杀。身体慢慢往下坠，她看到了十楼以恩爱著称的夫妇正在互殴，她看到了九楼平常坚强的彼得正在偷偷哭泣，八楼的阿妹发现未婚夫跟最好的朋友在床上，七楼的丹丹在吃她的抗忧郁药，六楼失业的阿喜还是每天买7份报纸找工作，五楼受人尊敬的王老师正在偷穿老婆的内衣，四楼的罗斯又要和男友闹分手，三楼的阿伯每天盼望有人拜访他，二楼的莉莉还在看她那结婚半年就失踪的老公的照片。在她跳下之前，她以为自己是世上最倒霉的人，而此刻她才知道每个人都有不为人知的困境，看完他们之后觉得其实自己过得还不错……可是已经晚了。当她掉在地上时，楼上所有不幸的人同时感慨：原来自己的生活还是美好的，还有人比他们更不幸。

这幅漫画很贴切地展现了我们生活中许多人的想法，我们每每羡慕别人的生活是如何的美好，总觉得自己是最不幸的那一个，而实际上并不是这样的，每个人的生活中是会出现别人所没有的各种各样的困难，就像这个美丽的女子在跳楼时所看到的那样，谁都不是生活的宠儿，只是每个人对待生活的态度不同而已。坚强的人最终尝到了生活的美味，意志薄弱的人最终被生活所淘汰。

所以，我们不要总把眼光局限在自身的坏牌上，实际上，别人手中的牌也并非都是好牌。这样去想，你才能不至于太自卑、太绝望，才能保持必胜的决心，坚强地走下去。

晒晒自己的优点，越臭的牌局越需要掌声

很多人对自己的评价往往是这样的：我不行，我没有某某的才干，我没有某某貌美，我不如某某有人缘，我是这几个人中最差的一个，我……总之一堆堆消极的评价，对自己这样的评价看起来没什么，实际上会对一个人的发展产生巨大的影响。人应当适时“晒晒”自己的优点。

一个对自己具有消极评价的人在做事情的时候总会缩头缩尾，放不开手脚，所以自身的能力总得不到最大化的发挥，所以可想而知，一个不发挥自己能力的人和一个将自己的能力极大地发挥出来的人相比较，孰强孰弱，一目了然。

人实际上应当多给自己一些积极的评价，这样会更有助于自己的成长。

一个喜欢棒球的小男孩，生日时得到一个新的球棒。他激动万分地冲出屋子，大喊道：“我是世界上最好的棒球手！”他把球高高地扔向天空，举棒击球，结果没中。他毫不犹豫地第二次拿起了球，挑战似的喊道：“我是世界上最好的棒球

手！”这次他打得更带劲，但又没击中，反而跌了一跤，擦破了皮。男孩第三次站了起来，再次击球。这一次准头更差，连球也丢了。他望了望球棒道：“嘿，你知道吗？我是世界上最伟大的棒球手！”

有人说，演员必须有人赞美，如果好长时间没人赞美，他就应自己赞美自己，这样才能保持舞台激情，保持自信。员工需要老板的褒奖，学生需要老师的表扬，孩子需要父母的肯定，都是一个道理。人们的心灵是脆弱的，需要经常的激励与抚慰，常常自我激励、自我表扬，会使自己的心灵快乐无比，时常拥有自信。

一个人只有时刻保持自信和快乐的感觉，才会使自己在不顺心的生活中更加热爱生命、热爱生活。只有快乐、愉悦的心情，才能催动人的创造力和人生动力。

这种对自我的赞美，正是一颗深深地植根于自己灵魂中的种子，最后一定会在现实生活中结出无数颗能展示生命之美的果实。

自我赞美，会成为创造奇迹的动力。当年拿破仑在奥斯特利茨不得不面临比自己的军队多1万多人的强敌时，拿破仑对即将投入战斗的将士们说："……我的兄弟们，请你们记住，我们法兰西的战士，是世界上最优秀的战士，是永远都不可战胜的英雄！当你冲向敌人的时候，我希望你们能高喊着，我是最优秀的战士，我是不可战胜的英雄！"战斗中，法国将士高喊着"我是最优秀的战士，我是不可战胜的英雄"的口号，他们以一当十，摧枯拉朽地大败奥俄联军。

给自己一个积极的评价，适时赞美自己，你就可以从中获得不可战胜的力量：可以使自信的阳光融化心中的胆怯和懦弱；可以唤醒生命里沉睡的智慧和能力，从而推动事业的蓬勃发展；赞美自己，你的灵魂从此将不再迷失在绝望的黑暗里……

人生是场牌局，每个人都有手握烂牌的时候，都遇到过牌局中的逆境，此时，自暴自弃就是赢牌的大敌，只有能够看到自身优势、自己给自己掌声的人才可能创造奇迹。对于我们每个人来说，得到别人的赞美都是不容易的，此时要懂得自己赞美自己，赞美让人自信，催促自己奋进！

深思熟虑，让坏牌变好牌

我们很可能会遇到这样的情形：有时候会觉得所有的问题都会接踵而至，所有的难题似乎都在同一时间之内抛向了你，于是你开始晕头转向，觉得为什么自己的运气会这么差。而每每这个时候，人越是要慎重走好每一步，每一步都要经过深思熟虑，只有深思熟虑之后不走错路，这些问题才能迎刃而解，自己的前途才能无限光明。

做任何事情，都既要勤奋刻苦，又要开动脑筋想办法。傻瓜喜欢速决：他们不顾障碍，行事鲁莽，干什么事都急匆匆的；有时候尽管判断正确，却又因为疏忽或办事缺乏效率而出差错；在遇到难题的时候，不是积极主动地寻找方法，而是默默地待在那里等待时间去自行解决。但是智者却不会这样，他们一生都在开动脑筋，积极寻找新的方法，为人类解决了很多曾被认为是根本解决不了的问题。在现代社会，每个人都在想尽一切办法来解决生活中的问题，而且，最终的强者也将是善于寻找新方法的那一部分人。

稻盛和夫在日本经济界享有很高的声誉，他所创办的京都陶瓷公司是日本最著名的高科技公司之一。该公司刚创办不久，就接到著名的松下电子的显像管零件U形绝缘体的订单。这笔订单对于京都陶瓷公司的意义非同一般。

但是，与松下做生意绝非易事，商界对松下电子公司的评价是："松下电子会把你尾巴上的毛拔光。"对新创办的京都陶瓷公司，松下电子虽然看中其产品质量好，给了他们供货的机会，但在价钱上却一点都不含糊，且年年都要求降价。对此，京都陶瓷有一些人很灰心，因为他们认为：再这样做下去的话，根本无利可图，不如干脆放弃算了。然而，稻盛和夫认为：松下出的难题，确实很难解决，但是，屈服于困难，也许是给自己找借口，只有积极主动地想办法，才能最终找到解决之道。

经过再三摸索，京都陶瓷公司创立了一种名叫"变形虫经营"的管理方式。其具体做法是将公司分为一个个的"变形虫"小组，作为最基层的独立核算单位，将降低成本的责任落实到每一个人身上。即使是一个负责打包的员工，也都知道用于打包的绳子原价是多少，明白浪费一根绳会造成多大的损失。这样一来，公司的营运成本大大降低，即便是在满足松下电子苛刻的条件下，利润也甚为可观。

有些问题的确非常顽固，想了许多办法，仍无法解决，于是有人便认为“已是极限”，或是“已经尽力”，再去努力也是白搭。但当你真正经过一番努力奋斗后，就知道所谓“难”，其实只是自己的心灵桎梏。解决问题的关键不在于问题本身，而在于我们没有解开自己的心结，在于我们没有用心去想。不怕问题困难，就怕不去想。就好像一把钥匙开一把锁，每一个问题都会有解决的办法，而这把解决问题的钥匙，就在我们自己身上。

想办法是有办法的前提条件。在面对一个问题时，如果不积极思考，努力寻找应对之策，那么，即使你是一名天才，面对问题，你仍会一筹莫展。所以我们就要开动自己的脑筋，走好每一步，才能够让坏牌变好牌！

PART

06

该做就做，行动比抱怨更有效

抱怨失败不如**用行动接近成功**

很多人以为只要拥有一部成功的宝典，就可以一夜之间功成名就，这显然是极其错误的。对此，卡耐基一再告诫我们：

一张地图，不论它多么详细，比例尺多么精确，也绝不能够带它的主人在地面上移动一寸。一本羊皮纸的法典，不论它有多么公正，也绝不能够预防罪行。一个卷轴，绝不会赚一分钱或制造一个赚钱的字。只有行动，才是导火线，才能够点燃地图、羊皮纸、卷轴的价值。行动，才是滋润成功的食物和水，因此我们必须铭记“行动”这个成功准则，绝不拖延和犹豫不决。

让我们现在就采取行动吧，即使行动不会为我们马上换回财富，但是，动而失败总比坐而待毙好。即使财富可能不是行动所摘下来的那个果子，但是，没有行动，任何果子都只会烂掉。我们不逃避今天的责任等到明天去做，因为“明日复明日，明日何其多”。从今以后，我们要一遍又一遍、每一小时、每一天重复这句话，而行动，要像我们眨眼睛那种本能一样迅速。有了这句话，我们就能够振作我们的精神，展开使我们成功的每一个行动；有了这句话，我们就能够振作我们的精神，迎接失败者躲避的每一次挑战。

我们要一次又一次地重复这句话：

当我们醒来，而失败者还要多睡一个小时的时候，我们要说这句话，接着从床上跳下来。

当我们走进市场，而失败者还在考虑是否会遭到拒绝的时候，我们要说这句话，并立刻面对我们第一个可能的顾客。

当我们遇到人家闭着门，而失败者带着惧怕和惶恐的心情在门外徘徊的时候，我们要说这句话，并随即敲门。

当我们面临诱惑的时候，我们要说这句话，沿大路行动，离开邪恶。

当我们想停下来明天再做的时候，我们要说这句话，并立刻行动。

只有行动才能决定我们在市场上的价值，要想扩大我们的价值，就要加强我们的行动。我们要走到失败者怕去的地方。

当失败者想休息的时候，我们要工作。

当失败者仍在沉默的时候，我们要说话。

当失败者说太迟的时候，我们要说已经做好了。

我们只想着现在，明日是为懒人保留的工作日，而我们并不懒惰。明日是使邪恶变好的日子，而我们并不邪恶。明日是衰弱变强壮的日子，而我们并不衰弱。明日是失败者要成功的日子，而我们并不是一个失败者。如果我们不采取行动，我们就会在失败、贫困和彻夜失眠的生活中灭亡。

成功不会等待，财富也不会从地下冒出来，如果我们犹豫不决，它就会永远弃我们而去。

青春经不起一再蹉跎

时光悠悠，童年的稚气已在花开花落的四季轮回里渐渐退去，理想的双翅还未来得及完全展开，转眼我们就到了青春的花期。但“花无百日红”，随着年龄的增长，记忆力会出现衰退，容颜也渐渐憔悴，青春易逝，所以说，人生拼搏要趁早。

安妮是大学艺术团里的歌剧演员。在一次校际演讲比赛中，她向人们展示了一个最为璀璨的梦想：大学毕业后，先去

欧洲旅游一年，然后要在纽约百老汇中成为一名优秀的主角。当天下午，安妮的心理学老师找到她，尖锐地问："你今天去百老汇跟毕业后去有什么差别？"安妮仔细一想：是呀，大学生活并不能帮我争取到去百老汇工作的机会。于是，安妮决定下学期就去百老汇闯荡。

老师紧追不舍地问："你下学期去跟今天去，有什么不一样？"安妮激动不已，她情不自禁地说："好，给我一个星期的时间准备一下，我很快就出发。"

老师步步紧逼："所有的生活用品在百老汇都能买到，你一个星期以后去和今天去有什么差别？"

安妮终于双眼盈泪地说："好，我明天就去。"老师赞许地点点头。第二天，安妮就飞赴到全世界最巅峰的艺术殿堂——美国百老汇。当时，百老汇的制片人正在酝酿一部经典剧目，几百名各国艺术家前去应征主角。按当时的应聘步骤，是先挑出十个左右的候选人，然后让他们每人按剧本的要求演绎一段主角的对白。这意味着要经过百里挑一的两轮艰苦角逐才能胜出。安妮到了纽约后，费尽周折从一个化妆师手里要到了将排的剧本。这以后的两天中，安妮闭门苦读，悄悄排练。正式面试那天，安妮是第48个出场的，制片人听到传进自己鼓膜里的声音，竟然是将要排演的剧目对白，而且，面前的这个姑娘感情如此真挚，表演如此惟妙惟肖，他惊呆了！他马上通知工作人员结束面试，主角非安妮莫属。就这样，安妮来到纽约的第三天就顺利地进入了百老汇，穿上了她人生中的第一双红舞鞋。

世间最宝贵的是时间，最被轻视的也是时间。现在的年轻人都崇尚悠闲，安于“散漫”，三三两两聚在一起能聊个天昏地暗，有什么不顺心的事能郁闷好几天，刚准备看看书，一个电话打来，就兴高采烈地随老友逛街了。他们总以为自己有用不完的时间，于是毫不怜惜地蹉跎着时间，挥霍着光阴——这是一件多么可悲、可惜的事啊。

别在生命的尽头才遗憾自己的生命并未“燃烧”。“人生能有几回搏”，让我们尽情释放自己，做一朵在风雨中迎风起舞的“铿锵玫瑰”！

等待永远是美好的最大敌人

任何人都是一样，年轻时需要积累，年老时才来享受，年轻时正是积累自身实力的时期，年老力衰的时候才能靠着智慧经验或者年轻时储蓄的财富过日子，否则年纪大了再来吃苦，就是“自作孽”。看看那些下岗女工再就业，看看中老年离婚的妇女，你是否能从中得到一些危机的启示？

1904年，正当年轻的爱因斯坦潜心于研究的时候，他的儿子出生了。于是，在家里，他常常左手抱儿子，右手做运算。在街上，他也是一边推着婴儿车，一边思考着他的研究课题。妻儿熟睡了，他还到屋外点灯撰写论文。爱因斯坦就是这样抓住每一个“今天”，通过日积月累，一年中完成了四篇重要的论文，引领了物理学领域的一场革命。

“明日复明日，明日何其多。我生待明日，万事成蹉跎。”

要想不荒废岁月，干出一番事业，就要克服拖拉，珍视今天。

有个创意家，一直给人悠闲无事的感觉，但收入却不少。记者问他是怎么做到的，他说：“做时间的主人，别让时间做你的主人。”

这话听起来有些玄妙，意思是说，你可以决定什么时间做什么事，而不是让时间来决定你应该做什么事。

时间对他而言只是桥梁，通过它，可以找到更合适的生活，而不仅仅是谋取财富。在他看来，时间还有更重要的使命：“有时间的人是活人，没有时间的人是死人。”

宋国大夫戴盈之曾对孟子说：“现在的税负太重了，很想按照以前的井田制度，只征收1/10的税，但是目前执行起来有困难，只能暂时减一点，明年再看着办，你以为如何？”孟子不置可否，只举了个例子：“有一个小偷，每天都偷邻居的鸡，别人警告他，再偷就将他送官，他哀求说，从今天开始，我每个月少偷一只，明年就洗手不干了，可以吗？”

等待永远是美好的最大敌人，拖拉者的一个悲剧是，一方面梦想仙境中的玫瑰园出现，另一方面又忽略窗外盛开的玫瑰。昨天已成为历史，明天仅是幻想，现实的玫瑰就是今天。拖拉所浪费的正是这宝贵的今天。

钟表王国瑞士有一座温特图尔钟表博物馆。在博物馆里的一些古钟上，都刻着这样一句话：“如果你跟得上时间的步伐，你就不会默默无闻。”这句富有哲理的话，一定早已铭刻在许多成功者的心灵深处了。

所以，成功者从来都不是坐在那里等待，而是积极地投入行动之中，为了理想而努力，为了事业而拼搏。尽管道路中会经历风雨，可是等他们品尝到了成功的甘甜的时候，他们就会感谢曾经的行动，因为正是行动成就了他们的明天。

让问题止于自己的行动

美国总统杜鲁门上任后，在自己的办公桌上摆了个牌子，上面写着一句话，翻译成中文是“问题到此为止”，意思就是说：“让自己负起责任来，不要把问题丢给别人。”把这句话引申到生活中，让问题止于自己，而不是把所有的过错都推给别人。大多数情况下，人们会对那些容易解决的事情负责，而把那些有难度的事情推给别人，这种思维常常会导致我们的失败。

美国钢铁大王安德鲁·卡内基年轻的时候，曾经在铁路公司做电报员。有一天正好他值班，突然收到了一封紧急电报，原来在附近的铁路上，有一列装满货物的火车脱离了轨道，要求上司通知所有要通过这条铁路的火车改变路线或者暂停运行，以免发生撞车事故。

因为是星期天，一连打了好几个电话，卡内基也找不到主管上司，眼看时间一分一秒地过去，而正有一次列车驶向出事地点。此时，卡内基做了一个大胆的决定，他冒充上司给所有要经过这里的列车司机发出命令，让他们立即改变轨道。按照当时铁路公司的规定，电报员擅自冒用上级名义发报，唯一的处分就是立即开除。卡内基十分清楚这项规定，于是在发完命令后，就写了一封辞职信，放到了上司的办公桌上。

第二天，卡内基没有去上班，却接到了上司的电话。来到上司的办公室后，这位向来以严厉著称的上司当着卡内基的面将辞职信撕碎，微笑着对卡内基说："由于我要调到公司的其他部门工作，我们已经决定由你担任这里的负责人。不是因为其他任何原因，只是因为你在正确的时机做了一个正确的选择。"

老板聘用一个人，给他一个职位，给他与这个职位相应的权力，是为了让他完成与这个职位相应的工作，妥善及时地解决工作中出现的问题，而不是听他讲关于问题长篇累牍的分析。

1999年，曾是美国第一大零售商的凯玛特开始显露出走下坡路的迹象，有一个关于凯玛特的故事在广泛流传。

在1990年的凯玛特总结会上，一位高级经理认为自己犯了一个错误，他向坐在他身边的上司请示如何更正。这位上司不知道如何回答，便再向上级请示："我不知道，您看怎么办？"而上司的上司又转过身来，向他的上司请示。这样一个小小的问题，一直推到总经理帕金那里。帕金后来回忆说："真是可笑，没有人积极思考解决问题的办法，而宁愿将问题一直推到最高领导那里。"2002年1月22日，凯玛特正式申请破产保护。

凯玛特的破产有很多管理和运作上的问题，但是与公司内部流行的"把问题留给老板"的办事作风有着莫大的关系。

美国肯塔基丰田装配厂的管理者迈克·达普里莱把丰田生产方式描述为3个层次：技术、制度和哲学。他说："许多工厂装了紧急拉绳，如果出现问题，你可以拉动绳子让装配线停下来。5岁的孩子都能拉动这根绳，但是在丰田的工厂里，工人被灌输的哲学是，拉动这根绳子是一种耻辱，所以人人都仔细操作，不使生产线出现问题，所以那根绳子潜在的意义远远大于它的实际作用。"

在这里，是否拉动这根绳子，其实体现的是对待问题的态度。一个不把问题留给别人的人是不容许自己去拉动这样的紧急拉绳的，相反，他们会使出自己所有的办法，让问题止于自己。

在生活中，我们随时都可能遇到很多难题，这个时候如果自己不去解决，而是把所有的问题都推给别人，那么我们将一事无成。只有去积极地解决问题，你才有机会获得成功。

清理抱怨，清理行动障碍

如果你有了理想，就一定要行动。尽管在尝试的过程中可能会遇到障碍，但是请不要抱怨不曾得到上苍的偏爱，而是要努力坚持，继续追求梦想，这样你才有机会获得成功。

史泰龙的父亲是一个赌徒，母亲是一个酒鬼。父亲赌输了，又打老婆又打他；母亲喝醉了也拿他出气发泄。他下定决心，要走一条与父母迥然不同的路，活出个人样来。他想到了当演员——不需要文凭，更不需要本钱，而一旦成功，却可以名利双收。但是他显然不具备演员的条件，长相就很难使人有信心，又没有接受过任何专业训练，没有经验，也无“天赋”的迹象。然而，“一定要成功”的驱动力促使他认为：这是他今生今世唯一出头的机会。在成功之前，决不能放弃！于是，他来到好莱坞，找明星，找导演，找制片……找一切可能使他成为演员的人，四处哀求：“给我一次机会吧，我要当演员，我一定能成功！”

他一次又一次被拒绝了，但他并不气馁，他知道，失败定有原因。每次被拒绝之后，他就把它当作是一次学习，一定要成功，痴心不改，又去找人……不幸得很，两年一晃过去了，钱花光了，他便在好莱坞打工，做些粗重的零活。两年来他遭受到1000多次拒绝。

他想出了一个“迂回前进”的思路：先写剧本，待剧本被导演看中后，再要求当演员。一年后，剧本写出来了，他又拿去遍访各位导演：“这个剧本怎么样，让我当男主角吧！”人们认为他的剧本挺好，但要让他当男主角是不可能的。他再一次被拒绝了。

“我一定要成功，也许下一次就行，再下一次……”

在他一共遭到1300多次拒绝后的一天，一个曾拒绝过他20多次的导演对他说：“我不知道你是否能演好，但至少你的精神令我感动。我可以给你一次机会，但我要把你的剧本改成电视连续剧，同时，先只拍一集，就让你当男主角，看看效果再说。如果效果不好，你便从此断绝这个念头吧！”

第一集电视剧创下了当时全美最高收视纪录。从此，史泰龙也成了国际知名影星。

史泰龙的健身教练哥伦布医生曾这样评价他：

“史泰龙每做一件事都100%投入。他的意志、恒心与持久力都是令人惊叹的。他是一个行动家，他从来不呆坐着让事情发生——他主动地令事情发生。”

很多成功者真正的才能在于他们审时度势之后付诸行动的速度，这才是他们出类拔萃、真正成功的秘诀。什么事一旦决定，马上付诸实施是他们共同的特质，“现在就干，马上行动”是他们的口头禅。

抱怨是很消极的东西，一旦你产生了这样的情绪，你就开始失去了积极的动力，也就失去了全力以赴的信念。所以，在实现梦想的道路上，不管遇到什么困难，都不应该抱怨，而是要勇敢地面对，用坚定的行动获得成功。

最佳的任务完成期是昨天

埃克森·美孚石油公司曾是一家利润最高的公司。2002年，埃克森·美孚的资本回报率达到十年以来的最高值——14.7%。知名投资分析师鲍勃说：“这种回报率是其他公司数年来一直可望而不可即的。”

更多的人说，李·雷蒙德是工业史上绝顶聪明的CEO之一，是洛克菲勒之后最成功的石油公司总裁——没有人能够像他一样，令一家保守行业的超级公司股息连续21年不断攀升，并且成为世界上一台最赚钱的机器。

埃克森·美孚石油公司跃升为全球利润最高的公司，有着埃克森公司和美孚公司携手的因素，更是因为它拥有一支绝不拖延的员工队伍。这家公司的实践再一次告诉我们，员工克服拖延的毛病，培养一种简捷高效的工作风格，可以使公司的绩效迅速提升，并能使每一位员工的工作乃至生命都更有价值。

有一次，李·雷蒙德和他的一

位副手到公司各部门巡视工作。到达休斯敦一个区加油站的时候，已经是下午三点了，李·雷蒙德却看见油价告示牌上公布的还是昨天的数字，并没有按照总部指令将油价下调5美分/加仑进行公布，他十分恼火。

李·雷蒙德立即让助理找来了加油站的主管约翰逊。

远远地望见这位主管，他就指着报价牌大声说道："先生，你大概还在昨天的梦里熟睡吧！要知道，你的拖延已经给我们公司的信誉造成很大损失．因为我们收取的单价比我们公布的单价高出了5美分，我们的客户完全可以在休斯敦的很多场合贬损我们的管理水平，并使我们的公司被传为笑柄。"

意识到问题的严重性，约翰逊连忙说道："是的，我立刻去办。"

看见告示牌上的油价得到更正以后，李·雷蒙德面带微笑说："如果我告诉你，你腰间的皮带断了，而你却不立刻去更换它或者修理它，那么，当众出丑的只有你自己。这是与我们竞争财富排行榜第一把交椅的沃尔玛的信条，你应该要记住。"

然后，李·雷蒙德和助手一起离开了加油站。从此之后，那位主管约翰逊做事再也不拖拖拉拉了。

商场就是战场，工作就如同战斗。任何一家公司要想在市场上立于不败之地，就必须拥有一支高效能的战斗团队。任何一位经营者都知道，对那些做事拖延的人，是不可能给予太高期望的。

第三篇

不抱怨的工作

PART

01

公司就是你的船

责任不容推却

船员常常把自己看作是与船一体的，船上的一切，他都承担着一定的责任。所以，几乎每一个环节，他都会很用心地顾及和照料。在职场中，同样也有这样的人。他们富有责任感，想尽一切办法尽快地完成公司交下来的任务，并且会在公司有困难的时候主动补位，因为他知道，多做一些、多付出一些精力和时间，就会收获更多，他们会在不同的岗位上让能力展现出最大的价值，同时也易获得成功。

下面故事中的乔治会用自己的亲身经历告诉你这份责任感让他收获了什么。

乔治到一家钢铁公司工作还不到一个月，就发现很多炼铁的矿石并没有得到完全充分的冶炼。如果这样下去的话，公司岂不是会有很大的损失？

于是，他找到了负责这项工作的工人，跟他说明了问题。这位工人说：“如果技术有了问题，工程师一定会跟我说，现在还没有哪一位工程师向我说明这个问题，就证明现在没有问题。”乔治又找到了负责技术的工程师，对工程师说明了他看到的问题。工程师很自信地说：“我们的技术是世界上一流的，不可能出现这样的问题。”工程师非但不重视他说的话，还暗自认为，一个刚刚毕业的大学生，能明白多少，不过是因为想博得别人的好感而表现自己罢了。

但是乔治认为这是个很大的问题，于是拿着没有冶炼好的矿石找到了公司负责技术的总工程师，他说：“先生，我认为这是一块没有冶炼好的矿石，您认为呢？”

总工程师看了一眼，说：“没错，年轻人，你说得对。哪里来的矿石？”

乔治说：“是我们公司的。”

“怎么会？我们公司的技术是一流的，怎么可能会有这样的问题？”总工程师很诧异。“工程师也这么说，但事实确实如此。”乔治坚持道。

“看来是出问题了。怎么没有人向我反映？”总工程师有些发火了。

总工程师召集负责技术的工程师来到车间，果然发现了一些冶炼并不充分的矿石。经过检查发现，原来是监测机器的某个零件出现了问题，才导致了冶炼的不充分。

公司的总经理知道了这件事之后，不但奖励了乔治，而且还晋升乔治为负责技术监督的工程师。总经理不无感慨地说：“我们公司并不缺少工程师，但缺少的是负责任的工程师，这么多工程师就没有一个人发现问题，甚至有人提出了问题，他们还不以为然。对于一个企业来讲，人才是重要的，但是更重要的是真正有责任感的人才。”

乔治从一个刚刚毕业的大学生成为负责技术监督的工程师，可以说实现了一个飞跃，他能获得工作之后的第一步成功就是来自于他的责任感。正如他的总经理所说的那样，公司并不缺少工程师，并不缺少能力出色的人才，但缺乏负责任的员工。从这个意义上说，乔治正是公司最需要的人才，他的责任感让他的领导者认为可以对他委以重任。

如果你的领导让你去执行某一个命令或者指示，而你发现这样做可能会大大损害公司利益，那么你一定要理直气壮地提出来，不必去想你的意见可能会让你的上司大为恼火。大胆地说出你的想法，让你的领导明白，作为员工，你不是在刻板地执行他的命令，你一直都在思考，考虑怎样做才能更好地维护公司的利益。同样，如果你有能力为公司创造更多的效益或避免不必要的损失，你也一定要付诸行动。因为，没有哪一个领导会因为员工的责任感而批评或者责难你；相反，你的领导会因为你的这种责任感而对你青睐有加。

感恩公司，是它给了你发展的平台

职场中，很多人都在抱怨自己的公司，觉得公司是在盘剥他们的劳动价值。其实这样的想法是错误的，公司不但没有对你的价值进行剥削，相反，它是在为你实现自己的人生价值提供一个发展的平台。公司中的每个人，无论是老板，还是员工，都是在这个平台上履行着自己的职责，发挥着自己的作用。任何人离开了这个平台，就如同演员离开了舞台，无法施展自己的才华。

许多员工认为自己只是一个打工者，与公司只是一种雇佣与被雇佣的关系，把公司仅仅当成是一个完成工作的地方，甚至有意无意地将自己置于与老板对立的位置。这种认识和心态对于一个人的职业发展是十分不利的。

年轻人初入职场时，切记不要过分考虑薪水，而应注重工作带来的隐性报酬，抓住机会发展自己的能力，把公司当成自己生存和发展的平台。

在一个寒冷的冬日，杰克和他的伙伴们正在铁路工地上干活，突然遇见前来视察工作的老朋友韦伯斯，不同的是韦伯斯已经担任了铁路公司总裁。他们进行了愉快交谈然后热情告别，杰克的伙伴对他和总裁居然是朋友表示惊讶。杰克解释他们曾经一同为一条铁路工作。

大家更是好奇，就问杰克："为什么你现在做着和以前一样的辛苦工作，而韦伯斯却成了总裁？"杰克很沮丧地说："当年，我工作只是为了一小时不到两美元的薪水，而韦伯斯却是为了整条铁路而工作。”

职场上有很多人像杰克一样，仅仅把公司当成一个完成工作的地方，工作也只是为了自己的那份薪水，他们总会盘算：我为老板做的工作应该和他支付给我的工资一样多，只有这样才公平。这种短浅的目光不但使他们的工作充满了痛苦，也会使他们丧失前进的动力。而韦伯斯则不同，他在杰克为了一小时不到两美元的薪水而工作时，就把整条铁路当成了自己的奋斗目标，把工作看成一个自身生存和个人发展的平台，这样，原本普通单调的工作就成了事业发展的一个契机。

公司是员工生存和发展的平台，真正优秀的员工应当把公司看成一个实现自身价值的地方，始终与老板站在同一个立场上，自觉地维护公司的利益，建设和发展公司这个平台。这样，公司越来越大，越来越好，就能为员工创造更多的机会，提供更大的发展空间。

一位著名教授有两个十分优秀的学生，对于他们而言，毕业后找份工作可谓轻而易举。当时，教授有个创办公司的朋友，委托教授为他物色一个适当的人选做助理。

教授推荐两个学生都过去看看，于是他们分别前去应聘。第一个应聘的学生叫墨菲。面谈结束几天后，他打电话给教授说：“您的朋友太苛刻了，他居然只肯给月薪600美元，我不能这样为他工作。现在我已经在另外一家公司上班，月薪是800美元。”

后来去的那位学生叫约翰，尽管月薪也只有600美元，但是他却欣然接受。教授得知后问他：“这么低的工资，你不觉得吃亏了吗？”

约翰说：“我当然想挣更多的钱，但我对您朋友的印象十分深刻，我觉得只要能从他那里学到一些本领，薪水低一些也是值得的。从长远来看，我在那里工作将更有前途。”

很多年过去了。墨菲的薪水由当年的一年9600美元涨到40000美元，而原先年薪只有7200美元的约翰，现在的年薪却高达200万美元，还有公司股权和分红。

能力锻炼远比薪水重要得多，公司的存在为你能力的提升和事业的发展提供了更多的机会。当你的能力得到老板的认可和赏识时，老板就会付给你更多的薪水。许多杰出的经理人所具有的创造能力、决策能力以及敏锐的洞察力并不是与生俱来，而是通过长期的工作中学习和积累得到的。由此可见，公司不但是员工之间互相交流和协作的平台，也是员工学习和展示才华的平台，只有从这个意义上认识公司，你的职业生涯才有意义，你才能将工作视为事业发展的一个契机，而不是痛苦的工作——薪水与劳动的交换过程。

跳槽时代，不当“背叛的水手”

跳槽是大多数职场人士都会经历的，有些人通过跳槽进入了更好的企业，获得更高的薪水，也获得了职位的提升。所以，也可以说跳槽是获得职业发展的一种手段。然而，对处于职业发展不同阶段的人来说，频繁跳槽是不可取的。虽然每个人都有权利寻求自己最合适的工作以及最佳的工作环境和工作状态，但这的确为企业的发展带来了不少的负面影响。有些人为了某些利益，不仅到竞争对手那里工作，而且带走了原公司大量有价值的资料，这不仅极大地损害了公司的利益，还伤害了公司其他员工的情感，严重地影响了其他员工正常工作的心态。

跳槽，这种高流动率的表现，被一些管理理论家认为是忠诚度下降的一种表现。

一位人力资源部经理说：“当我看到申请人员的简历上写着一连串的工作经历，而且是在短短的时间内，我的第一感觉就是他的工作换得太频繁了。这样频繁跳槽的人，不能给人一种安全感和信任感。一个什么工作都做不长久的人，让人想到的不会是公司的问题，而是他个人的问题：第一，他的工作能

力值得怀疑；第二，他对企业的忠诚度值得怀疑；第三，我不能肯定他会在我的公司做得长久。所以这样的人，我们在录用时顾虑就比较多。”频繁地换工作并不能代表一个人工作经验丰富，也不能说明他忠诚度一定低，但是，频繁跳槽的确会给人一种不好的印象。

不要小视忠诚，没有忠诚，人真的寸步难行。忠诚会让一个人得到朋友甚至敌人的尊敬，因为忠诚是人性的亮点。

卡特是一家金属冶炼厂的技术骨干，由于企业改变发展方向，他准备换一份新工作。

凭着先前企业在本行业的影响力和他自身的能力，卡特决定去全美最大的金属冶炼公司应聘。

面试卡特的是公司负责技术管理的副总经理，他对卡特的能力没有任何挑剔，却向他提出了一个让卡特失望的问题：“我们很高兴你能加入我们公司，你的资历和能力都很出色。我听说你原来的厂家正在研究一个提炼金属的新技术，而你也参与了这项技术的研发。很巧，我们公司也在研究这门新技术，你能够把你原来厂家研究的进展情况和取得的成果告诉我们吗？你知道这对我们公司意味着什么，这也是我们聘请你来我们公司的原因。”那位副总经理说。

"你的问题让我十分失望，我很理解市场竞争需要一些非常手段，但是我不能答应你的要求，因为我有责任忠诚于我的企业，尽管我已经离开了它。"

卡特身边的人都为他的回答感到惋惜，因为这家企业的影响力和实力比他原来的企业要大得多，在这里获得一份工作是无数人梦寐以求的，但卡特放弃了这个绝好的机会。

就在卡特准备寻找另一家公司时，那位副总经理给卡特来了一封信，在信中他这么说："年轻人，你被录取了，做我的助手。不仅是因为你的能力，更因为你的忠诚。"

每个公司都需要卡特这样的员工，你只有成为这样的人，才能受到公司的重用。无论在哪个公司，你都应该保守公司的机密，对公司的各种事情都不随便传播，一定要守口如瓶。

忠诚最大的受益者是你自己，从古至今，没有谁不喜欢忠诚的人。领导需要忠诚的下属，产品需要忠诚的消费者，每个人都希望有忠诚的朋友。员工忠诚于自己的公司，忠诚于自己的老板，与同事们同舟共济、共赴艰难，将获得一种集体的力量，他的人生将变得更加充实，事业也会更有成就，工作就会成为一种人生享受。其实一个人的能力中，知识只占了20%，技能占了40%，态度占了40%，而一个人最重要的工作态度之一就是忠诚。

相反，那些表里不一、言而无信的人，整天陷入尔虞我诈的复杂的人际关系中，在上下级、同事之间玩弄各种权术和阴谋，即使一时得以提升，取得一点成就，但终究不会长远，最终受到损害的还是自己。

多问我能做什么，而非能得到什么

在现代职场中，许多人最关心的往往不是工作，而是薪酬的多寡和职位的高低。在他们眼中，这些是自己身价的标志，绝不能低于别人。一旦发现自己的薪酬和职位不如当初的预期，他们就会在工作中敷衍塞责、应付了事，能偷懒就偷懒，能逃避就逃避，并且振振有词地为自己开脱："拿得多干得多，拿得少就干得少，这很公平！"这些人只知向老板和企业索取，只记得自己能够得到什么，却忘了问一下自己能做什么，能够给企业带来什么。

凯琳受聘于一家做玩具出口生意的公司，到公司上班后，她迅速地投入工作中。在几位老同事的指导下，凯琳处理起事情来让老板很满意。但两星期后，凯琳工作起来就没有刚来时那么有激情了，因为她发现，企业里她学历最高，但工资却是最低的，她感觉很不平衡。老板发现凯琳的情绪低落，马上找她谈话，告诉她只要工作做得好，公司绝对不会亏待她。谈话时，凯琳没说什么，但第二天凯琳找到老板，要求老板要么提高她的月薪，要么就当月给她拿提成。而老板认为，凯琳的薪酬是他们经过测算的，不是随便给的，而且凯琳是新人，刚进公司，好多地方需要老员工指导，在凯琳没给企业创造出效益之前，不能提高薪酬。

老板将相关道理和凯琳讲了，凯琳当时表示理解。但凯琳并没因此努力工作，她每天除完成部门经理分派的任务外，其他什么事情也不做，就坐在那里发短信。一个月之后，老板便将她解雇了。

在一个聪明的员工看来，先问付出再问回报才是正确的顺序，否则所付出的对不起薪酬与职位，自己在这个职位上也是干不长久的。员工光盯着自己的薪酬和职位，往往会被短期利益蒙蔽了心智，使自己看不清未来的发展道路。我们要知道，老板是根据我们做了什么才决定给我们发多少工资的，而不是我们看老板给了我们多少工资，才决定自己要做什么。美国的肯尼迪总统说：“不要问国家为你做了什么，要问你为国家做了什么。”同样，面对手头的工作，我们也应该不时地问一下自己：我的贡献是什么？

汤姆在一家广告公司工作了一年，由于不满意自己的工作，他愤愤地对朋友说：“我在公司里的工资是最低的，老板也不把我放在眼里，如果再这样下去，总有一天我要跟他拍桌子，然后辞职不干。”

“你对那家广告公司的业务都清楚吗？对于公司运营的窍门完全弄懂了吗？”他的朋友问道。

“没有！”

“大丈夫能屈能伸。我建议你先冷静下来，认认真真地对待工作，好好地把他们的一切经营技巧、商业文书和公司组织完全搞通，再一走了之，这样做岂不是既出了气，又有许多收获吗？”

汤姆听从了朋友的建议，一改往日的散漫习惯，开始认认真真地工作起来，甚至下班之后还留在办公室研究商业文书的写法。

一年之后，那位朋友又遇到他。

“你现在大概都学会了，可以准备拍桌子不干了吧？”

“可是我发现近半年来，老板对我刮目相看，最近更是委以重任，又升职又加薪，说实话，现在我已经成为公司的红人了！”

“这是我早就料到的！”他的朋友笑着说，“当初你的老板不重视你，是因为你工作不认真，又不肯努力学习，没问自己能做什么，却总想着自己能够得到什么。你痛下苦功，能力增强了，也给公司带来了效益，当然会令老板刮目相看了。”

我们中的许多人不也像起初的汤姆吗？因为薪酬不高而满腹牢骚，却忘了先问自己能够做什么、给企业带来了什么。一名感恩的员工则恰恰相反，他知道他已经从工作中获益良多，需要尽最大的努力来回报老板的知遇之恩和企业的培养之恩。一个懂得付出的人，自然也会收获更大的成功，这本来就是一个良性循环。

工作中没有“不关我的事”

在工作中，没有“不关我的事”，因为工作无“疆界”，工作不分分内分外。大家一起工作的目标是一样的，只是分工不同罢了。在我们的工作过程中，仅仅做好我们的本职工作是远远不够的，因为在一个企业中，除了每个员工要各自完成的职责外，总是还有一些没有人做或者有些该做而没有做的事情，我们暂且称之为责任的空白地带，空白地带同样事关企业的存亡，老板在分配责任的时候却又容易忽视它。若在一个公司里，人人都抱着“这不是我职责范围里面的事情，我根本就不用操心”这样的想法和态度去工作，那么，公司事务之间的连贯和衔接将如何进行？公司内部的协调合作又该怎样开展？公司的共同目标又该如何得以实现？

李芬担任一家公司的部门经理，有一天晚上，公司有十分紧急的事，要发通告信给所有的营业处，所以需要抽调一些员工协助，李芬安排一个做书记员的下属去帮忙套信封时，那个职员傲慢地说：“那有碍我的身份，分外的事我不做，再说我到公司来不是做套信封工作的。”听了这话，李芬一下就愤怒了，但她仍平静地说：“既然不是你分内的事就不做，那就请你另谋高就吧！”那个员工就这样失去了工作。

在很多时候，我们也许会接受一些看上去很风光的分外之事，如陪老板出席一个商谈会、替公司接受媒体的采访等，但却对一些麻烦的分外之事置之不理。其实，这种心态是极其不正确的，一些毫不起眼的小事也同样能磨炼人，小事也同样能改变人的命运。

社会在发展，公司在扩展，个人的职责范围也会跟着扩大，所以不要总以“这不关我的事”为由推脱责任，要知道，抱着“不关我的事”这样想法的员工永远不会提高自己的工作效率，他们只会给公司带来时间以及金钱等资源的浪费，从而给公司造成巨大的损失。

李航是一家IT公司的销售部经理。一天，他到一家销售公司联系一款最新打印设备的销售事宜，因为产品定位是一款大众化的新品，并且厂家即将开展大规模的广告宣传，为争取更大的市场份额，对经销商的让利幅度非常大。李航便决定在媒体大量宣传报道之前同一些信誉与关系都比较好的经销商敲定首批的订货量。

不巧的是，同他一直保持密切业务联系的那家公司的老板不在。当他提起即将推出的新品时，一位负责接待他的员工冷冷地回绝了他。

李航没有办法，只好走了。

他来到有业务联系的第二家公司。不巧的是，这家公司的老板也不在。虽然很失望，但他还是想试一试，看能否说服接待他的人。

接待他的是一位新来不久的年轻小姐，不仅面容姣好，工作也特别热情。当得知李航是来自一家著名的IT公司的销售经理时，她立即表现出了一个公司员工应有的素质，马上倒了一杯水给李航，还主动介绍了自己的情况。

李航向她说明了来意，她敏锐地感觉到这是一个不错的商机，无论如何不能因为老板不在就让它白白溜走。她主动要求第二天给他们公司送货，其他具体事宜等老板回来以后再由老板定夺。

结果，第二家公司在老板不在的时候，由于那位女员工的热情接待，为公司促成了一桩生意。这款产品在整个市场上只有该公司一家经营，不到一个月就销售了近3000台，为老板净赚了6万多元。

可见，一句“不关我的事”，一次赚钱的机会就飞到了别人那里。其实，“不关我的事”这种想法不仅会给企业造成损失，同时也会造成员工消极怠工，工作效率下降，这些都会给公司带来巨大的浪费。如果你只是从事你分内的工作，那么你将无法争取到人们对你的有利评价。

所以，作为公司里的一名职员，事关公司的事务，我们都不要以“这不是我的工作”为由，推卸责任，置身事外，应该抱着公司的事就是自己的事的积极态度，为公司的发展着想。

跟公司**一起成长**

沃尔玛是全美投资回报率较高的企业之一，其投资回报率为46％，即使在1991年经济不景气时期也高达32％。它的历史远没有美国零售业百年老店西尔斯那么久远。但在短短的几十年时间里，它就发展壮大成为全美乃至全世界最大的零售企业。当前，沃尔玛的经营哲学、管理技能已经成为全世界管理学界的热门话题，当然这也包括其成功的人力资源管理。

在沃尔玛，员工有一个著名的称谓——合伙人。一方面，沃尔玛把公司领导称为公仆，而另一方面又把员工称为合伙人，这与许多企业强调管理者的领导地位迥然不同。

为什么会这样呢？这是因为，沃尔玛非常看重员工的责任感和忠诚度，所以，公司以其对员工平等相待的态度来赢得员工对企业的忠诚。沃尔玛员工的工资一直在同行业不是最高的，但是员工却非常忠实于企业，他们以在沃尔玛工作为荣，把沃尔玛公司当成自己的家，因为他们在沃尔玛是合伙人。

在沃尔玛总部，一位女士因加入了公司的“利润分享计划”而感到由衷的庆幸，她名叫玛丽，是一名普通的采购员。玛丽很年轻的时候就进入沃尔玛工作，是沃尔玛的老员工。一开始，她的哥哥试图说服她辞去工作，他认为玛丽在沃尔玛以外的公司工作工资会比这里高。然而，玛丽留了下来，并成了公司“利润分享计划”中的一员。到了1991年，她的利润分享数字变成了228万美元，而她的职位也从原来的普通员工晋升为经理。玛丽很庆幸自己坚持了自己的意见，没有听哥哥的话，也更加对沃尔玛忠心耿耿，尽职尽责。现在她不仅可以拿所挣的钱供她的宝贝女儿上大学，还在沃尔玛公司这个舞台上实现了她的人生目标。

由此看来，员工和企业是一种互惠共生、共同成长、共同进步的共同体，企业上下齐心协力，员工负责任地推动企业发展，企业发展了，又带动了员工的发展，最终达到双赢的目的。

易卜生说：“青年时种下什么，老年时就收获什么。”由此我们想到的是，你在公司的土壤中种下什么，公司就会回报给你什么。如果你愿意承担成长的责任，那么你就会获得成长的权利；如果你把公司的成长当成自己的责任，那么公司自然会为你创造成长的机会；如果你以积极的热情和全心全意的努力对待公司中的种种事务，那么你的事业就会在公司中得到最大的进步。只要你的行为和态度切实推动了公司的成长，那么公司就一定会给予你相应的回报。

所以，作为一名员工，首先要有企业属于自己的心态。要把公司的事当成自己的事，不管老板在不在，不管主管在不在，不管公司遇到什么样的挫折，都愿意全力以赴、积极主动地去做任何事情。这样你终究会成为自己工作的最大受益者。

PART 02

抱怨工作 不如热爱工作

带着怨气不如**带着快乐工作**

旋！旋！旋！满满的一车螺丝钉都要旋出来！对于刚做旋车工的萨姆尔来说，他似乎觉得自己的一生都要消磨在旋钉子这件琐事上了。他满腹牢骚，老想着自己干什么别的不好，偏偏一定要来这旋钉子呢？就算他把这一大堆的螺丝钉都旋完了，过一会儿马上又会有另一车堆在原来的地方，然后，自己又得不停地旋啊旋啊！这一切多么可怕呀！

在第二架旋车上的旋车工荷维德听了萨姆尔的埋怨，也很郁闷地叹了口气，以表同情。他和萨姆尔一样，也很讨厌这份工作。

有什么办法呢？难道去找工头说：以自己的能力，做这种简单的体力活简直就是大材小用，因此，我希望得到另外一份更好的工作？但是，可以想象得到工头听到这些话时的轻蔑神情。要么，干脆就辞职不干了，另外再去找一份工作？这可是他费了九牛二虎之力才找到的一份工作啊！萨姆尔是绝对不能

轻易辞掉的。

难道就没有别的办法来改变这种讨厌的工作吗？办法总归会有的，关键在于你肯不肯动脑子去思考。当萨姆尔想到这一点时，他立刻想出一个很聪明的方法，可以使这种单调乏味的工作变成一件很有趣味的事——他要把它变成一种游戏。他转过头来对他的同伴说："让我们来比赛比赛吧，荷维德。你在你的旋机上磨钉子，把外面一层粗糙的东西磨下来。然后，我再把它们旋成一定的尺寸。我们比一比，看谁做得快。过一会儿如果你磨钉子磨烦了，我们再换着做。"

荷维德同意了他的建议，于是，他们俩之间的比赛马上就开始了。这样一来，果不其然，工作起来并不像以前那么烦闷啦，而且工作效率还比以前提高了。不久，工头便给他们调换了一个较好的工作。

这位聪明的年轻人萨姆尔就是后来鲍耳文火车制造厂的厂长。

萨姆尔并不是咬紧他的牙齿，好像受酷刑一样去从事自己所痛恨的工作，而是把工作变成了一种游戏，使自己做起来饶有趣味。后来他说："如果你不能在你所从事的工作中闯一条路出来，你就应该换一个工作试一试。”

这是一个很好的忠告，但是秘诀便在寻求的方法上，一味地埋怨和厌烦是无法找到的，而是要通过一种更好的方法去做到这一点。

钢铁大王安德鲁·卡内基曾说过：“如果一个人不能在他的工作中找出点‘罗曼蒂克’来，这不能怪罪于工作本身，而只能归咎于做这项工作的人。”

成功学大师卡耐基之所以能够取得巨大成功，主要原因就在于他既知道享受生活中的快乐，而且还能以工作为乐。

决定将来的工作是一种快乐还是一种折磨，多半取决于你对工作的态度，而不在于工作本身。如果你能将你事业的第一块基石安放在有价值的生活根基上，你就可以使工作成为一种享受。

尽情地享受工作还是以工作为苦役，这一切都要看你自己的选择。

对于你所从事的工作，应当抱有一种积极乐观的态度，这样，你才可以做得更好。只有比别人做得更好，你才能脱颖而出。如果你能尽自己最大的努力去做自己的工作，不错过每一个机会，坚持不懈地努力下去，成功总会在某个地方拥抱你的。

让工作成为愉快的旅程

美国一家著名橡胶公司的董事会主席威尔罗格斯指出，工作应当有趣。他说：“为了获得成功，你必须知道你正在做的事，喜欢你正在做的事，并相信你正在做的事。”

毋庸讳言，许多工作是重复性的，缺乏创新，没有刺激，因而很容易让人感觉单调与乏味。一个优秀的员工必须善于培养自己对工作的兴趣，使工作成为愉快的旅程。

大部分人都存在这样一个问题，就是对工作过分挑剔，一直在寻找完美的工作或雇主，可是并不自知他们不是完美的员工。许多人过分强调公司应当提供优厚的福利，对于已经有工作且做得相当好的人而言，这个要求并不为过；而对于没有工作的人，如果一开始便如此要求，似乎野心过大。

兴趣是保持工作激情的源源不断的动力，也是获得成功的重要条件。没有兴趣的工作即使勉强坚持下去，过不了多久也会丧失耐心与信心，最后只能半途而废，前功尽弃。

许多员工之所以不够勤奋，最重要的原因就是他们对自己的工作没有兴趣，很多人对工作抱着完全消极的态度，如果再加上缺乏明确的职业发展规划，其工作的状态自然可想而知了。

积极的态度有积极的结果，这是因为态度有感染力，这种态度就是热情与兴趣。阿尔伯特·巴德曾说：“没有一件伟大的事情不是由热情促成的。”好的传教士与伟大的传教士、好的演说家与伟大的演说家、好的推销员与伟大的推销员之间的最大差别，就在于热情与兴趣。

拉斯维加斯有一间娱乐赌场，大到可以容纳两个足球场。在这个巨型建筑中有好几百种设施，用来玩金钱的得失游戏，可是里面却看不到一个时钟。道理很简单，人们赌博的理由很多，但主要是在享受赌博。他们全神贯注在赌博上，全然忘记了时间。赌场老板显然也不想让时钟来提醒赌徒们。结果，许多人一赌下来就是好几个小时。在一般情况下，他们会赌到一文不剩或困得睡在桌上为止。

一个人如果在事业上也这样全神贯注的话，一定会大有成就，而且还能满足他的事业心，所有这些都不是赌桌上所能得到的。

研究表明，能力的提高可以通过学习来实现，兴趣与热情则可以有意识地培养。比如：

1. 保持乐观积极的心态。

你不得不承认，心态的影响是如此之大，良好的心态无疑可使我们更加积极地面对挫折与失败，尽管客观地看，心态于事物的发展并没有直接的助益。

2. 用成就感激励自己。

尽管人们一直强调过程的意义，但是，与令人兴奋的结果比较起来，过程往往是平淡的、乏味的甚至痛苦的。因此，在每一次取得成果时，要学会欣赏自己的成就，然后将过程演化为一个值得回味的经历，以激励自己继续前行。

3. 努力寻找工作中的乐趣。

即使再乏味的工作，只要用心体验，也可以发现其中的乐趣。有一个每天上班乘坐拥挤的公交车的人，一度把公交车上的噪声当作音乐听，虽然有点阿Q的自我解嘲意味，但就其效果而言，不失为一种缓解情绪的方法，对待工作也是如此。

4. 兴趣只有在深入了解工作特点之后才会产生。

对问题的一知半解很容易使我们陷入困惑之中，只有对问题深入研究和了解之后才会产生兴趣。对一些人来说，数学是一门比较枯燥的学科，不过是数字、符号堆砌起来的恼人的魔术而已；但对真正了解它的人而言，数学则是一门艺术，是世界上最完美、最严谨的艺术。这就是泛泛了解与深入研究的区别。

当你开始喜欢你的工作时，工作将成为增添生命味道的食盐。你必须爱它，它才能给予你最大的恩惠，并使你获得最大的成果。

记住这样一句话：当你喜欢工作时，它会使你的生命甜美，有目标，有收益。

蔑视工作就是否定自己

很多人都觉得自己的工作不如意，不足以让自己发挥出最大的人生价值。其实你现在的工作就是你发挥的平台，也是你实现自我价值的最佳选择。你的工作就是你的事业，是你的身份的代言人。如果不能认真努力地对待你的工作，那么你也将不能很好地做自己，也不会得到别人的认可。

让·菲利普在底特律一家家电企业工作。

在他刚刚开始工作时，他只是这家企业下设的一个电器商店的普通店员。菲利普每天的工作是清扫店铺，并协助销售员搬运货物，将顾客选好的货物送到指定的地方。

菲利普努力工作了10年，在这10年里，菲利普为家用电器销售业做出了非常出色的贡献，他们的连锁店以每年1到2家的速度递增着。在连锁店开到第20家时，尽管他是这个集团的核

心指挥，尽管他一直被委以重任，但他的想法却发生了转变。

菲利普回想自己全力工作的10年，他一直以工作为他的生命核心，他每天从早忙到晚，工作总是占据着他所有的时间，还有数不清的应酬——虽然他乐于交际，但这么长时间过去了，他终于开始厌倦自己的工作，他对自己说：

“我实在厌倦了商场中的利害关系，也感到了疲倦。所以我应该辞掉工作，到一个风景秀丽的小岛上，过悠闲愉快的生活。”

让·菲利普经过认真考虑，做出了决定。虽然所有人都反对他的决定，并尽力挽留他，但他还是辞掉了自己的工作，带着多年的积蓄，来到南方一个迷人的小岛上，打算在此长期生活下去。10天过去了，他却无法找到初来这里时的欣喜。因为没有任何事情可做，他闲得发慌。最后，他得出了这样的结论：以前他总是勾画在南方小岛生活的蓝图，那只不过是对现实的逃避，也是放松自己的需要，那并不是自己最真实的需要。这种因为疲倦而产生的向往一旦满足，他就无法再从中体会满足感与幸福感。

而与逃避现实的想法相比，直面现实，在现实中创造生命的价值，实现自己真正的愿望，才能给予自己真正的幸福与满足。

可见，人只有在工作中才能实现自己的价值。

美国第二代移民安松尼·阿司特，年轻时曾在纽约街上，靠着帮行人擦皮鞋为生。那时候，还不会说流利英文的他，擦鞋功夫既高明又迅速，虽然他一贫如洗，他却以自己的工作为荣。

即使三餐不继，他也不以贫穷为苦，虽然个性内向羞怯，有时不免自怨自艾，然而他从未怨天尤人。以擦鞋工作为荣的他，凭着无比的毅力，奇迹般地以出售鞋油开创了自己的事业，至今他所出品的克丽斯汀牌鞋油，仍然畅销全球。

即使是一个平凡的岗位，也可以做出骄人的成绩，所以不要蔑视自己的工作，蔑视工作也就等于否定了自己的劳动和自己的人生价值。

你的工作就是你的事业

拿破仑说过："不想当将军的士兵不是好士兵。"同样，在老板看来，不想当老板的职员也不会是好职员。老板喜欢和自己一样认真对待工作的职员，喜欢敬业负责，把每一份工作都当成自己的事业来对待的职员。这样的员工不仅是老板事业上的合伙人，而且也是工作中追求卓越、不断超越老板期望、忠诚敬业、最具领导潜质的员工。

彼得和杰克同在一个车间里工作，每当下班的铃声响起，杰克总是第一个换上衣服，冲出厂房；而彼得总是最后一个离开，他十分仔细地做完自己的工作，并且在车间里走一圈，确信没有问题后才关上大门。

有一天，杰克和彼得在酒吧里面喝酒，杰克对彼得说："你让我们感到很难堪。"

"为什么？"彼得有些疑惑不解。

"你让老板认为我们不够努力。"杰克停顿了一下又说，"要知道，我们不过是在为别人工作。"

"是的，我们是在为老板工作，但更是为自己的梦想而工作。"彼得的回答十分肯定有力。在彼得看来，自己在为他人工作的同时，也是在为自己工作——不仅为自己赚到养家糊口的薪水，还为自己积累了工作经验，工作带给他的是远远超出薪水的东西。

从某种意义上来说，工作真正是为了自己，工作是属于自己的一份事业。

15岁那年，齐瓦格家中一贫如洗，只受过短暂学校教育的他到了一个山村做了马夫。然而齐瓦格并没有自暴自弃，他无时无刻不在寻找着发展的机遇。三年后，齐瓦格来到钢铁大王卡内基下属的一个建筑工地打工。一踏进建筑工地，齐瓦格就抱定了要做同事中最优秀的人的决心。当其他人在抱怨工作辛苦、薪水低而怠工的时候，齐瓦格却默默地积累着工作经验，并自学建筑知识。

一天晚上，同伴们在闲聊，唯独齐瓦格躲在角落里看书。那天恰巧公司经理到工地检查工作，经理看了看齐瓦格手中的书，又翻开他的笔记本，什么也没说就走了。第二天，公司经理把齐瓦格叫到办公室，问："你学那些东西干什么？"齐瓦格说："我想我们公司并不缺少打工者，缺少的是既有工作经验，又有专业知识的技术人员或管理者，对吗？"经理点了点头。

不久，齐瓦格就被升为技师。打工者中，有些人讽刺挖苦齐瓦格，他回答说："我不光是在为老板打工，更不单纯为了赚钱，我是在为自己的梦想打工，为自己的远大前途打工。我们只能在业绩中提升自己。我要使自己工作所产生的价值，远远超过所得的薪水，只有这样我才能得到重用，才能获得机遇！"抱着这样的信念，齐瓦格一步步升到了总工程师的职位上。25岁那年，齐瓦格又做了这家建筑公司的总经理。

卡内基的钢铁公司有一个天才的工程师兼合伙人琼斯，他在筹建公司最大的布拉德钢铁厂时，发现了齐瓦格超人的工作热情和管理才能。当时身为总经理的齐瓦格，每天都最早来到建筑工地。当琼斯问齐瓦格为什么总来这么早的时候，他回答说："只有这样，如有什么急事，才不至于耽搁。"工厂建好后，琼斯推荐齐瓦格做了自己的副手，主管全厂事务。两年后，琼斯在一次事故中丧生，齐瓦格便接任了厂长一职。因为齐瓦格的卓越管理艺术及认真工作态度，布拉德钢铁厂成了卡内基钢铁公司的灵魂。几年后，齐瓦格被卡内基任命为钢铁公司的董事长。

当然，我们讲这个故事，并不是说只要努力，你就一定能够成为老板，而是说我们应当学习齐瓦格这种把工作当成自己的事业来对待的敬业精神和事业心。事实上，如果你能够以对待事业的态度来对待工作中的每一件事，并把它们当成使命，你就能发掘出自己特有的能力，即使是烦闷、枯燥的工作，你也能从中感受到价值，在完成使命的同时，你的工作也会真正变成一项事业。

不只为薪水工作，成长比成功更重要

某公司有一位员工，已经工作了10年，薪水却不见涨。有一天，他终于忍不住内心的不平，当面向老板诉苦。老板说：“你虽然在公司待了10年，但你的工作经验却不到1年，能力也只是新手的水平。”

这名可怜的员工在他最宝贵的10年青春中，除了得到10年的新员工工资外，其他一无所获。

也许，老板对这名员工的判断有失公允，但我相信，在当今这个日益开放的年代，这名员工能够忍受10年的低薪和持续的内心郁闷而没有跳槽到其他公司，足以说明他的能力的确没有得到其他公司的认可，换句话说，他的现任老板对他的评价基本上是客观的。

这就是只为薪水而工作的结果！

在一个人的事业发展过程中，能力比金钱重要万倍。

许多成功人士的一生跌宕起伏，有攀上顶峰的兴奋，也有坠落谷底的失意，但最终都能重返事业的巅峰，俯瞰人生。原因何在？是因为有一种东西永远伴随着他们，那就是能力。他们所拥有的能力，无论是创造能力、决策能力还是敏锐的洞察力，绝非一开始就拥有，也不是一蹴而就，而是在长期工作和学习中积累得到的。

一位纽约的百万富翁在回顾自己的成功历程时说，当年他在一家百货公司的薪水最初只有每周7.5美元，后来一下子就涨到了每年10000美元，而这之间竟然没有任何的过渡，没过多久，他还成为这家百货公司的合伙人。

刚去公司的时候，他和公司签订了五年的工作合约，约定这五年内薪水保持不变。但他暗下决心：绝不满足于这每周7.5美元的低微薪水，绝不能就此不思进取。他一定要让老板知道，他绝不比公司中的任何一个人逊色，他是最优秀的人。

他卓越的工作能力很快引起了周围人的注意。三年之后，他已经如鱼得水、游刃有余，以至于另一家公司愿意以3000美元的年薪，聘用他为海外采购员。但他并没有向老板们提及此事，在五年的期限结束之前，他甚至从未向他们暗示过要终止工作协定。也许有很多人会说，不接受如此优厚的条件，他实在是太愚蠢了。但是，在五年的合同到期之后，他所在的公司给予了他每年10000美元的高薪。老板们都很清楚，这五年来他所付出的劳动要比他所领的薪水高出数倍，理所当然，他成为一个获利者。

假如他当时对自己说："每周7.5美元，他们只给我这么多，既然我每周只领着7.5美元，那么我何必去考虑每周50美元的业绩呢！"如果那样，你说结局会怎样？实际上，这些话正是当下很多年轻人的想法，他们一边以玩世不恭的态度对待工

作，对公司报以冷嘲热讽，频繁跳槽，蔑视敬业精神，消极懒惰，一边却怨天尤人，埋怨自己怀才不遇、生不逢时。因为薪水不多就敷衍自己的工作，正是这种想法和做法，令成千上万的年轻人与成功绝缘。

对于一个雇员来说，还有比薪水更重要的东西，那就是藏在工作背后的机会、学习环境和成长经历。工作固然也是为了生计，但比生计更重要的是品格的塑造和能力的提高。如果一个人的工作仅是为了工资的话，那么，我们可以肯定，他注定是一个平庸的人，无法走出平庸的生活模式。

顾客的磨炼将为你的成功打下基础

阿迪·达斯勒被公认为是现代体育工业的开创者，他凭着不断的创新精神和克服困难的勇气，终身致力于为运动员制造最好的产品，最终建立了与体育运动同步发展的庞大的体育用品制造公司。

阿迪·达斯勒的父亲靠祖传的制鞋手艺来养活一家四口人，阿迪·达斯勒兄弟帮助父亲做一些零活。一个偶然的机会，一家店主将店房转让给了阿迪·达斯勒兄弟，并可以分期付款。

兄弟俩高兴之余，资金仍是个大问题，他们从父亲作坊搬来几台旧机器，又买来了一些旧的必要工具。这样，阿迪兄弟正式挂出了“达斯勒制鞋厂”的牌子。

起初，他们以制作一些拖鞋为主，由于设备陈旧、规模太小，再加上兄弟俩刚刚开始从事制鞋行业，经验不足，款式上是模仿别人的老式样，种种原因导致生产出来的鞋销售并不好。

困境没有让两个年轻人却步，他们想方设法找出矛盾的根源所在，努力走出失败的困境。

聪明的阿迪逐渐意识到：那些成功企业家的秘诀在于牢牢抓住市场，而他们生产的款式已远远落后于当时的市场需求。

兄弟俩着手寻找自己的市场定位，经过市场调查，终于有了结果：他们应该立足于普通的消费者。因为普通大众大多数是体力劳动者，他们最需要的是既合脚又耐穿的鞋。再加上阿迪是一个体育运动迷，并且深信随着人们生活的提高，健康将越来越成为人们的第一需要，而锻炼身体就离不开运动鞋。

定位已经明确，接下来就是设计生产的问题了。他们把自己的家也搬到了厂里，一个多月后，几种式样新颖、颜色独特的跑鞋面世了。

然而，新颖的跑鞋没有像兄弟俩想象的那样畅销。当阿迪兄弟俩带着新鞋上街推销时，人们首先对鞋的构造和样式大感新奇，争相一睹为快。

可看过之后，真正购买的人很少，人们看着两个小伙子年轻、陌生的脸孔，带着满脸的不信任离开了。

兄弟俩四处奔波，向人们推荐自己精心制作的新款鞋，一连许多天，都没有卖出一双鞋。

阿迪兄弟本以为做过大量的市场调查之后生产出的鞋子一定会畅销，然而无法解决的困难又一次让两个年轻人陷入绝境。

可阿迪·达斯勒的字典里没有“输”这个字，只有勇气陪伴着他们，去闯过一个个难关。

在困难面前，阿迪兄弟没有消沉，没有退缩，而是迎着困难继续努力，在仔细分析当时的市场形势和自己工厂的现状后，终于找到了解决的办法。

兄弟俩商量后决定：把鞋子送往几个居民点，让用户们免费试穿，觉得满意后再向鞋厂付款。

一个星期过去了，用户们毫无音讯，两个星期过去了，还是没有消息。兄弟俩心中都有些焦躁，有些坐不住了。

在耐心地等候中，又一个星期过去，他们现在唯一的办法也只有等待了。一天，第一个试穿的顾客终于上门了。他非常满意地告诉阿迪兄弟俩，鞋子穿起来感觉好极了，价钱也很公道。在交了试穿的鞋钱之后，又定购了好几双同型号的鞋。

随后不久，其余的试穿客户也都陆续上门。一时之间，小小的厂房竟然人来人往，络绎不绝。鞋子的销路就此打开，小厂的影响也渐渐扩大了。

阿迪兄弟俩没有被初次创业所遭受的顾客的质疑所吓倒，面对资金不足、经验不足、信誉缺乏等困难，他们凭着自己的信心和勇气一一攻克，为日后家族现代体育工业帝国的建立打下了坚实的基础。

现在的你也一样，不要抱怨顾客对你的折磨，因为，唯有这些折磨才能将你磨炼成美丽的“天使”。

工作中的折磨使你不断超越自我

一个人不但要接受他所希望发生的事情，而且还要学会接受他所不希望发生的事情。要适应现实，接受任何不可改变的事实，心平气和，以平常心面对周围所发生的一切，而不是唉声叹气，自寻烦恼，更不要祈求社会来适应你，奢望世界为你一人而改变，这是不可能实现的空想。在困难面前，如果你能承受折磨，你将会赢得长足发展；如果你不能忍受，那么等待你的也许就是被社会淘汰。

上海某高校计算机系一男生，毕业后如愿进了一个颇有名气的软件开发公司，本以为可以用往日在学校里学习积累起来的编程技术在公司一展身手，出人头地。可没想到就在他工作3个月后，上司竟突然让他负责计算机病毒的防治工作，这与他在学校里所关注和学习的内容有很大的差别。开始，他不禁产生了消极情绪，怎么办呢？经过沉思后，他想通了，只有面对现实，于是又拿起了病毒方面的书籍，开始学习新的知识来适应现在的环境。渐渐地，他竟然喜欢上了反病毒这个行业，而且很快就开发了一个全新的反病毒软件，给公司带来了可观的收入。

当我们面对不如意的事情时，当我们面对现实和理想的冲突时，唯有面对现实，适应现实，克服困难，奋发图强，才能做一个勇往直前的成功者。

如果我们没能学会面对、适应现实，而是逃避现实的话，我们将因经不起考验而被现实所淘汰，成功也将与我们擦肩而过。

一位年轻人毕业后被分配到北京某研究所，终日做些整理资料的工作，时间一久，便觉得这样的工作索然寡味。恰好机会来了，一个海上油田钻井队来他们研究所要人，到海上工作是他从小的梦想。领导也觉得他这样的专业人才待在研究所仅仅整理资料太可惜，所以批准他去海上油田钻井队工作。在海上工作的第一天，领班要求他在限定的时间内登上几十米高的钻井架，把一个包装好的漂亮盒子送到最顶层的主管手里。他拿着盒子快步登上高高的、狭窄的舷梯，气喘吁吁、满头是汗地登上顶层，把盒子交给主管。主管只在上面签下自己的名字，就让他送回去。他又快跑下舷梯，把盒子交给领班，领班也同样在上面签下自己的名字，让他再送给主管。他看了看领班，犹豫了一下，又转身登上舷梯。当他第二次登上顶层把盒子交给主管

时，浑身是汗，两腿发颤，主管却和上次一样，在盒子上签下名字，让他把盒子再送回去。他擦擦脸上的汗水，转身走向舷梯，把盒子送下来，领班签完字，让他再送上去。

这时他有些愤怒了，他看看领班平静的脸，尽力忍着不发作，又拿起盒子艰难地一个台阶一个台阶地往上爬。当他上到最顶层时，浑身上下都湿透了，他第三次把盒子递给主管，主管看着他，傲慢地说："把盒子打开。"他撕开外面的包装纸，打开盒子，里面是两个玻璃罐，一罐咖啡、一罐咖啡伴侣。他愤怒地抬起头，双眼喷着怒火，射向主管。

主管又对他说："把咖啡冲上。"年轻人再也忍不住了，"啪"的一下把盒子扔在地上："我不干了！"说完，他看看倒在地上的盒子，感到心里痛快了许多，刚才的愤怒全释放出来了。

这时，这位傲慢的主管站起身来，直视着他说："刚才让你做的这些，叫作承受极限训练，因为我们在海上作业，随时会遇到危险，要求队员一定要有极强的承受力，承受各种危险的考验，才能完成海上作业任务。可惜，前面三次你都通过了，只差最后一点点，你没有喝到自己冲的甜咖啡。现在，你可以走了。"

这位年轻人可能自己也没有想到，领导和主管对自己的折磨是一种考验，更是一种锻炼，经过这些考验之后，你的能力和意志力都会得到极大的提高。经受住各种考验，多用心，多忍耐，你就会获得相应的提高。

PART

03

学会理解 领导的不容易

老板也在为我们工作

很多员工认为老板对公司而言只是一个投资者，是一个“最有权力的闲人”，在这种心态的支配下，多数员工（尤其是年轻员工）都有“净赚薪水”的心态，认为“你给多少钱，我就出几分力”是理所当然、各不相欠，有的甚至对老板产生了敌对的情绪。其实，这是一种非常错误的认识。别看有些老板平日里一副轻松潇洒的样子，其实他们大都承担着不为人知的痛苦和责任。

那么在工作中，老板主要承担了哪些痛苦和责任呢？

1. 风险之痛。

企业越大，其经营中所遇到的风险就越大。经营企业是一项风险与收益并存的事情。尤其是当企业发展到一定规模之后，在管理机制和管理职能方面不可避免地会滋生出阻碍企业健康发展的种种潜在危机，这些都为老板管理和领导企业带来了很大的风险和挑战。

2. 抉择之痛。

老板的角色就好像是一艘船的船长，时刻要考虑到企业之舰的航向。企业做到一定规模，老板自然风光，然而随之而来却是对于企业发展方向的抉择，这种抉择的痛苦是员工所不能理解的。企业到底要不要发展壮大？如果企业需要进一步发展，是自己来做还是请职业经理人？自己做，面临着精力和时间上的挑战；请职业经理人，又面临着处理老板与职业经理人间的种种矛盾。矛盾发生时，职业经理人拍拍屁股就可以走了，但是老板却还得捡起烂摊子。只要企业存在，企业抉择的问题就时刻萦绕在老板的心头。

3. 责任之痛。

老板是一个企业的领航者和组织者，他们要对企业发展战略的制订、各级人员的管理、财务控制等重大环节负责，稍有不慎就会使企业出现重大变故，很多人可能会因此要重新选择岗位，甚至对整个产业产生很大的影响。由此可见，老板身上肩负着企业的、员工的、社会的责任等多重责任，这种责任为他们带来种种荣耀的同时，也给他们带来了巨大的压力和痛苦。

4. 身体之痛。

很多老板都以牺牲身体健康为代价来换取事业上的成功。老板不仅工作要动脑，而且还要交际应酬，结果，过多的应酬和思虑把身体搞垮了，老板的成功是以牺牲了健康作为代价的。例如，知名企业家王均瑶去世有很大一部分原因就是因为过于劳累。

5. 感情之痛。

处于领导的位置，老板付出的比一般人多得多。算算老板的工作时间：早上8点钟到办公室，中午开会或者陪人吃饭，下午接待各种各样的人，晚上还要应酬。等到回家的时候，家人也睡了，老板与家人之间基本上没有时间沟通，由于缺少沟通，两者间也越来越不可能产生共鸣。

冷落了家人不说，有的人在做了老板以后，由于利益的纷争，兄弟姐妹也反目成仇，老板成了孤家寡人。有的是几个好朋友一起做生意，开始很好，做到一定规模后，每个人的想法就不一样了，有的说我的钱赚够了，请退钱给我，有的说我还要继续发展，急需钱投资，不能退钱，矛盾的激化导致好朋友最终分道扬镳。

老板承受着不为人知的痛苦和责任，有人把他们称为企业的家长、教练，其实更多的，老板是员工事业上的伙伴，老板在为公司工作的同时，也为员工的发展搭建了一个很好的平台。

把问题留给自己，把业绩留给老板

工作中，老板看的是业绩，要的是结果。因此，作为一名优秀的员工应当认清自己的职责，做对公司有益的事，把问题留给自己，把业绩留给老板。然而工作中只有极少数人能够做到这一点。我们总是很容易遇上很多怀才不遇的人，他们身上具备很多优秀的品质，他们也充满激情和梦想，可是他们的境况总是不尽如人意，得不到老板的赏识。相反，总有比他们平庸的人获得了成功。他们也常常因此而抱怨：为什么上天不垂青于我？

实际上，这是因为他们只关注“我做了什么”，而不关注“我做到了什么”，他们只懂得统计自己的工作量，而不知道老板和公司真正需要的是什么。当然，他们也无法取得让老板满意的业绩。

员工在工作中会面临很多要求，但最基本的要求就是为公司提供需要的结果。老板安排你做一个工作，实际上是想要你提供这个工作的结果。但是很多人却陷入了一个心理陷阱：因为公司与员工之间，不是采取公司与公司之间那种讨价还价的交换，我们就认为公司与自己之间不是商业交换，而是“一家人”。只要做事，尽力就算是有了业绩，至于是不是达到了公

司想要的结果，那就不是自己所关心的了。

事实上，认为在工作中对过程负责，而不是对结果负责，这是对自己工作价值认识上的一个误区。要知道，虽然公司与员工不是在每一件事上都采取直接的讨价还价的关系，但员工应当清楚地知道，自己既然拿了公司的工资，就应当提供相应的价值回报。只有抱着这样的心态去理解自己的工作，才能解决好工作上的问题，完成自己的工作使命。

工作中有很多人只看到一份工作的权限和职责要求，而看不到这个岗位背后所承载的意义和作用，即工作使命。对工作使命认识不清导致了这样的结果：很多员工虽然任务执行得很“出色”，但仍然是将一大堆的问题留给了公司和老板，这也就是“做什么”与“做到什么”之间的矛盾。

林克是一家著名的管理咨询公司的业务经理。他有一个习惯，就是每次在接受客户的委托之前，总要先花点时间去拜访该客户组织的高级主管。在问了一些有关业务委托方面的问题之后，林克总要向这些高级主管提些诸如“你们公司现在聘用的员工数量是根据什么得出的”之类的问题。据林克统计，大部分主管的回答是“我负责的是财务”，或“我主管的是销售”，还有一些人回答是“我掌管的员工是100名”，只有很少的一部分人才会说“我的责任是向管理者提供决策所需要的正确信息”，或者是“比去年的任务量提升30%是我的责任”。

这两种不同的回答反映了人们对待工作价值认识上的差异。正是这种认识上的差异导致了把问题留给老板还是把业绩留给老板这两种行为上的差异。那些清楚自己工作使命、把业绩留给老板的人比较看重贡献，他们会将自己的注意力投向公司及个人的整体业绩，而不是自己的报酬和升迁。他们的视野广阔，在工作中，他们会认真考虑自己现有的技能水平、专业，乃至自己领导的部门与整个组织或组织目标应该是什么关系，进一步，他们还会从客户或消费者的角度出发考虑问题。这是因为，不管生产什么产品，提供什么服务，都是为了帮助消费者或顾客解决问题。

那些把业绩留给老板的员工会经常自我反省："我究竟做到了什么？"这有利于他们提高工作责任感，充分发掘自己具备但还没有被充分利用的潜力。相反，那些把问题留给老板的员工不懂得自我反省，他们不清楚自己的工作使命，只知道将任务完成就可以交差了。这种心态致使他们不但不能充分发挥自己的能力，而且还很有可能把目标搞错，以至于南辕北辙。

给老板多一些理解和支持

在这个世界上，一切都没有变化，变化的只是每个人观察问题的角度。凡是帮别人打过工的人都有这样一种感觉：似乎总有干不完的事，因而认为老板不近人情；而当有一天角色互换，你也成了老板时，你却会认为员工处处不积极主动。

成功守则中最伟大的一条定律——待人如己，也就是凡事为他人着想，站在他人的立场上思考。当你是一名雇员时，应该多考虑老板的难处，给老板多一些同情和理解；当自己成为一名老板时，则需要多考虑雇员的利益，给员工多一些支持和鼓励。

这不仅仅是一种道德法则，它还是一种动力，能推动整个工作环境的改善。当你试着待人如己，多替老板着想时，你的善意就会在无形之中表达出来，从而感动和影响包括你的老板在内的周围的每一个人。你将因为这份善意而得到应有的回报。任何成功都是有原因的，不管什么事都能悉心替他人考虑，这就是你成功的原因。

每一位老板在经营公司的过程中都会碰到很多出乎意料的事情，老板时刻都面临着公司内外的各种压力，而他在压力大的时候偶尔发泄一下、犯点错误，这是正常的。任何人都不可能达到完美，老板也一样。明白了这些，我们就应该以一种普通人的眼光来看待老板，而不要把他们只当作雇主，应该同情那些以全部精力打理公司的人，他们往往下班之后还要工作。

很多年轻人认为，自己之所以得不到重用，在于老板鼠目寸光，没有识别人才的慧眼，而且还嫉贤妒能。他们认为在自己的老板手下做事，不仅不能实现自己的价值，还会使自己变成庸才，远离成功。

而事实上，这些年轻人哪里知道，每一个明智的老板无时无刻不在搜寻有能力的员工，而对于那些只知道抱怨却没有真才实学的人，老板只会解雇他们。任何一个老板重用的都是有才能而且能够为自己分忧解难的员工。

老板为了公司的利益，会对每一个员工进行仔细的观察和多方面的考察。只有发现某些人既无工作能力，又品行恶劣的时候，老板才会解雇他。任何人都不会拿自己的心血开玩笑，老板之所以不重用甚至解雇那些能力不足的人，就是因为他们不想拿自己一手创办且一直苦心经营的事业当赌注。

在这个竞争激烈的社会，任何竞争说到底都是人才的竞争，只有拥有大批人才，公司才能健康发展，那些既没才能又没品行的人，当然会被淘汰。

获得老板的认可

下属获得老板的认可，一般来说，有着非常重要的意义。下属如果与老板很投缘，老板就可以为下属提供良好的工作环境和晋升机会，下属的工作有一点起色老板就会很快对此做出反应，给予一定的奖励，如果机会一到，老板金口一开，你的前程也就伸手可摘了。

例如，在一个单位之中，特别是私营企业之中，下属的升迁和薪水几乎都是掌握在老板的手里。如果你很有能力，你已经做了很多事情，取得了不少成绩，可是老板还是没有对你表示鼓励。究其原因，就是老板认为你只是平平淡淡。很显然，你的成绩不容易被老板发现，得不到老板的欣赏，那么你就没有办法得到晋升和加薪的机会。

因此，能否获得老板的认可，往往在很大程度上决定着老板能否理解并支持你的事业。能获得认可，有利于你的前程。反之，就会给你的发展带来很多不必要的麻烦。

工作的直接目标就是工作绩效。在工作过程中，每个人努力工作几乎都是为了取得工作绩效。而能否获得老板的认可，在很大程度上直接影响着下属的工作绩效。

我们知道，任何人的发展和成功都是要靠机会的，也就是说，机会是下属发展和成功的重要条件。机会可以通过自己的创造等来获得，可是得到这种机会需要付出很大的代价，而获得机会的另一个重要途径就是老板为下属提供。

老板可以给下属提供、创造和分配机会，因此，下属与老板搞好关系，就可以获得更多的机会，增加成功的概率。

相反，不同的下属，做同样的工作，花同样的力气，可是，老板不喜欢他们，其评价很多都是否定的，但还是会说什么“工作还是不错，可是自信不足”之类的话。通过这种拐弯

抹角的方式，老板嘴轻轻一动就把下属的功劳给抹杀了。对下属来说，这种做法是不好的，至少是有失公正的。可是对老板来说，这不是什么了不起的大事，因为作为一个老板，行使权力是他的专利，他需要有人给他干活，而让自己喜欢的人干活更利于交流，这是不言而喻的。并且，老板的手里所掌握的资源是远远超过下属的，最终炒你鱿鱼，你也没话说，所空出来的位置可能还会弄回来一个高手呢。

可是，下属如果不懂得老板有这种偏袒的感情，那就很危险了，自己毁自己的前程。这是因为，作为下属一旦被老板嫌弃，那就不容易混下去了。

如何保住自己的前程呢？下属与老板的关系至关重要。

应该知道，下属与老板之间的缘分十分微妙：

很多时候，下属与老板攀谈几分钟，老板就会对下属产生好感。就好像男女之间的一见钟情，这就是所谓“人结人缘”。还有另外一种情况，那就是所谓的“日久生情”。

所以，下属在工作中不仅要勇于表现自己，还要注意自己的表现要获得领导的认可，这样你的路就会更宽，前途会更光明。

老板与员工是合作关系

很多人认为，员工和老板天生是一对冤家。人们最常听到的是相互间的抱怨，即使偶尔彼此关心一下，也让人觉得有点假惺惺的。

究其根本，老板和员工只不过是两种不同的社会角色，只是社会分工不同而已，这两种角色实际上是一种互惠共生的关系。

自然界中有许多互惠共生的现象。比如说豆科植物的根瘤菌，它本身具有固氮的功能，为豆科植物提供了丰富的营养，同时它又可以借助豆科植物获得生存的空间；再比如非洲热带雨林中的大象、犀牛等，它们身体表面往往会有一些寄生虫，一些鸟类等小动物也栖息在它们身上，以这些小寄生虫为食，同时，大象、犀牛也避免了寄生虫的侵害，可谓是互惠互利。这种现象在自然界中不胜枚举，在生物学中统称为共生现象。

老板与员工的关系也有异曲同工之妙。从社会学的角度讲，老板和员工是互惠共生的关系。没有老板，员工就失去了赖以生存的就业机会；而没有了员工，老板想追求利润最大化也只能是镜中花、水中月。

对于老板而言，公司的生存和发展需要职员的敬业和服从；对于员工来说，他们需要的是丰厚的物质报酬和精神上的成就感。从互惠共生的角度来看，两者是和谐统一的——公司需要忠诚和有能力的员工，业务才能进行；员工必须依赖公司的业务平台才能发挥自己的聪明才智。

为了自己的利益，每个老板只保留那些最佳的职员——那些能够忠于公司、尽职尽责完成工作的人。同样，也是为了自己的利益，每个员工都应该意识到自己与公司的利益是一致的，并且全力以赴去工作。只有这样才能获得老板的信任，才能在自己独立创业时，保持敬业的习惯。

许多公司在招聘员工时，除了能力以外，个人品行是最重要的评估标准。品行不端正的人不能用，也不值得培养。因此，优秀员工应当遵循这样的职业信条：如果你真诚地、负责地为老板工作，他付给你薪水，那么你应该感激他、称赞他，支持他的立场，和他所代表的机构站在一起。

在一个有着卓越企业文化和完善激励机制的企业中，员工在享受着老板提供的优厚待遇的同时，也会为老板着想，积极为企业未来的发展出谋献策，积极工作。即使企业一时遇到困难，员工也会与老板同舟共济，渡过难关。每个人都知道，只有上下齐心协力，才能使企业在激烈的竞争中立于不败之地，在老板赚取利润的同时，员工的利益才能得到持久的保障。

助人就是助己，多做一点对你并没有害处，也许这会花掉你一些时间和精力，但是可以使你从竞争者中脱颖而出，你的老板、上司和顾客会关注你、信赖你、需要你，从而给你更多的机会。今天种下的种子，总有一天会结出甜美的果实，最终受益的还是你自己。

有些员工以为老板整天只是打打电话、喝喝咖啡而已，这种认识使他们无意中让自己的立场与老板对立起来，使老板和员工之间原本和谐共赢的关系变得紧张起来。实际上，老板并不像我们想象得那么轻松潇洒，作为公司的经营者，他们承担着巨大的压力和风险，他们只要清醒着，头脑中就会思考公司的行动方向，一天十几个小时的工作时间并不少见。一到下班时间就率先冲出去的员工不会得到老板的喜爱，所以不要吝惜自己的私人时间。即使你的付出得不到什么回报，也不要斤斤计较。

斤斤计较一开始只是为了争取个人的小利益，但久而久之，当它变成一种习惯时，为利益而计较，就会使人变得心胸狭隘、自私自利。它不仅给老板和公司造成损失，也会扼杀员工的创造力和责任心。

学会与老板换位思考

一位母亲在圣诞节带着5岁的儿子去买礼物。《圣诞赞歌》响彻整个大街，橱窗里装饰着彩灯，盛装可爱的小精灵载歌载舞，商店里五光十色的玩具琳琅满目。

“一个5岁的男孩将以多么兴奋的目光观赏这绚丽的世界啊！”母亲毫不怀疑地想。然而她绝对没有想到，儿子紧拽着她的大衣衣角，呜呜地哭出声来。

“怎么了？宝贝，要是哭个没完，圣诞精灵可就不到咱们这儿来啦！”

“我……我的鞋带开了……”

母亲不得不在人行道上蹲下身来，为儿子系好鞋带。母亲无意中抬起头来，啊，怎么什么都没有？——没有绚丽的彩灯，没有迷人的橱窗，没有圣诞礼物，也没有装饰丰富的餐桌……原来那些东西都太高了，孩子什么也看不见。在他眼里的只是一双双粗大的脚和妇人低低的裙摆，在那里互相摩擦、碰撞……

真是可怕的情景！这是这位母亲第一次从5岁儿子目光的高

度眺望世界。她感到非常震惊，立即把儿子抱了起来……

从此这位母亲牢记，再也不要把自己认为的“快乐”强加给儿子。“站在孩子的立场上看待问题”，母亲通过自己的亲身体会认识到了这一点。

同样，我们在工作和生活中也需要经常去理解自己的老板。理解的最好角度是站在被理解一方即老板的立场去思考，即所谓的换位思考。通过换位思考去了解老板，这对于营造自己工作和生活的小环境是极其有用的。

作为公司的员工，从你一开始进入公司那一天起，你就

要开始理解公司和公司里面的人，从公司的规章制度、产品特征、市场实力到公司文化都要尽力去理解。进而还要理解你的同事、你的上司、你的老板，理解他们各是什么样的人，有什么样的脾气秉性、工作作风、性格特征。有时候在工作中还需要理解为什么他们要这样处理问题，而不是像你想象的那样。

与老板进行换位思考，也就是要求员工站在老板的角度去思考一些问题，充分理解老板的苦衷。试想如果你是老板，你肯定也希望当自己不在的时候，公司的员工还能够一如既往地勤奋努力，踏实工作，各自做好分内之事，时刻注意维护公司的利益，这样你就可以一心一意处理好外面的事情。如果你是公司老板，当你派出你的员工到各地处理公司事务的时候，也希望他们个个都能够高质高效地完成任务，以保证公司的业务顺利开展，公司的盈利节节上升。

既然你希望你的员工这样去做，那么，当你回到自己的位置上的时候，你就应该想到，自己该做什么、该如何做。

老板的立场就是公司的立场，一个从公司的角度看问题的员工，会自觉调整自己与老板的对立情绪，同情和支持自己的老板，时刻与老板站在同一条战线上。

PART
04
方法总比问题多

正确的方法比执着的态度更重要

我们无一例外地被教导过，做事情要有恒心和毅力，比如“只要努力，再努力，就可以达到目的”等说法，我们早已十分熟悉了。你如果按照这样的准则做事，你常常会不断地遇到挫折和产生负疚感。由于“不惜代价，坚持到底”这一教条的原因，那些中途放弃的人就常常被认为“半途而废”，令周围的人失望。

正是因为这个害人的教条，使我们即使有捷径也不去走，而是去简就繁，并以此为美德，加以宣扬。

一个胖女孩最近在减肥，她一直认为发胖是因为吃的食物太多造成的，所以，从决定减肥时起便开始节食。她也果然有毅力，每天的主食绝不超过二两，其余皆用水果、蔬菜来填补。然而，两个月之后，她的脂肪就像舍不得离开她一样，牢牢地附在她的身上，可由于营养不良，她已变得十分虚弱，爬三层楼梯都会气喘吁吁。

尽管这样，她仍认为是自己坚持的时间太短，但又过了一个月，情况还是那样。没有办法，家人把她送到了医院，征求医生的意见。医生告诉她，减肥是要讲科学、讲方法的，不能只靠节食，还要结合运动，并保持心情舒畅。

女孩听了医生的话，意识到了曾经的“坚持”都是无谓的。按照医生教的方法，她每天坚持锻炼，适当节食，并通过听音乐等方式愉悦心情。现在，她已经取得了很大的成效。

其实，不只减肥要讲方法，无论做什么事都要讲究方法。在我们的工作和生活中，类似的例子屡见不鲜。销售经理经常对业务受挫的推销员说：“再多跑几家客户！”父母常对拼命读书的孩子说：“再努力一些！”但是这些建议都有一个漏洞。就像有人曾经问一位高尔夫球高手：“我是不是要多做练

习？”高尔夫球高手却回答道：“不，如果你不先把挥杆要领掌握好，再多的练习也没用。”其实，正确的方法往往比执着的态度更重要。

为工作设定目标是一件很重要的事情，我们也常会设计一套工作方案，并执着地依照这套方案行事，而完全忘记了根据形势的变化要更换方案。其实，头脑稍稍地转动一下，选用正确的方法，就可以获得更好的结果。

肯·富奇辞掉了美国电话电报公司的业务员工作，改当顾问，有一段时间，大概因为刚刚进入新行业，他变得十分散漫，工作时经常状态不佳，出了很多错。他痛苦极了，决定养成一个能一直保持下去的习惯。这时有人建议他每天早上走下楼梯到楼下的办公室时，打扮得就像要去外面的公司上班一样。这样做显得专业，随时准备好突然有人会来邀请他与客户约会，可以让自己一直处在工作状态中，后来肯·富奇发现，这的确是一个很好的工作方法。

态度执着者经常自己摸索方法，但既然成功可以复制，经验可以传承，又何苦去慢慢学炸鸡的技巧？加盟肯德基开家分店吧，操作手册上写得很清楚，你会很快就能够炸出美味的鸡肉，并且招聘来的员工即使没学过做快餐，按照炸鸡配方及流程照做一遍，也能有和你所见的肯德基炸鸡一样的味道。走遍每一家分店，都会吃到一样好吃的炸鸡，就是这个道理。

在工作中，我们不可能总是一帆风顺，当遇到难题的时候，绝对不应该一味下蛮力去干，要多动些脑筋，看看自己努力的方向是不是正确。

实干的人，还要会巧干

作为曾经的华人首富，李嘉诚的名字家喻户晓，他之所以能成为首富，也并非偶然：从打工的时候起，他就是一个找方法解决问题的高手。

李嘉诚的父亲是一名老师，他非常希望李嘉诚能够考个好大学。然而，父亲的突然去世使得这个梦想破灭了：家庭的重担全部落到了才十多岁的李嘉诚身上，他不得不靠打工来维持整个家庭的生存。

他先是在茶楼做跑堂的伙计，后来应聘到一家企业当推销员。干推销员首先要能跑，这一点难不倒他，以前在茶楼成天跑前跑后，早就练就了一副好脚板；可最重要的，还是怎样千方百计把产品推销出去。

在做推销员的整个过程中，李嘉诚都很重视分析和总结。在干了一段时间的推销员之后，公司的老板发现：李嘉诚跑的地方不比别的推销员都多，成交量却最多。

他是如何做到这一点的呢？

原来，他将香港分成几片，对各片的人员结构进行分析，了解哪一片的潜在客户最多，有的放矢地去跑，这样一来，他获得的收益自然要比别人多。

不错，当别人都认为工作只需要按部就班做下去的时候，偏偏有一些优秀的人会找到更有效的方法，将效率更快地提高，将问题解决得更好。正因为他们有这种找方法的意识和能力，才使他们以最快的速度得到了认可。

联想老帅柳传志的经典名言就是："撒上一层新土，夯实，再撒上一层新土。当确认脚下是坚实的黄土地之后，撒腿就跑。"柳传志还说："没钱赚的事不能干；有钱赚但是投不起钱的事不能干；有钱赚也投得起钱但是没有可靠的人去做，这样的事也不能干。"

正是因为柳传志知道革命不能胡干蛮干，所以保证了联想在20世纪90年代初的房地产泡沫经济运行过程中没有跟风，并因此抓住了其他竞争对手实力下滑的时机一跃而出，从此一路领先。

张瑞敏曾说："世界上长盛不衰的百年企业，不变的是其创新的精神。"为了使巧干在海尔形成一种气候，提高员工巧

干的理念与能力，让每个员工多谋创新之策、多出创新之招、多做创新之事，海尔给每个员工都发了“合理化建议卡”。员工对管理、技术、工作等任何方面有好的建议，都可以提出来。而对于合理化的建议，海尔会立即采纳并实行，同时对提出者进行一定的物质和精神奖励。

几十年间，家电市场竞争日趋激烈，海尔却始终保持了高速、稳定发展的势头，奥秘只有两个字：巧干！

“推磨子不如打碾子，干活儿不如想点子。”实干不是傻干、蛮干，巧干也不是乱干、胡干，否则要么事倍功半，要么一事无成。带着思想工作就得“狼狈为奸”——既要有“狼”的勇敢、团队精神，还得有“狈”的鬼点子、好主意。

“此路不通”就换个方法

有位科学家做过这样一个实验：把一盆食物放在一个未封闭的护栏前，让鸡和狗去吃。鸡很愚蠢，看见食物，只在护栏前猛扑，结果总是吃不到食物。狗却聪明，它只在护栏前站了一站，便侧身转到护栏后面，结果吃到了食物。

一个简单的故事，却阐释了一个不简单的道理：达到目标的最短距离未必是直线。在遇到问题时，我们基本会以两种方法去解决：以直线方法或以迂回的方法。通常，直线方法是我们的首选，因为我们认为两点之间直线最短。但是，许多问题的求解靠直线方法是难以如愿的，这时，采用迂回思维去观察思考，或许能使问题迎刃而解。

很多人都知道曹冲称象的故事。在称量技术落后的古代，一只大象的重量谁也无法准确称出。小曹冲非常聪明，他避开了没有大秤的正面冲突，想到了把大象装在船上，刻下船在水中的吃水线。再牵下大象，装上同样吃水线的石子。这样，就把称大象的难题转换成称同样重量的小石子，一把小秤便把一只大象的重量称出来了。

蒙古族也有一则关于聪明的巴拉甘仓的民间故事。一次，一位财主骑马在路上碰到巴拉甘仓。财主说："巴拉甘仓，听说你很聪明，你能把我从马上拉下来吗？"巴拉甘仓说："先生，我不能，但我可以把你从马下拉到马上。"财主马上跳下来，叫巴拉甘仓把他拉上马。巴拉甘仓哈哈大笑："先生，我这不是把你拉下马了吗？"财主恍然大悟。

这两则故事都说明在我们的生活中，有很多难题看似无法解决，但如果我们采用迂回思维之术，不正面出击，而从侧面或背后出击，便可柳暗花明。

我国著名科学家吴阶平讲了一个他父亲的故事。他说，有一次，一位姓盛的人有一批大洋（银圆）要从武汉运往上海。当时，长江一线匪盗猖獗，谁也不敢承接这一任务。盛某人找到吴阶平的父亲。吴父面无难色，很爽快地答应了盛某人的要求。吴父为什么敢于如此爽快地应招？原来吴父是这样做的：他把那批大洋全部买成洋油，洋油装船运输，就比直接装银圆运输安全多了。洋油运到上海，再换成银圆交给盛某人，问题不就轻而易举地解决了吗？凑巧的是，这批洋油运抵上海时，恰好遇上洋油大涨价，吴父不但把全部银圆安全交给了盛某人，还为其狠赚了一笔。盛某人大喜，要给吴父一些大洋，吴父不受。盛某人便投资帮吴父在上海建立了一个纱厂。

运用迂回思维的基本特点就是避直就曲，通过拐个弯的方法，规避摆在正前方的障碍，走一条看似复杂却可以尽快到达目的地的曲线。这就是迂回思维的智慧，也是迂回思维的魅力所在。

“此路不通”就绕个圈，“这个方法不行”就换个方法，应该成为每个人的生活理念。一个卓越的人，必是一个注重思考、思维灵活的人。当他发现一条路走不通或太挤时，就能够及时转换思路，改变方法，寻找一条更加通畅的路。这一点思维特质，是需要我们用心学习的。

只要有智慧，劣势也能变优势

当你身处劣势时，可以选择两种处理方式：

一是一味抱怨。抱怨自己生不逢时，有才华却毫无用武之地；抱怨天公不作美，陷自己于困顿之中。

二是积极行动。面对劣势，积极思考，用灵活的思维、巧妙的办法解决问题。

与之相对应，两种表现也会产生两种截然不同的结果：一味抱怨的仍在抱怨，因为他仍旧身处劣势而没有丝毫变化；积极行动的则会开怀一笑，因为他已经用头脑与行动化解了困难，甚至会将劣势转化为优势。

有一次，英国一家足球生产厂接到了一份莫名其妙的控诉，因此而面临一场不大不小的危机。但他们的工作人员凭借着超常的智慧和巧妙的方法将自己所处的劣势转变成了优势。

一天，在英国某城的法庭上，一位中年妇女声泪俱下，面对法官，严词指责丈夫有了外遇，要求和丈夫离婚。她对法官控诉了自己的丈夫，指责他不论白天还是黑夜，都要去运动场与那“第三者”见面。法官问这位中年妇女：“你丈夫的‘第三者’是谁？”她大声地回答：“‘第三者’就是臭名远扬、家喻户晓的足球。”

面对这种情况，法官啼笑皆非，不知如何是好，只得劝这位中年妇女说：“足球不是人，你要告也只能去控告生产足球的厂家。”不料，这位中年妇女果真向法院控告了一年可生产20万只足球的足球厂。

更让人意想不到的却是这家被控告的足球厂，他们在接到法院的传票后，不怒反喜，竟十分爽快地出庭，并主动提出愿意出10万英镑作为这位中年妇女的孤独赔偿费。这位太太喜出望外、破涕为笑，在法庭上大获全胜。

大家知道，英国是现代足球的发祥地，国人酷爱足球，这场因足球而引起的官司自然在全英国产生了巨大的轰动效应，各个新闻媒体纷纷出动，做了大量的报道。

头脑精明的厂长，敏锐地利用了一次非常糟糕的事件大做文章，没花一分钱的广告费，却让他和他的足球厂名声大振。

这位足球厂厂长在接受记者采访时说：“这位太太与她的丈夫闹离婚，正说明我们厂生产的足球魅力之大，并且她的控词为我厂做了一次绝妙的广告。”自此，这家足球厂的产品销

量因此直线上升，成为同行中的领头羊。

被告上法庭，是每一个企业都比较头痛的问题，更不用说是如此“无厘头”的原因。处于劣势的足球厂却没有放掉这个让劣势变优势的机会，而是积极地促成它们的转化，让人们在对这起案子津津乐道之时，也将这家足球厂深深地记在了心里。

正如故事给我们的启示，工作中，劣势与优势是可以相互转化的。只有那些勇于开拓思路、积极寻找方法、谋得有利于发展的资源的人，才能成就大业。

优秀的员工往往能够从危机中寻找可以利用的商机，在失利中寻找契机，从而使自己反败为胜。只要思路再灵活一些、方法再得当一些，遇上的麻烦可能会带给你推销自己和企业的机会。

每一个人都有可能成功，但有时就差这么一点点火候，把握好时机，你便走到别人的前面了。

PART 05

与其抱怨别人，不如从自己身上找原因

工作中没有“不可能”，障碍都在你心里

在工作中，“不可能”经常被人们使用，它使人们对自己或他人失去信心，也让人们不相信奇迹的发生。但是人们应该想想过去所创造出的奇迹，如：海伦·凯勒不能听见声音，看不见东西，但她创造了文学史上的奇迹；约翰·库缇斯曾被医生断言活不过一周，但他活到了34岁，成为轮椅橄榄球运动员、室内板球健将、国际著名的演讲大师，并有了妻儿……

世界上没有不可能，我们应该对自己充满信心。在奥运会上，运动员最不可缺少的也正是这种信念——相信“没有不可能”。

奥康企业就是一个在工作中奉行“没有什么不可能”的典型代表。在发展过程中，奥康企业创造了许多别人觉得无法做到的“神话”，而这些所谓“神话”的产生，其实正体现了敢于蔑视困难、把问题踩在脚下的精神。

我们来看一个奥康创造的“没有什么不可能”的故事：仅用3个月，就建成了一栋7400平方米的厂房。

2006年，为了满足生产的需要，奥康准备再盖一栋厂房。

为了让厂房能够以最快的速度投入使用，奥康的高层对负责这一工程的主管下了死命令：3个月必须将厂房建好。

开始时，很多人都认为这是天方夜谭，通常盖这样一栋厂房起码需要8个月，3个月之内建好，这不是开玩笑吗？

但在奥康，没有什么不可能。

奥康制订出了一个详细的工作计划，什么时候该完成什么工作，都写得清清楚楚，并采取了一系列的措施。

如为了用足24小时，奥康安排工人三班倒，晚上的工资是白天的3倍。这就是奥康所信奉的“宁愿损失金钱，也不能浪费时间”。

终于，在大家的努力下，厂房如期建成了。

当时有一个工人开玩笑地说：“奥康建房就像山里的竹笋一

样，前一天还没破土，第二天就冒出来了。”

其实，除了3个月建成厂房，奥康还创造了很多个“没有什么不可能”：

西部鞋都，这个荒地上诞生的奇迹，在开始时看来也是不可能，但最后，“不可能”变成了现实。

和意大利一流制鞋企业GEOX的合作，在别人看来同样不可能。因为当时GEOX考察的中国企业有七八家，论实力，奥康比不过某些企业；论名次，奥康被排在考察的最后一位。在考察奥康之前，GEOX内部已经有了初步定论，甚至有些人提议不要去奥康了，免得浪费时间。但没有想到的是：最终，奥康成了GEOX在中国唯一的合作伙伴。

几年前，当奥康决定投资生物制药时，遭到了很多人的反对，可事实证明，投资这一领域是很有眼光和商业前景的。

黄冈商业步行街是奥康打造的100条商业步行街的第一条，之前几乎听不到赞同的声音，可是黄冈步行街的开业让所有不相信的声音都从此销声匿迹……

做大的事业，需要的正是将所有“不可能”踩在脚下的勇气和魄力！

“不可能”并非真的不可能，而是被夸大的困难吓住了前进的脚步。要想面对生活、工作中的多种“不可能”，就要相信“没有什么不可能”！只要坚信“没有什么不可能”，“不可能”就将变为可能。

抱怨别人不如**反省自己**

美国著名行销大师吉格讲过这样一段经历：

“我在行销业有一段非常困难的时光，但是在一位传道士启发我之后，我开始走上了成功之路。

“然后我停止成长而开始骄傲。结果很悲惨，在接下来的五年里，我到过十七家不同的公司。有些公司是华而不实的，但有些是真正有潜力的。然而当时的我已骄傲地认为，天下没有可以难倒我的事。

“如果我正在工作的公司没有采纳我出色的建议，我会说：‘我不必忍受这种迂腐。’然后我便离开，到自认为赏识我的公司去。当我离开的时候，我预言那家公司失败，虽然它可能已营业了50年。在5年里我更换了17家公司，我正在陷入越来越深的债务之中。最后，我决定做一件我曾经发誓决不会再做的事：回到厨具界，那个我以前享受过了不起的成功的地方。

“一位大公司的董事长给我一大笔贷款，帮我解决了窘迫的经济状况，于是我回到了厨具界。我是南卡罗来纳州的经销商。在我加入团队之后不久，分区管理人来访问我，并且提供一些建议。

“老实说，对于厨具界，我自认为比这个人懂得多，而我才应该当管理人。因此我不愿意接受他是我上司的这个事实，而且我的骄傲与态度让我无心倾听。

“他的一段叙述非常有道理。他说：‘你是个很棒的售货员——我曾见过的最好的一位。但是你的骄傲使你很容易被操纵。人们吹捧你，喂养你的骄傲，并且让你相信你能够完成那些根本做不到的事。你事实上已经尝试过你可以做的每一件事，而且你的结果不是很好。’然后他说：‘现在吉格，我要给你一些忠告，它是免费的……而正如你所知，大多数免费忠告的价值大约就是它的成本，但是让我给你个建议。

“‘你在这一行已经留下一些记录。你已经得到一些全国性的尊敬。但是，下一次这些好交易来到你身边的时候，试着把眼罩戴上。告诉那个人，不管他们的条件有多吸引人，你已经做出承诺。你将要留在这一行，直到你经济上稳定，并且要重建你的名声，让人觉得你是稳固可信的，而不是一闪而逝并且总在寻找下一次交易的人。如果那些交易都是好的，一年之后它们仍然是好的。而如果它们一年之后就不好了，那么它们现在也不是好的。’

“虽然我痛恨承认我有骄傲的问题，但我认可我的管理人告诉我的智慧。开头几个月并不好过，但是多亏辛苦的工作，与我决心安定下来的那个承诺，那一年，在全国超过三千多名经销商中，我是第五名。接下来的几年里，我是全美个人销售第一名。

“我的管理人给了我曾经得到过的最好的忠告，而且多年以来，我们培养了真正的友谊。如果我没有吞下我的骄傲，我将会错失更多的东西。”

上面的例子告诉我们，只有认清自己，才能在工作中实现自己的价值。

安格尔17岁进入巴黎的达维特画室，后来又到罗马进修。到了1840年，他从意大利回国，受到法国政府和民众的热烈欢迎，使他的艺术声望达到最高点，可是他仍秉持谦逊态度，以冷静心情看待这一切。

虽然获得无比的殊荣，但他并没有被名声冲昏了头，“人要有自知之明”，安格尔如此告诉自己，不能因这些虚名而放

纵自己。于是，不为所动的安格尔，仍然坚持自己的风格，不向世俗妥协，尽管晚年身体虚弱，他依然锲而不舍地努力作画。70岁那年，他创作出杰出油画《泉》，把人体绘画提升到炉火纯青的境界，成为一代不朽的艺术大师。

成功的人，往往都对自己有着一个客观的评价，对于赞美要清醒地接受而不是被名利冲昏了头。而往往越是真正伟大的人越是能客观地认清自己。

不要为失败找借口

一个人做事不可能一辈子一帆风顺，就算没有大失败，也会有小失败。每个人面对失败的态度也都不一样：有些人不把失败当一回事，他们认为“胜败乃兵家常事”；也有人拼命为自己的失败找借口，告诉自己，也告诉别人，他的失败是因为别人扯了后腿、家人不帮忙，或是身体不好、运气不佳等，总之，他们可以找出一大堆理由。

有一位在职场打拼多年的年轻人时常对自己仍是一无所成的境遇牢骚满腹，抱怨命运的不公。

有一天，他终于鼓足勇气敲开了一位富翁的门，希望可以从那位白手起家的富翁那里知道一些关于成功的秘诀。

“你一定想知道我是怎样白手起家的吧？”富翁就问道。

“您是怎么知道的？”这位年轻人惊讶地问道。

“因为在你之前，已经有很多位自以为一无所有的人来找过我。来时他们确实贫困潦倒而且牢骚满腹，但走时俨然个个都成了富翁。你也具有如此丰厚的财富，为什么还抱怨不止呢？”

“是什么？”年轻人问。

“是你的一双眼睛。只要你给我一只眼睛，我可以用100万作为补偿。”

“不，我不能失去眼睛！” 年轻人拒绝道。

“好，那么把你的一双手给我吧！我可以给你200万。”

“不，双手也不能失去！”

“既然有一双眼睛，你就可以学习；既然有一双手，你就可以劳动。现在你看到了吧，你有多么丰厚的财富啊！这就是我所谓的成功秘诀。”富翁微笑着说。

这位年轻人听了，如梦初醒。

所以，不要为自己的失败找借口，成功需要自己把握。

从前，有一对贫穷的兄弟，他们以捡破烂为生。

一天，兄弟俩照旧从家里出发沿着一条街道去拾捡破烂。但这条偌大的街道，仅有的就是一个一个的一寸长的小铁钉。

弟弟看到了不屑一顾地说：“几个小铁钉能值多少钱？”

但是，哥哥并不嫌弃，而是弯腰一个个地拾了起来。走到了街尾，他差不多捡到了满满一袋子的铁钉。

再向前走了不久，兄弟俩几乎同时发现街尾新开了一家收购店，门口挂着一块牌子写道：本店高价回收一寸长的旧铁钉。

两手空空的弟弟只好眼睁睁地看着哥哥用那些小铁钉换回了一大把钞票。

店主问弟弟：“孩子，在来的路上，难道你一个铁钉也没看到？”

弟弟非常沮丧地回答：“我看到了啊。可那小铁钉并不起眼，我也没想到一路上会有那么多，我更没想到它竟然这么值钱，等我想要去捡时，铁钉全被大哥捡光了。”

在职场上，也有许多人像故事中的弟弟一样，自己不努力抓住机会，却抱怨别人抢得先机。

工作中，有人经常为自己的失败找借口，时间长了，他们会把“为失败找借口”当成一种本能习惯，认为很多失败是由客观因素造成的，无法避免，却从未想过大部分失败应是由自己的主观原因造成的。

因此，当我们在工作中面对失败之时，不要寻找借口，而应该找出失败的原因。

在这一点上，我们应该学习西点军校的做法。美国西点军校不仅培养了一大批优秀的军事人才，也培养出无数商界的精英。这所学校有一个悠久的传统，就是学生遇到长官问话时，只能有四种回答：“报告长官，是！”“报告长官，不知道！”“报告长官，不是！”“报告长官，没有借口！”除此之外，不能多说一个字。例如，军官派一个士兵去完成一项任务，但由于种种原因，没有及时完成，当军官问他原因时，如果他为自己辩解说由于这样或那样的原因导致自己没有按时完成任务，那就错了，他只能说：“报告长官，没有借口！”因为军官看重的是结果，他根本不会听你长篇大论的解释。

西点军校之所以采取这种方式，就是为了使学生学会适应压力，培养他们不达目的誓不罢休的毅力，尽量把每件事都做得更好。它也让每一位学生懂得：失败是没有任何借口的。

尽管有些困难是不可难免的，但能从困境中走出来，获得成功的往往是那些不为自己失败找借口推托的人。

抱怨如同诅咒，越抱怨越退步

不管走到哪里，你都能发现许多才华横溢的失业者。当你和这些失业者交流时，你会发现，这些人对原有工作充满了抱怨、不满和谴责：要么就怪环境条件不够好，要么就怪老板有眼无珠，不识才。总之，牢骚一大堆，积怨满天飞。殊不知，这就是问题的关键所在——抱怨的恶习使他们丢失了责任感和使命感，只对寻找不利因素兴趣十足，从而使自己的发展道路越走越窄，在自己的抱怨声中不断退步。

我们可以发现，几乎在每一个公司里，都有“牢骚族”

或“抱怨族”。他们每天轮流把“枪口”指向公司里的任何一个角落，埋怨这个、批评那个，而且从上到下，很少有人能幸免。他们的眼中处处都能看到毛病，因而处处都能看到或听到他们的批评。

本来他们可能只是想发泄一下，但后来却一发而不可收。他们理直气壮地数落别人如何对不起他们，自己如何受到不公平的待遇等，牢骚越讲越多，使得他们也越来越相信，自己完全是遭受别人践踏的牺牲品。不停抱怨的“牢骚族”，他们的抱怨只会妨碍和干扰自己的阵脚，终究受害最大的还是自己。

事实上，你很难找到一个成功人士会经常大发牢骚、抱怨不停，因为成功人士都明白这样的道理：抱怨如同诅咒，越抱怨越退步。

于强在一家电器公司担任市场总监，他原本是公司的生产工人。那时，公司的规模不大，只有三十多人，有许多市场等待开发，而公司又没有足够的财力和人力，每个市场只能派去一个人，于强被派往西部的一个市场。

于强在那个城市里举目无亲，吃住都成问题。没有钱坐车，他就步行去拜访客户，向客户介绍公司的电器产品。为了等待约好见面的客户，他常常顾不上吃饭。他租了一间破旧的地下室居住，晚上只要电灯一关，屋子里就有老鼠在那里载歌载舞。

那个城市的气候不好，春天沙尘暴频繁，夏天时常暴雨，冬天天气寒冷，这对于于强来说简直就是一个巨大的考验。公司提供的条件太差，远不如于强想象得那样。在这样艰苦的

条件下，不抱怨几乎是不可能的，但每次抱怨时，于强都会对自己说："开拓市场是我的责任，抱怨不能帮我解决任何问题。"他选择了坚持。

一年后，派往各地的营销人员都回到公司，其中有很多人早已不堪忍受工作的艰辛而离职了。后来，于强凭着自己过硬的业绩当上了公司的市场总监。

即使在恶劣的环境下，于强也没有选择抱怨，对自己工作的坚持，使他在进步的阶梯上得到了飞速发展。一名员工，无论从事什么工作，都应当选择不抱怨的态度，应该尽自己的最大努力去争取进步。把不抱怨的态度融入自己的本职工作中，你才能不断地进步，才能得到社会的认可，受到老板的青睐。

你是否能够让自己在公司中不断得到进步，这完全取决于你自己。如果你永远对现状不满，以抱怨的态度去做事，那你在公司的地位永远都不能变得重要，因为你根本就不能做出重要的成绩。

抱怨的人很少积极想办法去解决问题，不认为主动独立完成工作是自己的责任，却将诉苦和抱怨视为理所当然。任何一个聪明的员工都应该明白这样的道理：一个人一旦被抱怨束缚，不尽心尽力去工作，在任何单位里都会自毁前程。如果希望改变一下自己的处境，希望自己能够取得不断的进步，那么首先从不抱怨自己的工作开始吧。

与其抱怨，不如实干

一位伟人曾说："有所作为是生活中的最高境界，而抱怨则是无所作为，是逃避责任，是放弃义务，是自甘沉沦。"不论我们遭遇到的是什么境况，喋喋不休地抱怨只会把事情弄得更糟。而这绝不是我们的初衷。

有一个小药店的店主，一直想找一个能干一番大事业的机会。每天早晨他一起来，就希望自己今天能够得到一个好机会。然而，好长时间过去了，他认为的机会并没有出现。对此，他抱怨不已，他认为自己有干大事业的本事，却没有干大事业的机会。大部分时间他并不是去研究市场，而是经常在花园里去做所谓的"散心"，而他经营的小药店也为此门庭冷落了。

在现实生活中，我们中的大多数人都多少有点像这个店主。看见别人的成功便无形中会生出点嫉妒，并且在这种嫉妒之余，常常还会妄自菲薄，总以为别人的工作才是最好的，而自己呢？自己总是看不到什么希望。我们总是把别人的成功归结为运气好，于是，我们也梦想着好运能早一天降临到自己的头上来。

后来，这个药店的店主战胜了自己这种消极的态度，而他接下来的所作所为，我们可以将其视为榜样。他是怎么做的呢？他的办法其实很简单：就是无论什么人，不管他们的地位是高还是低，自己都主动地去和他们接触。

有一天，他这样问自己：“我为什么一定要把自己的希望、自己未来的奋斗目标寄托在那些自己一无所知的行业上呢？为什么不能在自己现在相对熟悉的医药行业干出一番大事业来呢？”

于是，他下定决心摆脱自己以前的那种怨天尤人的心态，就从自己的药店做起，他把自己的这一事业当作一种极为有趣的游戏，以此来促进他生意的发展。他让自己用那种发自内心的热情告诉别人，他是如何尽量提高服务质量使顾客满意，以及他对药店这一行业有多么大的兴趣。

“如果附近的顾客打电话来要买东西，我就会一面接电话，一面举手向店里的伙计示意，并大声地回答说：‘好的，赫士博克夫人，二十片安眠药，一瓶三两的樟脑油，还要别的吗？赫士博克夫人，今天天气很好，不是吗？还有……’我尽量想些别的话题，以便能和她继续谈下去。

“在我和赫士博克夫人通电话的同时，我指挥着伙计们，让他们把顾客所需要的东西以最快的速度找出来。而这时负责送货的人，脸上带着笑容，正忙着穿外衣。在赫士博克夫人说完她所要的东西之后不到一分钟，送货的人已带着她所需要的东西上路了。而我则仍旧和她在电话中闲谈着，直到等她说：‘呵，瓦格林先生，请先等一等，我家的门铃响了。’

“于是我笑了笑，手里仍拿着话筒。不一会儿，她在电话中说：‘喂，瓦格林先生，刚才敲门的就是你们的店员，他给我送东西来了！我真不知道你怎么会这么快，实在是太不可思议了。我打电话给你还不过半分钟呢！我今天晚上一定要把这事告诉赫士博克先生。’

“因为我这里有优质的服务，过了不久，几条街以外的居民也都舍近求远地跑到我们店里来买药了。以至于后来城里好多别的药店老板都跑到我这儿来取经，他们不明白，为什么偏偏我的生意会做得这样好。”

这便是查尔斯·瓦格林成功的方法，也正是这一方法，使得他的小药店生意兴隆，其分店几乎在全美遍地开花，以前所未有的速度迅速占领了美国医药业的零售市场。在当时的美国医药零售业中，他的公司拥有的分店数量及其规模占全国第二，并且他的事业还在继续健康地发展下去。

他的医药事业之所以能够成功，有一个小小的秘诀，那就是：如果你放下了抱怨，选择了实干，那么机会不久之后便会站在你的门口。

PART 06 放下抱怨，改善你与同事之间的关系

他人的蜡烛灭了，你的也未必亮

在职场中，随着竞争的激烈发展，很多人的信念开始起了变化。有些人，他们在与同事的竞争中，总是习惯于采取一些不正当的手段：看见对方要升职，就千方百计地进行阻挠，给上司打小报告或者写匿名信进行诋毁；看见对方负责了一个大一点的项目，就眼红到不行，暗地里下决心一定要让对方付出代价。于是，每每看到别人有一点好处的时候，就使尽浑身解数，从中作梗。

怀有这样心理的人，在职场中并不少见。然而，事情的发展总是奇妙的。你容不得别人的好，所以一直在暗地里搞怪，可是等到真正把他从领导的位子拉下来了、从好的项目中分离出来的时候，顶替他的人永远都不会是你。因为，你去找领导"反映情况"的时候，尽管他是笑脸相迎的，可是他的内心是反感你这样做的。谁的心里都有一把评价的标尺，这其中自然包括领导在内。

王明和李强是一个公司的同事。平时，两个人的关系不错。李强爱喝酒，他总叫上王明一起。通常情况下，李强几杯酒下肚，话匣子就打开了，天南海北地说，从家里的小事说到公司里的决策上，从来没有把王明当成是外人。可是，王明从来不肯在李强面前说出任何亲密的话来，也从来不肯对任何事情发表意见。有时候，被李强问急了，王明就随便说几句，应付了事。

这样的日子尽管过得无趣，但相对来说还算是和谐，李强是比较满意的。可是，好日子不长，公司一个部门的经理临时被调走，职位出现了空缺。公司的领导很看好李强，觉得他平时表现就很积极努力，而且人缘又好，有组织和管理的能力，就力推他来做这个部门经理。

王明听说了这件事以后，心里很不舒服。他们两个人经常在一起，李强有什么事情都跟他说，所以他自认李强并没有比

自己强。可是升职的却是他而不是自己，这样的结果让王明很是接受不了。

所以，王明主动找到了总公司的领导，把李强平时爱喝酒，喝酒之后还总说一些不着边际的话等一系列的事情都说了出来。有一些不具备那么大的影响力的事情，王明还添油加醋地渲染了一番。他的说法让领导直皱眉头。王明看着领导的表情，以为时机成熟了，就趁机力荐自己，说自己其实很适合这个职位，等等。

领导听了以后，也没说什么，就让王明回去等消息。过了几天，公司宣布了那个部门经理的任命，果然不是李强，但也不是王明，而是公司里一个实力不及他们两个的人。对于这样的结果，李强是没什么的，可是王明疑惑了。他再次找到领导，领导说："竞争的方式有很多种，但是踩着自己的朋友抬高自己，这样的做法公司不鼓励。李强是一个有能力的人，可是连身边的人都疏于防范，被人出卖了还不知道，可见也是不能做大事的人。你回去好好反省一下吧。"

就这样，尽管王明费尽了心机，想要把李强挤掉，然后自己去当部门的经理，可是，在这件事情当中，他和李强都输了。

通过这件事情，我们可以得出这样的道理：尽管职场竞争激烈，也要采取正当的手段。因为你在暗地里搞怪，虽然可能对对方有一定的影响，但同时也会让领导对你的人品产生怀疑。

他人的蜡烛灭了，你的也未必亮。所以职场之中，那些损人不利己的事情最好别做。只要你凭借自己的努力，肯吃苦，肯上进，总有一天你的价值会得到领导肯定的。

尊重单位里的“老前辈”

年轻人，尤其是刚刚提拔的年轻上司一定要尊重单位里的老前辈，肯定他的贡献。但要记住一点：业务上要强于他，让他心中服气，让他明白你的晋升靠实力，而不是靠关系爬上去的。

在工作中，与同事搞好关系十分重要，人际关系搞不好，工作就不好开展。有这样一位职员，工作年限不长，但能力很强，深受领导赏识，很快被提升为部门主管。但是下属中有位老职员，仗着自己资格老，以前有功劳，对他不服，让他很难办。遇到这种情况该怎么办呢？

要想改变这种境况，必须首先认清一点：每个人都自我感觉良好，认为自己并不比别人差，对别人不服气是正常心理。所以，年轻主管必须遵循一条准则——尊重他人的优点，承认他的优势，慢慢解开他心里的疙瘩。

战国时候的廉颇和蔺相如就曾有这样的矛盾。蔺相如本来是赵国一名宦官的门客，地位低下，因为偶然的机会才为赵王所知，赵王派他带着和氏璧出使秦国，他不辱使命，出色完成了任务。从此以后，他接连被提拔，最后官拜上卿，名字排在廉颇之前。

这下廉颇很不服气了，说：“我是赵国的将军，有攻城略地、保卫国家的汗马功劳，可是蔺相如仅仅靠耍嘴皮子立了一点功，他的爵位却在我的上面。况且，蔺相如出身低微，他原来不过是太监内侍手下的一个舍人。我实在是感到耻辱，而且现在还要我做他的手下，这让我简直受不了。”他对外扬言：

“我如果碰到蔺相如，一定要羞辱他一番。”

蔺相如听到这些话后，就总是避免和廉颇见面。每次朝会的时候，蔺相如常常假托有病，不愿和廉颇争位次的先后。后来有一次蔺相如外出，远远看见廉颇来了，蔺相如立即掉转方向躲避，门客对此不解。

后来蔺相如对自己的门客说：“其实我哪是怕廉将军啊，我是为了国家着想啊。现在强秦之所以不敢发兵来攻打我们赵国，只是因为我和廉将军两人还活着。两虎相斗，必有一伤。我之所以忍辱退让，是由于我首先考虑到国家的危难，而把个人之间的仇怨摆在次要地位的缘故。”

这话传到廉颇的耳朵里，廉颇毕竟是个正直的人，感到很惭愧，觉得自己的境界实在太低了，于是真诚地负荆请罪，两人终于和解。

新主管要以敬重、真诚的态度对待资深同人，比如在聚会时，表示敬重之意，真诚地赞美他们为公司做出的贡献。在工作中不懂的事要和他商量，不能因为对方职位不高或生性老实而有失敬意，这种人对公司上上下下很清楚，听他讲讲公司的历史，对新主管也是有益的。如此一来，年轻主管不但加深了对公司的了解，而且在老员工及众人心中，也能留下好的印象。

如果职员在晋升之前，和资深下属搞好关系，表示出你对他的关心，在他需要帮助时热心支援，他会支持你今后的工作。

当然，最重要的一点是：业务上要强于他，让他心中服气，让他明白你是靠实力晋升，而不是靠关系爬上去的。

清扫你心灵的垃圾

有这样一个关于王阳明的故事：

有一个名叫杨茂的人，是个聋哑人，阳明先生不懂得手语，只好跟他用笔谈。

阳明先生首先问："你的耳朵能听到是非吗？"

答："不能，因为我是个聋子。"

问："你的嘴巴能够讲是非吗？"

答："不能，因为我是个哑巴。"

又问："那你的心知道是非吗？"

但见杨茂高兴得不得了，指天画地地回答："能、能、能。"

于是阳明先生就对他说："你的耳朵不能听是非，省了多少闲是非；口不能说是非，又省了多少闲是非；你的心知道是非就够了。倒有许多人，耳能听是非，口能说是非，眼能见是非，心还未必知道是非呢！”

其实，在生活中，我们有很多的是非都是听来的，人家第一句话就叫你暴跳如雷，第二句话就叫你泪流成河，那人家岂不成了导演，而我们也就当了演员。还有很多的是非，都是说出来的，所谓“病从口入，祸从口出”。哪怕两片薄薄的嘴唇，都会把人间搞得乌烟瘴气、鸡犬不宁。可见很多的是非都是听来的，都是说出来的。

很多时候，你人生很痛苦就是因为你太执着，看不开也放不下，自然把自己给困缚住，而不得解脱，若能看开了、放下了，就不至于如此。

如何创造幸福人生呢？那些生活中的是非在心灵中堆积太多，便会形成垃圾，要想创造一个圆满而幸福的人生，必须将这些垃圾清扫出去。

快乐是要自己快乐，让别人来分享你的快乐。每天早上垃圾车来把垃圾全部带走，有形的垃圾容易处理，无形的垃圾最难处理。什么是无形的垃圾呢？怨、恨、恼、怒、烦，等等。假若今天你请垃圾车把这些垃圾全部带走，你今天就没有垃圾了。也就是说，只要你每天清扫心灵的垃圾，你就能得到幸福和快乐。

努力塑造一个最好的“我”

在美国西部，有个天然的大洞穴，它的美丽和壮观出乎人们的想象。但是这个大洞穴一直没有被人发现，没有人知道它的存在。直到有一天，一个牧童偶然发现了洞穴的入口，从此，新墨西哥州的绿色洞穴成为世界闻名的胜地。

据科学研究表明，我们每个人都有140亿个脑细胞，一个人只利用了肉体和心智能源的极小部分。若与人的潜力相比，我们只是半醒状态，还有许多未发现的“绿色洞穴”。正如美国诗人惠特曼诗中所说：

我，我要比我想象得更大、更美
在我的，在我的体内
我竟不知道包含这么多美丽
这么多动人之处……

人是万物的灵长，我们每个人都具有发扬生命的本能。为“生命本能”效力的就是人体内的创造机能，它能创造人间的奇迹，也能创造一个最好的“我”。

我们每个人心里都有一幅“心理蓝图”或一幅自画像，有人称它为“自我心像”。自我心像有如电脑程序，直接影响它的运作结果。如果你的心像想的是做最好的你，那么你就会在你内心的“荧光屏”上看到一个踌躇满志、不断进取的自我。同时，还会经常听到“我做得很好，我以后还会做得更好”之类的信息，这样你注定会成为一个最好的你。美国哲学家爱默生说：“人的一生正如他所设想的那样，你怎样想象，怎样期待，就有怎样的人生。”

美国赫赫有名的钢铁大王安德鲁·卡内基就是一个能充分发挥自己创造机能的楷模。他12岁时随家人由苏格兰移居美国，最初在一家纺织厂当工人，当时，他的目标是决心“做全工厂最出色的工人”。因为他经常这样想，也是这样做的，最后他果真成为全工厂最优秀的工人。后来命运又安排他当邮递员，他想的是怎样“做全美最杰出的邮递员”，结果他的这一目标也实现了。他的一生总是根据自己所处的环境和地位塑造最佳的自己，他的座右铭就是：“做一个最好的自己。”

只要你坚定一个信念，努力去塑造自己，做到最好，你就会在不知不觉中超越众人，获得卓越的成功。

世界的颜色由你自己来决定。

世界是快乐的还是悲伤的，是多彩的还是单调的，关键还在于你怎么看。

安德烈在小时候，不知道从哪儿得到了一堆各种颜色的镜片，他总是喜欢用这些有颜色的镜片遮挡眼睛，站在窗台上看窗外的风景。用粉红色的镜片，面前的世界便是一片粉红色；用蓝色的镜片，眼前就是一片蓝色；当用黄色的镜片的时候，世界也变成黄色的啦！显然，用不同的镜片去看眼前的世界，世界便会给他不同的颜色。

这只是小时候所发生的一件事情。后来安德烈渐渐长大，每当遇到不高兴的时候，他总是会自然地想起这件事情。他总是对自己说："世界其实没什么不同，我可以决定这个世界的颜色啊！"

小安德烈的故事给了那些忍受折磨的人以很好的启示，既然你不能改变一些无法改变的东西，那就不妨改变一下自己吧。

世界的色彩因我们内心情绪的变化而变化，让自己快乐没有什么不对。我们为何不用快乐的情绪面对眼前的一切，让我们的世界充满快乐？

永远保持**积极的心态**

生活在困境之中，没有找到工作，这时你悲观绝望吗？显然不行。那样只会使你变得更糟。

成功学大师拿破仑·希尔说："一个人能否成功，关键在于他的心态。"我们所处的人生境遇往往取决于自己的生活态度。研究表明，成功人士与失败人士的差别之一就在于成功人士拥有阳光的心态，而阳光的心态是梦想开始的地方。为自己的心灵找一个舒适的心灵角度吧，这是成功和幸福入住的条件。

有的人仿佛天生就具备积极乐观、善于自我激励等特征，而有的人则是经过苦难的磨砺主动地培养了积极的个性。没有什么比积极的心态更能使一个平凡的人走上成功的道路。从这个角度讲，积极的心态是成功理论中重要原则之一。如果你已具有积极的心态，那么恭喜你；如果你能培养积极的心态，那么你也必定能走向成功。

第四篇

不抱怨的情感

PART

01

不懂珍惜生活的人，最会抱怨它的匆匆而过

停止抱怨，珍惜你所拥有的

“事情怎么会这样呢？真是烦人！”“我这次考试没考好，全都怪昨天晚上……”“考试题出成这样，老师根本就是在难为我们。”这是不是你经常挂在嘴边的话？心情不愉快的时候，这些抱怨的话好像不经过大脑自己就到嘴边了，然后心情就会变得很沮丧。在这样一种精神状态下，不难想象，你犯错误的概率自然要比别人高，许多新的烦恼又在后边等着你，那么你又开始新一轮的抱怨—沮丧—出错—倒霉……

哈佛教授认为，抱怨只是暂时的情绪宣泄，它可以是心灵的麻醉剂，但绝不是解救心灵的方法。因而，他们经常告诫自己的学生：遇到问题，抱怨是最坏的方法。

罗曼·罗兰说，只有将抱怨环境的心情化为上进的力量，才是成功的保证。也有人说，如果一个人青少年时就懂得永不抱怨的价值，那实在是一个良好而明智的开端。倘若我们还没修炼到此种境界，就最好记住下面的话：如果事情没有做好，

就千万不要为抱怨找借口。

古人云：人生之事，不顺者十之八九，要常想一二。这句话的意思是说人活在世上，十件事中有八九件都会使人不顺心，但要常去想那一两件使人开心的事。每个人都会遇到烦恼，明智的人会一笑了之，因为有些事是不可避免的，有些事是无力改变的，有些事情是无法预测的。能补救的应该尽力补救，无法改变的就坦然面对，调整好自己的心态去做该做的事情。

一名飞行员在太平洋上独自漂流了20多天才回到陆地。有人问他，从那次历险中他得到的最大教训是什么。他毫不犹豫地说："那次经历给我的最大教训就是：只要还有饭吃、有水喝，你就不该再抱怨生活。"

人的一生总会遇到各种各样的不幸，但快乐的人不会将这些装在心里，他们没有忧虑。所以，快乐是什么？快乐就是珍惜已拥有的一切，知足常乐。

抱怨是什么？抱怨就像用针刺破一个气球一样，让别人和自己泄气。

其实，抱怨属人之常情。"居长安，大不易"，难道不许别人说一说苦闷吗？困难是一回事，抱怨是另一回事。抱怨的人认为不是自己无能，而是社会太不公平，如同全世界的人合伙破

坏他的成功，这就把事情的因果关系弄颠倒了。

喜欢抱怨的人在抱怨之后，心情非但没变轻松，反而变得更糟。常言说，放下就是快乐，这也包括放下抱怨，因为它是沉重又无价值的东西。

人们喜欢那些乐观的人，是喜欢他们表现出的超然。生活需要的信心、勇气和信仰，乐观的人都具备。他们在自己获益的同时，又感染着别人。人们和乐观、豁达、坚韧、沉着的人交往，会觉得困难从来不是生活的障碍，而是勇气的陪衬。和乐观的人在一起，自己也就得到了乐观。

抱怨失去的不仅是勇气，还有朋友。谁都不喜欢牢骚满腹的人，怕自己受到传染。失去了勇气和朋友，人生会变得很难，所以抱怨的人继续抱怨。他们不知道，人生有许多简单的方法可以快乐地生活，停止抱怨是其中的真谛之一。

总是抱怨自己不幸的人，不要总是看到你还不曾拥有的东西，而要静下心来，放下心灵的负担，仔细品味你已拥有的一切。学会欣赏自己的每一次成功、每一份拥有，你就不难发现，自己竟会有那么多值得别人羡慕的地方，幸福之神早已向你频频招手。

好马也吃“回头草”

一群马来到一片肥沃的草地，草地的这头碧波万顷，草地的那头是茫茫沙漠。马儿们忘乎所以地吃着鲜嫩的青草，觉得这是上天对它们的恩赐，从这头吃到那头。到了另一头，它们发现是一片一望无际的沙漠。这时候，几乎所有的马都惋惜再也吃不到这样好的草了。有的马继续前行，去寻找新的草地，但终究没有走出沙漠；有的马立在原地，誓死不回头；有的马忍不住回头望了望它们吃剩下的青草，但始终没有往回走，它们都是好马，好马不吃回头草啊！只有一匹马，它不想为了做好马而失去生存的机会，于是它轻松地往回走，坦然地吃着回头草。结果其他的马都死了，只有它活了下来。

也许自然中没有这样的马，但现实中却有这样的人，他们以“好马”自居，错过了就错过了，失去了就失去了，表面上不在乎，心底里却后悔不已。不是他们不想吃回头草，而是他们不敢吃。所有的问题都归结于一点，那就是面子问题。然而，面子比自己的前途、自己的幸福还要重要吗？

我们都是“好马”，必要的时候就要吃回头草，因为这个世界上好马很多而回头草很少。

女人有了外遇，要和丈夫离婚。丈夫不同意，女人便整天吵吵闹闹。没有办法，丈夫只好答应妻子的要求。不过，离婚前，他想见见妻子的男朋友。妻子满口答应。第二天一大早，女人便把一个高大英俊的中年男人带回家来。

女人本以为丈夫一见到自己的男朋友必定会气势汹汹地讨伐。可丈夫没有，他很有风度地和男人握了握手。然后，他说他很想和她男朋友交谈一下，希望妻子回避一下。站在门外，女人心里七上八下，生怕两个男人在屋内打起来。然而结果证明，她的担心完全是多余的。几分钟后，两个男人相安无事地走了出来。

送男友回家的路上，女人忍不住问："我丈夫和你谈了些什么？是不是说我的坏话？"男人一听，停下了脚步，他惋惜地摇摇头说："你太不了解你丈夫了，就像我不了解你一样！"女人听完，连忙申辩道："我怎么不了解他？他木讷，缺少情趣，家庭保姆似的，简直不像个男人。""你既然这么了解他，就应该知道他跟我说了些什么。"

"说了些什么？"女人非常想知道丈夫说的话。

"他说你心脏不好，但易暴易怒，叫我结婚后，凡事顺着你；他说你胃不好，但又喜欢吃辣椒，叮嘱我今后劝你少吃一点辣椒。"

"就这些？"女人有点吃惊。

"就这些，没别的。"

听完，女人慢慢低下了头。男人走上前，抚摸着女人的头发，语重心长地说："你丈夫是个好男人，他比我心胸开阔。回去吧，他才是真正值得你依恋的人，他比我和其他男人更懂得怎样爱你。"

说完，男人转过身，毅然离去。

自从这次风波过后，女人再也没提过离婚二字，因为她已经明白，她拥有的这份爱，就是世界上最好的那份。

很多事情，因为不了解，我们选择了放弃。可是在明白了事情的原委之后，就应该有勇气追回自己曾经失去的东西。

倘若我们当初离开是因为环境的恶劣，或根本不合自己的胃口，那完全可以义无反顾地选择新的道路，好马不愁没草吃。如果曾经属于我们的那片草地依然旺盛，我们也仍然是

“好马”，这最佳的匹配就应该去尝试，草地永远不会拒绝好马，只是看好马敢不敢吃。

如果你是真的“好马”，又有肥沃的草地等着你，与其去寻找那片遥不可及的新绿洲，何不低下头，吃一次回头草呢？

身边出现的每一个人都是我们的福分

一天，一个中年妇女见自己家门口站着三位老人，便上前对老人们说：“你们一定饿了，请进屋吃点东西吧！”

“我们不能一起进屋。”老人们说。

“为什么？”中年妇女不解。

一位老人指着同伴说：“他叫成功，他叫财富，我叫善良。你现在进屋和家人商量一下，看看你们需要我们当中哪一位。”

中年妇女进屋和家人商量后决定把善良请进屋。她出来对老人们说：“善良老人，请到我家来做客吧。”

善良老人起身向屋里走去，另两位叫成功和财富的老人也跟进来了。

中年妇女感到奇怪，问成功和财富：“你们怎么也一起进来了？”

“善良是我们的兄长，兄长在，我们也必须在，因为哪里有善良，哪里就有成功和财富。”老人们回答说。

其实就像老人说的那样，善良总是伴随着财富和成功一起而来，我们善待、珍惜生命中出现的每一个人，其实也是在善

待我们自己。

在我们的生命中，不断地有人离开或到来，我们无法把握时间去改变这些，但是我们却可以用自己的心去珍惜于自己生命中存在过的人。与每一个人的相遇都是一种机缘，当有一天，我们回首的时候，发现那些当初很要好的人已经是天各一方，每个人都开始了没有我们的日子，那些曾经大大咧咧地喊他昵称的日子似乎已经很遥远了，想念彼人，却发现你已经连他的电话也没有了，于是后悔当初只因为一句话就彼此伤害，后悔没有好好珍惜在一起的日子。

所以，无论是什么时候，每一个人的出现都是自己的福分，感激上天让我们与每一个人的相逢。或许此刻你们亲近无比，但说不准哪一天你们从此分别，永远无法联系，为了我们的人生没有遗憾，善待我们生命中的每一位过客。

遇到你真正的爱人时，要努力争取和他相伴一生的机会，因为当他离去时，一切都来不及了；遇到可相信的朋友时，要好好地和他相处下去，因为在人的一生中，能遇到一个知己真的不容易；遇到人生中的贵人时，要记得好好感激，因为他是你人生的转折点；遇到曾经爱过的人，记得微笑向他感激，因为他是让你更懂得爱的人；遇到曾经恨过的人时，要微笑着向他打招呼，因为他让你变得更坚强；遇到现在和你相伴一生的人，要百分百感谢他爱你，因为你们现在都得到幸福和真爱；遇到背叛你的人时，要跟他好好聊一聊，因为若不是他，今天你不会懂得这个世界；遇到曾经偷偷喜欢的人时，要祝他幸福！因为你喜欢他时，是希望他幸福快乐；遇到匆匆离开你的人，要谢谢他走过你的人生，因为他是你精彩回忆的一部分。

善待生命中每一个与你擦身而过的朋友，你的人生将轻松无比，了无缺憾。

不为打翻的牛奶哭泣

泰戈尔在《飞鸟集》中写道："只管走过去，不要逗留着去采下花朵来保存，因为一路上，花朵会继续开放。"为采集眼前的花朵而花费太多的时间和精力是不值得的，道路还长，前面还有更多的花朵，让我们一路走下去……

1871年春天，一个年轻人拿起了一本书，看到了一句对他前途有莫大影响的话。他是蒙特瑞综合医科的一名学生，平日对生活充满了忧虑，担心通不过期末考试。

这位年轻的医科学生所看见的那一句话，使他成为当代最有名的医学家，他创建了全世界知名的约翰·霍普金斯学院，成为牛津大学医学院的教授——这是学医的人所能得到的最高荣誉。他还被英国国王册封为爵士，他就是威廉·奥斯勒爵士。

下面就是他所看到的——托马斯·卡莱里所写的一句话："最重要的就是不要去看远方模糊的事，而要做手边清楚的事。"

四十年后，威廉·奥斯勒爵士在耶鲁大学发表了演讲，他对那些学生们说，人们传言说他拥有"特殊的头脑"，但其实不然，他周围的一些好朋友都知道，他的脑筋其实是"最普通不过了"。

那么他成功的秘诀是什么呢？他认为这无非是因为他活在所谓"一个完全独立的今天里"。在他到耶鲁演讲的前一个月，他曾乘坐着一艘很大的海轮横渡大西洋，一天，他看见船长站在船舱里，按下一个按钮，发出一阵机械运转的声音，船的几个部分就立刻彼此隔绝开来——隔成几个完全防水的隔舱。

"你们每一个人，"奥斯勒爵士说，"都要比那条大海轮精美得多，所要走的航程也要远得多，我要奉劝各位的是，你们也要学船长的样子控制一切，活在一个完全独立的今天，这才是航程中确保安全的最好方法。你有的是今天，断开过去，把已经过去的埋葬掉。断开那些会把傻子引上死亡之路的昨天，把明日紧紧地关在门外。未来就在今天，没有明天这个东西。精力的浪费、精神的苦闷，都会紧紧跟着一个为未来担忧的人。养成一个好习惯，那就是生活在一个完全独立的今天里。"

奥斯勒博士接着说道："为明日做准备的最好办法，就是要集中你所有的智慧、所有的热忱，把今天的工作做得尽善尽美，这就是你能应付未来的唯一方法。"

奥斯勒博士的话值得我们每个人珍视。其实，人生的一切成就都是由你今天的成就累积起来的，老想着昨天和明天，你的今天就永远没有成果。只有珍惜今天，你才能有好的未来！

莎士比亚说过："明智的人永远不会坐在那里为他们的损失而悲伤，却会很高兴地去找出办法来弥补他们的创伤。"成功学大师拿破仑·希尔说："当我读历史和传记并观察一般人如何度过艰苦的处境时，我一直既觉得吃惊，又羡慕那些能够把他们的忧虑和不幸忘掉并继续过快乐生活的人。"

无论你昨天过得有多糟糕，无论你今天有多懊恼，都无法回到过去了。一百个理由，一千种借口，也于事无补。

PART

02

快乐不在于拥有得多，而在于计较得少

因为不争，所以天下没有人能与之争

生活中经常有些人，无理争三分，得理不让人，小肚鸡肠。也有相反的，有些人真理在握，不声不响，得理也让三分，显得态度柔顺、有君子风度。假如是重大的或重要的是非问题，自然应当不失原则地争出个青红皂白，甚至为追求真理献身。但在日常生活中，有些人往往为一些鸡毛蒜皮的小问题争得面红耳赤，谁也不让谁，较起真来，以致非得决一雌雄才算罢休，甚至大打出手，或闹个不欢而散，影响团结。越是这样的人越被人瞧不顺眼。时下流行一句话叫“玩深沉”，其实这种场合“玩点深沉”正显示了宽宏大量的风度。

争强好胜者未必掌握真理，而谦和的人，原本就把出人头地看得很淡，更不屑一点小是小非的争论，这根本不值得称雄。越是有理，越表现得谦和，往往越能显示一个人胸襟坦荡、修养深厚。

麦金利任美国总统时，特派某人为税务主任，但为许多政客所反对，他们派遣代表进谒总统，要求总统说出派那个人为税务主任的理由。为首的是一位国会议员，他身材矮小，脾气暴躁，说话粗声恶气，开口就给总统一顿难堪的讥骂。如果换成别人，也许早已气得暴跳如雷，但是麦金利却视若无睹，不吭一声，任凭他骂得声嘶力竭，然后才用极温和的口气说："你现在怒气应该可以平和了吧？照理你是没有权力这样责骂我的，但是，现在我仍愿详细解释给你听。"

这几句话把那位议员说得羞惭万分，但是总统不等他道歉，便和颜悦色地说："其实我也不能怪你，因为我想任何不明究竟的人，都会大怒。"接着他把任命理由解释清楚了。

不等麦金利总统解释完，那位议员已被他的大度折服。他懊悔不该用这样恶劣的态度责备一位和善的总统，他满脑子都在想自己的错。因此，当他回去报告抗议的经过时，他只摇摇头说："我记不清总统的解释，但有一点可以报告，那就是——总统并没有错。"

无疑，在这次交锋中，麦金利占了上风。为什么他能占上风？就是因为他的宽宏大量。

做人首先是要有一颗博大的心，这颗心的格局要大。心的格局有多大，人生的成就才有多大。不是有"海纳百川，有容乃大"这句话吗？这句话被许多人当成自己做人的准则。

心的大格局是一种人格的伟大。明代朱衮在《观微子》中说过："君子忍人所不能忍，容人所不能容，处人所不能处。"法国作家雨果说："世界上最宽阔的是海洋，比海洋更宽阔的是天空，比天空更宽阔的是人的胸怀。"

在事业上建功立业、取得成就的，绝非那些胸襟狭窄、小肚鸡肠之人，而是那些如麦金利般襟怀坦荡、宽宏大量者。

老子说："夫唯不争，故天下莫能与之争。"只要有一种看透一切的格局，就能做到豁达大度。把一切都看作"没什么"，才能在慌乱时，从容自如；忧愁时，增添几许欢乐；艰难时，顽强拼搏；得意时，言行如常；胜利时，不醉不昏。只有如此放得开的人，才是豁达大度之人。

不管什么是非都去计较的话，你一辈子就没有办法生活了。在我们生活的社会里，许多事情，尤其是小事情，如果看开一些，自己的心胸就会宽大很多。

不妨做个“糊涂”的人

很多年轻人缺少生活的历练，却对生活要求太高，任何事情都想要一个结果：朋友为什么会给自己“穿小鞋”？男（女）友在外面交了些什么朋友？上司对某个同事为什么比对自己好？……但生活中的是是非非很多，我们无法对每件事都做一个清楚的交代。

这些看似聪明的人其实都很愚蠢。他们总被生活牵着走，为了一点小事，就会歇斯底里，这种人对生活中的任何事情都抱着紧张的态度，无疑要承受比别人多很多的压力。但如果能够“糊涂”一些，就会远离很多烦恼，活得更加快乐。

某家政学校的最后一门课是“婚姻的经营和创意”，主讲老师是学校特地聘请的一位研究婚姻问题的教授。他走进教室，把随手携带的一叠图表挂在黑板上，然后他掀开挂图，上面用毛笔写着一行字：

婚姻的成功取决于两点：一是找个好人；二是自己做一个好人。

“就这么简单，至于其他的秘诀，我认为如果不是江湖偏方，也至少是些老生常谈。”教授说。

这时台下嗡嗡作响，因为下面有许多学生是已婚人士。不一会儿，终于有一位30多岁的女子站了起来，说：“如果这两条没有做到呢？”

教授翻开挂图的第二张，说：“那就变成4条了。”

1. 容忍，帮助，帮助不好仍然容忍。

2. 使容忍变成一种习惯。

3. 在习惯中养成傻瓜的品性。

4. 做傻瓜，并永远做下去。

教授还未把这4条念完，台下就喧哗起来，有的说不行，有的说这根本做不到。等大家静下来，教授说："如果这4条做不到，你又想有一个稳固的婚姻，那你就得做到以下16条。"

接着教授翻开第三张挂图：

1. 不同时发脾气。

2. 除非有紧急事件，否则不要大声吼叫。

3. 争执时，让对方赢。

……

教授念完，有些人笑了，有些人则叹起气来。教授听了一会儿，说："如果大家对这16条感到失望的话，那你只有做好下面的256条了。总之，两个人相处的理论是一个几何级数理论，它总是在前面那个数字的基础上进行二次方。"

接着教授翻开挂图的第四页，这一页已不再是用毛笔书写，而是用钢笔写了256条，密密麻麻。教授说："婚姻到这一地步就已经很危险了。"这时台下的喧哗声更大了。

生活原本就是简单的，是我们自己太过计较了，所以变得越来越复杂。太过计较的人总是追着幸福跑，用尽全力也抓不住飘忽不定、转瞬即逝的幸福。每跨出一步，心里念着得到什么或失去什么，人未动心已远，何止一个"累"字了得。

不要太过计较，糊涂一番又何妨？只有想得开，放得下，朝前看，才有可能从琐事的纠缠中超脱出来。假如对生活中发生的每件事都寻根究底，去问一个为什么，那实在既无好处，又无必要，而且破坏了生活的诗意。

要拿得起，更要能放得下

一位少年背着一个砂锅赶路，不小心绳子断了，砂锅掉到地上摔碎了。少年头也不回地继续向前走。路人喊住少年问：“你不知道你的砂锅摔碎了吗？”少年回答：“知道。”路人又问：“那为什么不回头看看？”少年说：“既然碎了，回头有什么用？”说完，他又继续赶路。

故事中的少年是明智的，既然砂锅都碎了，回头看又有什么用呢？

人生中的许多失败也是同样的，已经无法挽回，惋惜悔恨于事无补，与其在痛苦中挣扎浪费时间，还不如重新找一个目标，再一次奋发努力。

人的一生，需要我们放下的东西很多。孟子说，鱼与熊掌不可兼得，如果不是我们应该拥有的，就果断抛弃吧。几十年的人生旅途，有所得，亦会有所失，只有适时放下，才能拥有一份成熟，才会活得更加充实、坦然和轻松。

但是，在现实生活中，许多人放不下的事情实在太多了。比如，做了错事，说了错话，受到上司和同事的指责，或者好心却让人误解，于是，心里总有个结解不开……总之，有的人就是这也放不下，那也放不下；想这想那，愁这愁那；心事不断，愁肠百结，结果损害了自身的健康。有的人之所以感觉活得很累，无精打采，未老先衰，就是因为习惯于将一些事情吊在心里放不下来，结果把自己折腾得既疲劳又苍老。其实，简单地说，让人放不下的事情大多是在财、情、名这几个方面。想透了，想开了，也就看淡了，自然就放得下了。

我们应该学会放弃：放弃失恋带来的痛楚，放弃屈辱留下的仇恨，放弃耗费精力的争吵，放弃没完没了的解释，放弃对权力的角逐，放弃对金钱的贪欲，放弃对虚名的争夺……凡是次要的、枝节的、多余的、该放弃的，都应放弃。

放弃，是一种格局，是我们发展的必由之路。漫漫人生路，只有学会放弃，才能轻装前进，才能不断有所收获。

生活的烦恼，一笑了之

1945年3月，罗勒·摩尔和其他87位军人在贝雅SS-318号潜艇上。当时雷达发现有一艘驱逐舰队正往他们的方向开来，于是他们就向其中的一艘驱逐舰发射了三枚鱼雷，但都没有击中。这艘舰也没有发现他们。但当他们准备攻击另一艘布雷舰的时候，它突然掉头向潜艇开来，可能是一架日本飞机看见这艘60英尺深的潜艇，用无线电告诉了这艘布雷舰。

他们立刻下潜到150英尺的地方，以免被日方探测到，同时也准备应付深水炸弹。他们在所有的船盖上多加了几层栓子。3分钟之后，突然天崩地裂。6枚深水炸弹在他们的四周爆炸，他们直往水底——深达276英尺的地方，他们都吓坏了。

按常识，如果潜水艇在不到500英尺的地方受到攻击，深水炸弹在离它17英尺之内爆炸的话，差不多是在劫难逃。罗勒·摩尔吓得不敢呼吸，他在想："这回完蛋了。"在电扇和空调系统关闭之后，潜艇的温度升到近40℃，但摩尔却全身发冷，牙齿打战，身冒冷汗。15小时之后，攻击停止了，显然那艘布雷舰的炸弹用光以后就离开了。

这15小时的攻击，对摩尔来说，就像有1500年。他过去所有的生活都一一浮现在眼前，他想到了以前所干的坏事，所有他曾担心过的一些很无聊的小事。他曾经为工作时间长、薪水太少、没有多少机会升迁而发愁；他也曾经为没有办法买自己的房子，没有钱买部新车子，没有钱给妻子买好衣服而忧虑；他非常讨厌自己的上司，因为这位上司常给他制造麻烦；他还记得每晚回家的时候，自己总感到非常疲倦和难过，常常跟自己的妻子为一点小事吵架；他也为自己额头上的一块小疤发愁过。

摩尔说："多年以来，那些令人发愁的事看来都是大事，可是在深水炸弹威胁着要把他送上西天的时候，这些事情又是多么的荒唐、渺小。"就在那时候，他向自己发誓，如果他还有机会见到太阳和星星的话，就永远永远不会再忧虑。在潜艇里那可怕的15小时，对于生活所学到的，比他在大学读了4年书所学到的要多得多。

我们可以相信一句话：要解决一切困难是一个美丽的梦想，但任何困难都是可以解决的。矛盾和痛苦总是在与那些处在痛苦中的人玩游戏。转换看问题的视角，就是不能用一种方式去看所有的问题和问题的所有方面。如果那样，你肯定会钻进一条死胡同，处在混乱的矛盾中不能自拔。

凡事不能太较真

有一句著名的话叫作"唯大英雄能本色"，做人在总体上、大方向上讲原则，讲规矩，但也不排除在特定的条件下灵活变通。

美国教育专家戴尔·卡耐基可以说是处理人际关系的老手，然而他在年轻时也曾犯过小错误。有一天晚上，卡耐基参加一个宴会。宴席中，坐在他右边的一位先生讲了一段幽默故事，并引用了一句话，那位健谈的先生提到，他所引用的那句话出自《圣经》。然而，卡耐基发现他说错了，他很肯定地知道出处，一点疑问也没有。为了表现优越感，卡耐基认真又讨嫌地纠正了过来。那位先生立刻反唇相讥："什么？出自莎士比亚？不可能！绝对不可能！"卡耐基的话使那位先生一时下不来台，不禁有些恼怒。

当时卡耐基的老朋友法兰克·葛孟就坐在他的身边。葛孟研究莎士比亚的著作已有多年，于是卡耐基向他求证。葛孟在桌下踢了卡耐基一脚，然后说："戴尔，你错了，这位先生是对的，这句话出自《圣经》。"那晚回家的路上，卡耐基对葛孟说："法兰克，你明明知道那句话出自莎士比亚。""是的，当然。"葛孟回答，"在《哈姆雷特》第五幕第二场。可是亲爱的戴尔，为了那么一点小事就和别人较起劲来，值得吗？再说，我们是宴会上的客人，为什么要证明他错了？那样会使他喜欢你吗？他并没有征求你的意见，为什么不保留他的脸面而非要说出实话得罪他呢？"

法兰克所说的道理人人皆知，但并非人人都能做到。正如他所说，一些无关紧要的小错误，放过去无伤大局，那就没有必要去纠正它。这不仅是为自己避免了不必要的烦恼和人事纠纷，而且也顾到了对方的名誉，不致给别人带来无谓的烦恼。

这样做并非只是明哲保身，而是为了体现为人的大度。

人们常说：“凡事不能太较真。”一件事情是否该认真，这要视场合而定。钻研学问要讲究认真，面对大是大非的问题更要讲究认真。而对于一些无关大局的琐事，则不必太认真。不看对象、不分地点刻板地认真，往往使自己处于尴尬的境地，处处被动受阻。每当这时，如果能理智地后退一步，往往能化险为夷。

与人相处，你敬我一尺，我敬你一丈；有一分退让，就有一分收益。相反，存一分骄躁，就多一分挫败；占一分便宜，就招一次灾祸。

当你心胸宽广的时候，对于那些蝇营狗苟、一副小家子气的人，就会觉得他的表演实在可笑。但是，人都有自尊心，有的人的自尊心还特别强烈和敏感，因而也就特别脆弱，稍有刺激就有反应，轻则板起脸孔，重则马上还击，结果常常是为了争面子反而没面子。多一点宽容退让之心，我们的路就会越走越宽，朋友也就越交越多了，生活也会更加甜美。所以，要想成为一个成功的人，我们千万不能在小事上斤斤计较。

认真需要我们去仔细权衡。许多非原则的事情不必过分纠缠计较，凡事都较真常会得罪人，给自己多设置一些障碍。鸡毛蒜皮的烦琐小事无须较真，无关大局的枝节无须认真，剑拔弩张的僵持则更不能认真。

小事缠身，不要斤斤计较

两千多年前，雅典政治家伯利克里曾经给人类说过一句忠言：“请注意啊，先生们，我们太多地纠缠于一些小事了！”这句话，对今天的人们来说仍然值得品味和借鉴。

说句老实话，对于一般人来说，生活就是由无数的小事所组合而成的，甚至对那些大人物来说也是如此。每个人的生活中，小事都是无处不在、无时不有的，如果你过多地拘泥、计较小事，那么人生就根本没有什么乐趣可言了，触目所及的必然都是矛盾和冲突。

想一想，你挤公共汽车时，有人不小心踩了你的脚；你去买菜时，有人无意间弄脏了你的裙子；有时走在路上，说不定从道旁楼上落下一个纸团，打在你头上……此时此刻，如果你不是大事化小，小事化了，而是口出污言秽语，大发雷霆之怒，说不定会闹出什么祸事来。

20世纪80年代末，在辽宁某地曾经发生过这样一件事：有一个年轻女子在看电影时，被后面的男观众无意间碰了一下脚，尽管男观众当面道歉，但那名女子仍然不依不饶。她硬说对方是要耍流氓，竟然回家叫来丈夫将那个人用刀砍伤解气。结果，因触犯刑律，夫妻双双锒铛入狱。

在小事上斤斤计较，常常成为损害人际关系的一大诱因。这种悲剧不仅在平常人中屡见不鲜，就是在一些卓有成就的名人中也时有发生。

从医学的观点看，事事计较、精于算计的人，不但容易损害人际关系，而且对自己的身体也极其有害。《红楼梦》里的林黛玉，虽有闭月羞花、沉鱼落雁的美丽容貌，可总是患得患失，别人一句无意的话都会让她辗转反侧，难于入眠，抑郁不已，再加上爱情失意的打击，最终落得个“红颜薄命”的悲惨结局。

还有一个实际的例子，就是唐代著名的诗人李贺。他思路敏捷，才华过人，被人称为“奇才”，写出的诗连当时的大文豪韩愈也赞不绝口。只可惜他心胸狭窄，常为一些芝麻绿豆大的小事而郁郁寡欢，愁肠百结。最后他只活了短暂的27岁，成为文学史上的一桩憾事。

古语云：“让一让，三尺巷。”人生之事，只要不是原则性的大事，看淡一些又何妨？人活在世上，理应开朗、豁达，活得超脱一些；凡事斤斤计较，只是徒增烦恼罢了。

能够获得成功的人，无不是小事糊涂、大事计较的人。可是，只要我们认真观察那些计较小事的人，就会发现他们往往是大事糊涂的。很明显，人的精力和时间都是有限的，如果对小事计较得过多，那么对大事的注意力和处理能力必然淡化，甚至根本无暇顾及了。

通常，喜欢计较小事的人往往私心都是比较重的，他们过多地考虑个人的得失，如面子、利益、地位等，而这些东西又最容易使人感情用事。因此，对小事过于认真的人往往容易冲动，一旦感情代替理智，就会不顾后果和影响，不考虑别人的接受程度。如此一来，就会影响正常的人际关系，在社会上失去他人的理解和同情。

PART 03

爱，就是无条件的接纳

爱自己必先爱他人

要获得他人的喜爱，首先必须要真诚地喜欢他人。这种喜欢必须是发自内心的，而非另有所图。要做到这一点有一定的难度，某些人感到喜欢别人比较困难。但是，如果你越能学着多多喜欢别人，今后对别人产生好感就越容易。光靠嘴巴上说“我要去喜欢他人”是没用的。

“喜欢别人”是一种生活方式的结果，是一种思维模式的产物。而能使你喜欢别人的一种思维方式，便是积极思想，也就是说，你必须以一种积极的态度，而非消极的想法去对待其他人。

一个人如果只关心自己，他很难成为一个被人喜欢的人。要成为令人敬重的人，必须将你的注意力从自己的身上转到别人身上去。哲学家威廉·詹姆斯说：“人性中最强烈的欲望便是希望得到他人的敬慕。”这句话对于“别人”也同样适用，他人也希望得到你的敬慕。如果你只是过度地关心你自己，就没有时间及精力去关心别人。别人想获得你的关心，却无法从你这里得到，当然也不会去注意你。

一个人希望被别人喜欢、敬重，必须先学会关爱别人。要真正地去关心别人、爱别人，激励他们展现最好的一面。那样，正如不求报酬做善事终会有所回报一样，别人也会加倍地关心你、爱护你。最好的朋友是能将你内心中最好的潜质引导出来的人。你必须透过表面现象，看清一个人的本质。如果你帮助他，使他达到他内心中所期望的境界，你当然可以赢得他的敬重和信赖。如果在一个艰难的处境中，你能对一个人表现出你的理解和耐心，则不只是那个人，其他的人也同样会对你非常敬重。

你的行动和语言一样能表明思想，有时甚至比你的语言更

明白、更直接。我们大都只是听人说话，而没有注意到行动也是一种语言，因此使人与人之间的沟通受到阻碍。

然而，我们大多数人甚至不知道如何倾听别人的谈话。当别人有问题来找我们时，我们常说得太多。而且我们总是试着提出太多建议，其实大多数时候最重要的也许只是倾听，同时把耐心、宽容和爱传达给对方。

受欢迎的人大多拥有一种特质：他们似乎知道如何使别人接受自己。谁能做到这一点，谁就能获得别人的喜爱。所以，过分以自我为中心的人总会令自己不快乐。

所以，如果你对他人真正有兴趣，并且认为他们很重要；如果你经常关心他们，这无疑会增加你获得成功和幸福的概率，别人也会因此而喜欢你。你必须向他们提供建设性的帮助，同时具备与人沟通的技巧。知道如何帮助别人是一门艺术，一个人如果知道该怎么做的话，他必能获得别人持久的感情。

所以，我们必须再说一遍：爱己必先爱人。

远离吝啬的魔鬼

罗素说过，吝啬，比其他事更能阻止人们过自由而高尚的生活。这是告诉我们一定要摒弃吝啬的不良习惯。

凡吝啬的人一般都是自私的、贪婪的。这类人总嫌自己发财速度太慢，总嫌发财“效率”太低，总想不劳而获或者少劳多获，因而挖空心思、不择手段地算计他人、算计集体、算计社会。

这种过于吝啬的习性的一种表现是与人交往只索取不奉献。

有个勤劳的男孩叫汤姆，他一个人住在一间小屋子里，并且拥有一座村庄里最美丽的花园。小汤姆有很多朋友，其中有一个是磨坊主汤恩。汤恩是个很富有的人，他总自称是小汤姆最忠厚的朋友，因此他每次到小汤姆的花园来时，都以最好的朋友的身份拎走一大篮子各种美丽的鲜花，在水果成熟的季节还拿走许多水果。

汤恩经常说："真正的朋友就该分享一切。"而他却从来没有给过小汤姆什么。

冬天的时候，小汤姆的花园枯萎了。"忠实的"磨坊主朋友再也没去看望孤独、寒冷、饥饿的小汤姆。

汤恩在家里对他的家人说："冬天去看小汤姆是不恰当的，人们经受困难的时候心情烦躁，这时候必须让他们拥有一份宁静，去打扰他们是不好的。而春天来的时候就不一样了，小汤姆花园里的花都开放了，我去他儿那采回一大篮子鲜花，我会让他多么高兴啊。"

磨坊主天真无邪的儿子问他："爸爸，为什么不让小汤姆到咱们家来呢？我会把我的好吃的、好玩的都分给他一半。"

谁想到磨坊主却被儿子的话气坏了，他怒斥这个白白上了学、仍然什么都不懂的孩子。他说："如果小汤姆来到我们家，看到了我们烧得暖烘烘的火炉、我们丰盛的晚饭，以及我们甜美的红葡萄酒，他就会心生妒意，而嫉妒则是友谊的大敌。"

磨坊主的"高论"让我们看到了吝啬的人在面对生活时的

丑恶嘴脸。吝啬者衣食无忧，然而灵魂、精神却日趋贫穷。

吝啬果真能给吝啬者带来愉快吗？不能。其实吝啬者的生活是最不安宁的，他们整天忙着的是挣钱，最担心的是丢钱，唯恐盗贼将他的金钱全部偷走，唯恐一场大火将其财产全部吞噬，唯恐自己的亲人将它全部挥霍，因而整天提心吊胆，坐立不安，永远不会快乐。

所以，我们要远离吝啬的魔鬼，走出吝啬的灰暗，寻找生命中那一片与人分享的蓝天。施予的追求没有资格的限制，再吝啬、再坏的人，只要决心想给予，就可以通过训练来开启布施之心。在生活中，让我们学会“布施”吧，因为，只有如此，才能让我们得到更多，学会给予，才能收获幸福，懂得付出，才能有更多收获。

给予，让你的生命增值

学会付出是人类光辉灿烂人性的体现，同时也是一种处世智慧和快乐之道。

即使拥有金钱、爱情、荣誉、成功，也不一定会有快乐。快乐是人生的至高追求，只有给予和付出，你才能实现这一追求。

国外一位作家曾写过这样一篇文章：

巴勒斯坦有两个海，一个是淡水，里面有鱼，名为加利利海。从山脉流下来的约旦河带着飞溅的浪花，成就了这个海。它在阳光下歌唱，人们在周围盖房子，鸟类在茂密的枝叶间筑巢，每种生物都因它而幸福。

约旦河向南流入另一个海。这里没有鱼的欢跃，没有树叶，没有鸟类的歌唱，也没有儿童的欢笑。除非事情紧急，旅行者总是选择别的路径。这里水面空气凝重，没有哪种动物愿意在此饮水。

这两个海彼此相邻，何以又如此不同？不是因为约旦河，它将同样的淡水注入；不是因为土壤，也不是因为周边的国家。区别在于：加利利海接受约旦河，但绝不把持不放，每流入一滴水，就有另一滴水流出，接受与给予同在。

另一个海则精明得厉害，它吝啬地收藏每一笔收入，每一

滴水它都只进不出。

加利利海乐善好施，生气勃勃；另外那个则从不付出，它就是死海。

付出的种类有很多，方式也各不相同。有一种付出是对世界的看法、对生活的态度。正是这种对人生的态度，决定了你一生是否幸福。太多的时候，我们只是在为自己而付出，付出我们的汗水和辛劳来换取我们所应得的回报，但生活中我们也常常需要另外一种付出——为别人付出，同时，获得自己所需的财富和精神上的满足。

生活就是这样，当你为别人付出的时候，你的人生也会因你的付出而快乐、升华，你得到的是生命的增值。

人与人之间奉献的力量一直感动着我们的心灵，那一份深沉的人间真情久久地温暖着每一颗尘封已久的心。当一种心与心共鸣而发出的旋律奏响时，心灵浸润其中，不由会习得一种温情的通透，而原本覆盖着的蒙尘也随之被荡涤得没有了影踪。长此以往，心灵会变得超脱，并找到通往精神家园的路。

让自私无处停留

有一句名言说：“人活着应该让别人因为你活着而得到益处。”学会分享、给予和付出，你会感受到舍己为人，不求任何回报的快乐和满足。幸福犹如香水，你不可能泼向别人而自己却不沾几滴。的确，在生活中，超越狭隘、帮助他人、撒播温暖、善意地看待这个世界……快乐、幸福和丰收会时时与我们相伴。对此，罗曼·罗兰说得很精彩："快乐和幸福不能靠外来的物质和虚荣，而要靠自己内心的高贵和正直。"

贝尔太太是美国一位有钱的贵妇，她在亚特兰大城外修了一座花园。花园又大又美，吸引了许多游客，他们毫无顾忌地跑到贝尔太太的花园里游玩。

年轻人在绿草如茵的草坪上跳起了欢快的舞蹈；小孩子扎进花丛中捕捉蝴蝶，老人蹲在池塘边垂钓；有人甚至在花园当中支起了帐篷，打算在此度过他们浪漫的盛夏之夜。贝尔太太站在窗前，看着这群快乐得忘乎所以的人们，看着他们在属于她的园子里尽情地唱歌、跳舞、欢笑。她越看越生气，就叫仆人在园门外挂了一块牌子，上面写着："私人花园，未经允许，请勿入内。"可是这一点也不管用，那些人还是成群结队地走进花园游玩。贝尔太太只好让她的仆人前去阻拦，结果发生了争执，有人竟拆走了花园的篱笆墙。

后来贝尔太太想出了一个绝妙的主意，她让仆人把园门外的那块牌子取下来，换上了一块新牌子，上面写着："欢迎大家来此游玩，为了安全起见，本园的主人特别提醒大家，花园的草丛中有一种毒蛇。如果哪位不慎被蛇咬伤，请在半小时内采取紧急救治措施，否则性命难保。最后告诉大家，离此地最近的一家医院在威尔镇，驱车大约50分钟即到。"

这真是一个绝妙的主意，那些贪玩的游客看了这块牌子后，对这座美丽的花园望而却步。可是几年后，有人再往贝尔太太的花园去，却发现那里因为园子太大，走动的人太少而真的杂草丛生、毒蛇横行，几乎荒芜了。孤独、寂寞的贝尔太太守着她的大花园，她非常怀念那些曾经来她的园子里玩的快乐的游客。

贝尔太太用一块牌子为自己筑了一道特别的“篱笆墙”，随时防范别人靠近。这道看不见的篱笆墙就是自我封闭。

自我封闭就是把自我局限在一个狭小的圈子里，隔绝与外界交流与接触。自我封闭的人就像契诃夫笔下的装在套子中的人一样，把自己严严实实包裹起来，因此很容易陷入孤独与寂寞之中。自我封闭的后果是什么呢？在封闭自己的同时，也把快乐和幸福封闭在外面。

自私是人的本性，但是我们要知道，我们就是社会性动物，没有谁能够脱离社会而独立生活。人与人之间少不了交往，我们也总有需要别人帮忙的时候。所以，不要吝啬分享你的东西，有时只是一杯小小的可乐，都可以让你拥有一个朋友。

我们每个人心中都有一座美丽的

大花园。如果我们愿意让别人在此种植快乐，同时也让这份快乐滋润自己，那么我们心灵的花园就永远不会荒芜。

微笑着面对犯过错误的父母

晚饭过后，母亲忙着似乎永远也忙不完的家务。刚上五年级的女儿大声嚷嚷道：“妈妈，问您一个问题，您的心愿是什么？”

母亲先是一愣，接着不耐烦地回答：“心愿很多，跟你说也没用。”

女儿执拗地要求：“您就说说看，这对我很重要。”

母亲看见女儿坚持的样子，就回答说：“那好吧，就说给你听听。第一，希望你努力学习，保持好成绩；第二，希望你听话，不让大人操心；第三，希望你将来考上名牌大学；第四……”

女儿打断母亲的回答：“哎，妈妈，您不要总是说对我的期望，说说您自己的心愿吧！”母亲有滋有味地历数着，沉浸在对美好未来的种种设想之中：“我嘛——一是希望身体健康，青春长驻；二是希望工作顺心，事业有成；三是希望家庭和睦，美满幸福；四是……”女儿再次打断母亲的回答：“妈妈，您说的这些又大又空，说点实际的吧，比如您想要……”

母亲好像猛然发现了什么似的，有些恼火地打断女儿的话：“我就知道你跟我玩心眼儿，一定是老师留了关于心愿的作文题目，你写不出来就想到我这里挖材料对不对？实话告诉你吧，我的心愿多着呢！我想要别墅，我想要小轿车，我想要高档时装，看，我的手袋坏了，还想要一个真皮手袋。你看这些实际不实际？这些你都能满足我吗？跟你说顶什么用？好了，心愿说完了，你去写作业吧。”

女儿回到自己的房间，母亲觉得还意犹未尽，又站起身推开女儿的房门。女儿正在写作业，串串泪珠滚落，不停地用手背擦着。母亲的无名火又上来了，比刚才的声音还要高出几个分贝，吼道：“你还觉得挺委屈是不是？你想偷懒是不是？你故意气我是不是？”

女儿解释：“妈妈，我不是……”

“还敢顶嘴！告诉你，9点钟之前写不完这篇作文有你好瞧的！”母亲很权威地命令着，一扭身“砰”地把门关上。

第二天晚上吃完饭，女儿照例进屋写作业，母亲照例重复着每日必做的家务。

蓦然间，她发现茶几上多出一束鲜花，鲜花旁放了一个包装袋，包装袋上放了一张小纸条，纸条上面写着：

妈妈：今天是您的生日，我用平时攒的零花钱和这两年的压岁钱给您买了一个真皮手袋。让您高兴，这是我最大的心愿——想给您一份惊喜却不小心惹您生气的孩子。

母亲的手颤抖了，呆呆地坐在沙发上说不出一句话。

人们常常会说：天下无不是之父母。其实这话是不对的，圣贤都会犯错，何况身为普通人的父母呢？

孔子曾经讲过为人子女者如何对待父母的缺点问题，首先是委婉地劝说，发现父母的缺点不劝说是不对的，但应注意劝说的态度要温和。更重要的是，如果发现父母的错误不进行规劝，则不能称为孝子。

但是，当子女的规劝父母，而父母不听怎么办？孔子接下来说，在这种情况下，仍要对父母表示恭顺，虽然为父母不能改正错误和缺点而内心担忧，但不能心怀怨恨。

自己的父母也有可能是君子或者小人，如何能够让他们远离小人的习气而靠近君子的行为呢？这就要劝谏他们放弃不良习惯，委婉说服。即使是说服不了，那么也要对他们恭敬行孝，任劳任怨。因为他们毕竟是自己的父母，绝不能因为他们有过失就不孝顺。否则，自己连孝都做不到，又怎么去要求父母行义和道呢？也许在自己的孝心感召和耐心劝说下，父母会真正认识到自己的错误而加以改进。

PART

04

杜绝抱怨，才能做到有效沟通

你对待别人的态度，决定了他人对你的态度

人与人的关系常常是微妙的。有时候，你对一个人不满，或者存在一种厌烦的心理，但是你并不希望他感受到你对他的不满或者厌烦，还希望他能够在不发现的前提下把你当成朋友。事实上，这种情况几乎都是不存在的。我们常说，人与人之间的关系是相互的：你不喜欢别人，往往他也正烦着你呢；你很希望与一个人成为朋友，也许他同样受着你的吸引。

这样说来，在处理人际关系中，我们就没有权利去抱怨那些对待自己不友善的人了。在舞会上，如果我们受到了别人的冷落，就应该想一想，自己是不是也同样没有将目光投放在别人的身上，却还过多地希望得到别人的关注？在生病的时候，身边没有人对自己表示关怀，是不是我们在别人生病的时候表现出了冷漠，伤害了别人渴望友情的心……

一位老人，每天都要坐在路边的椅子上，向开车经过镇上的人打招呼。有一天，他的孙女在他身旁，陪他聊天。这时有一位游客模样的陌生人在路边四处打听，看样子想找个地方住下来。

陌生人从老人身边走过，问道："请问，住在这座城镇还不错吧？"

老人慢慢转过来回答："你原来住的城镇怎么样？"

游客说："在我原来住的地方，人人都很喜欢批评别人。邻居之间常说闲话，总之那地方很不好。我真高兴能够离开，那不是个令人愉快的地方。"

摇椅上的老人对陌生人说："其实这里也差不多。"

过了一会儿，一辆载着一家人的大车在老人旁边的加油站停下来。车子慢慢开进加油站，停在老先生和他孙女坐的地方。

这时，父亲从车上走下来，向老人问道："住在这市镇不错吧？"老人没有回答，问道："你原来住的地方怎样？"父亲看着老人说："我原来住的城镇每个人都很亲切，人人都愿帮助邻居。无论去哪里，总会有人跟你打招呼，说谢谢。我真舍不得离开。”老人看着这位父亲，脸上露出和蔼的微笑：“其实这里也差不多。”

车子开动了。那位父亲向老人说了声谢谢，驱车离开。等到那一家人走远，孙女抬头问老人：“爷爷，为什么你告诉第一个人这里很可怕，却告诉第二个人这里很好呢？”老人慈祥地看着孙女说：“不管你搬到哪里，你都会带着自己的态度。任何地方可怕或可爱，全在于你自己！”

我们之中总有那么一些人，常常以自我为中心，只看到别人是怎么对待他的，却从来不去想自己是怎么对待别人的。有什么事情求朋友，从来都不会想别人是否有空，是否有更重要的事情去做，或者朋友已经很累了，拖延了他的请求，他也觉得自己受到了伤害，是朋友们没有为自己着想。

我们每个人都有自己的生活圈子，朋友也有自己的生活，没有人是单单为了某一个人而存在的。当我们感受到了朋友的冷落的时候，不要总是想着责怪，而是要从自身开始检讨，看看自己是否做了过分的事情。因为你如何对待别人，别人也往往怎样对你。

维护友情，需要的是相互理解、相互体谅的心。如果一直都从私利出发去要求别人，那么无疑会招致别人的反感。在生活中，我们也常常会听说“什么样的人会交什么样的朋友”“不是一家人不进一家门”之类的话，其实就是人以群分，这告诉我们，你怎样经营你对别人的感情，别人也会以同样的方式来对待你。

唠叨是好人缘的致命伤

在现实生活中，很多人都是人群中的活跃者，他们喜欢以自我为中心，在喋喋不休之中让自己占尽了“风头”，而忽视了别人也有谈吐的欲望，别人也渴望交流。最终，在有意无意间，令人感到压抑和被忽视。他们伤害了别人，自己不会得到好人缘。

还有一些人，总是将自己的生活泡在“苦水”里。生活中，无论大事还是小事，都能给他们带来很多痛苦，他们将这些痛苦不断地向别人倾诉，向别人抱怨。

柔弱无助的人总是会引起别人的同情及保护欲望，但凡事都应有个限度。反复重复自己的不幸，这样做就不像一个积极向上的年轻人，反而如同一个自怨自艾的老人。或者，更形象一点地说，像“祥林嫂”，不停诉说自己的不幸遭遇，得到的只是看客悲剧心理的满足和饭后的谈资以及别人对你的厌烦。

开始时，王艳向别人推销时总是赖在别人面前不走，直到把对方累垮，但是业绩却毫无起色。久而久之，她对自己的推销能力产生了怀疑。后来在别人的帮助指点下，她决定：“并不一定要向每一个我拜访的人推销保险。如果推销的时间超过预定的长度，我就要转移目标。为了不使别人讨厌，我会很快离开，即使我知道如果再磨下去他很可能会买我的保险。”

谁知这样做竟然产生了奇妙的效果：“我每天的成交量开始大增。还有，有些人本来以为我会磨下去的，但当我愉快地离开他们之后，他们反而会到另一间办公室来找我，并且说：

‘你不能这样对待我，居然不再跟我说话就走了。你回来让我填一份保险单。’”

俗话说：“话多不如话少，话少不如话好。”不要一上来就开始你的“牢骚”，唠叨往往是好人缘的致命伤，也会给别人的心情带来很不好的影响。如果有什么不满的地方，尽量先创造一个尽可能和谐的气氛。做错事的一方，一般都会本能地有种害怕被批评的情绪。如果很快地进入正题，被批评者很可能会产生不由自主的抵触情绪。即使他表面上接受，却未必表明你已经达到了目的。所以，先让他放松下来，然后再开始你的“慷慨陈词”。

沟通不是一件容易的事情。人是复杂多样的，各有各的癖好，各有各的脾性。跟自己气味相投的人在一起就舒服惬意，话很多；一遇见气味不投的人，就感觉别扭，不想开口。所谓

“酒逢知己千杯少，话不投机半句多”就是这种情形的写照，但是，真正投机的人又有多少呢？所以，一般人就有“知己难得”的感叹。

但是，善于跟别人交谈的人是很善于适应别人的。只有把话说到对方的心坎上，才能给交际架起绚丽的彩桥。

你是否还在喋喋不休

小张曾与一位公关公司的女总经理洽谈业务。这位女总经理长得蛮漂亮，业务也是做得响当当的，经常在海峡两岸跑，可是当她话匣子一打开，就滔滔不绝，如黄河决堤，一发不可收拾。小张虽也是业务口才高手，但想插几句话，却始终苦无机会。这位女总经理兴致高昂地叙述她两岸的公关事业是如何蓬勃，小张则两手在餐桌上玩弄着吸管，心中觉得十分无趣。30分钟后，小张终于鼓起勇气对这位女总经理说：“对不起，待会儿我还有事，我先走的！”

你瞧，喋喋不休肯定会把人给说跑了。

生活中，你不能喋喋不休，说个没完没了。如果你是一位女性，尤其应该对此引起重视，因为你更易犯下这一错误，而且这一弱点危害甚重，直接影响或危及你的说服效果。很多人之所以不善说服，与其喜欢喋喋不休不无相关。所以，如果你想让自己获得成功，也让他人得到尊重，那就从现在开始——不再唠叨！

拿破仑三世是拿破仑的侄子，他与美女尤金妮相爱并成婚。他的顾问们认为，她不过是一位不重要的西班牙伯爵的女儿。但拿破仑三世反驳说：“那又怎么样？”她的青春、她的优雅、她的美貌、她的诱惑，使他沉浸在神仙般的幸福中，“我已经喜欢了一位我所敬爱的女人，”他说道，“她不是一位我不了解的女人。”

拿破仑三世和他的新婚妻子拥有健康、财富、势力、美貌、名誉、爱情与信仰——一切幸福的条件。但是，他们婚姻的圣火从未发出过耀眼的光辉，而且没过多久，那炽热的爱火就熄灭了。拿破仑三世可以使尤金妮成为皇后，可以献出他爱情的全部力量，但他无法做到一点：使她停止喋喋不休。

由于嫉妒和多疑，尤金妮不听他的命令。正当他处理国政的时候，她闯入他的办公室，打断他最重要的讨论。她常常到她姐姐家抱怨她的丈夫。她拒绝他独处，永远怕他与别的妇人交往。她抱怨、哭泣、喋喋不休，甚至恫吓，并强行进入他的书房，向他发火。拿破仑三世，这个法国的皇帝，纵然有许多富丽堂皇的宫殿，却不能找到一个小橱，让自己可以安静一下。

“后来拿破仑三世常在夜里从一侧门偷偷地出去，戴一软帽，将眼睛遮起，带一亲信随从，真的前往等待他的美女那里去，或像古时人似的漫游于这大城市中，见些平时见不到的东西。”

这一切都是尤金妮的喋喋不休所造成的。即使她坐在法国的皇后位上，又是世界上最美丽的妇人，但在不良的气氛之中，她也不能再使拿破仑三世折服，不能让他保持对她的爱情。

有人说林肯一生最大的悲剧不是被刺，而是他的婚姻。

《林肯传记》的作者这样写道："林肯夫人那尖锐刺耳的声音，就是隔一条街都可以听见。附近邻居常常听到她不断地咆哮怒喊，她的愤怒常常是以这种方法表现，而要形容她那副愤怒的神情，真是很不容易呢！"

所有的吵闹、责骂和喋喋不休，改变林肯了吗？在某方面来说，是的。那就是使林肯改变了对她的态度，他懊悔自己不幸的婚姻，同时尽量躲避她。

话说多了，会显得夸夸其谈。言多必失，祸从口出，这时最好的办法是学会静心倾听。注意听，给人的印象是谦虚好学，专心稳重，诚实可靠；认真听，能减少不成熟的评论，避免不必要的误解；善于听，让你拥有丰富的人脉资源。

所以西方人说："与人交谈，犹如弹弦一般，当别人感到乏味时，便要把弦按住，使它停止振动、发声。"当你忍不住要喋喋不休时，请多想想这样所带来的恶果吧。

他人失意时莫谈你的得意

生活中，确实有些人总认为自己比别人技高一筹，事事比人强。这样，他们就总喜欢把得意挂在嘴上，逢人便夸耀自己如何如何能干、如何如何富有，完全不顾及别人的感受，甚至没有顾及当时的听者是不是一个正处于人生低谷的人。他们夸夸其谈后总以为能够得到别人的敬佩与欣赏，而事实上，别人并不愿意听你的得意之事，自我炫耀的结果往往会适得其反。

王昭的母亲就是一个喜欢炫耀的人，不论谁到她家去，椅子还没有坐热，他母亲就把自己家值得炫耀的事情一件一件地告诉人家，说话的表情还是一副十分得意的样子。王昭一个同学的父亲下岗了，经济上有点紧张，他母亲知道了，非但没有安慰人家，反而对这位同学的父亲说：“我爱人每月工资，我们家花也花不完。”王昭给她买了一件漂亮的衣服，她就跑到人家那里去炫耀：“这是我女儿在上海给我买的衣服，猜一猜多少钱？1800元。”说完，脸上还露出得意的表情，意思是：怎么样，买不起吧？就因为她这个毛病，到她家里去的客人越来越少，因为没有人愿意听她的长篇大论，充当她炫耀自己的陪衬。

在别人面前一定要多一点谦虚，少一点炫耀，尤其不能在失意者面前炫耀你的得意，因为你的得意往往会衬托出别人的失意，甚至会让对方认为你炫耀自己的得意之事便是嘲笑他的无能，让他产生一种被比下去的感觉，从而让失意的人更加恼火，讨厌你。

胸怀大格局的聪明人会将自己的得意放在心里，而不是放在嘴上，更不会把它当作炫耀的资本。

当你和朋友交谈时，最好多谈他关心和得意的事，这样可以赢得对方的好感和认同，从而加深你们之间的感情。

有一个人刚调到市人事局的那段日子里，在同事中几乎连一个朋友也没有，他自己也搞不清是什么原因。

原来，这个人认为自己正春风得意，对自己的机遇和才能满意得不得了，几乎每天都使劲向同事们炫耀他在工作中的成绩，炫耀每天有多少人请他帮忙，哪个几乎说不出名字的人昨

天又硬是给他送了礼等“得意事”。但同事们听了之后不仅没有人分享他的“得意”，心中还很不高兴。

后来，还是他当了多年领导的老父亲一语点破，他才意识到自己的症结到底在哪里。以后，每当与同事闲聊的时候，他总是让对方把自己的得意事说出来，与其分享。久而久之，他的同事们都成了他的好朋友。

生活中，与人相处，一定要谨记：不要在失意者面前谈论你的得意。

诚然，人在得意之时难免有张扬的欲望，但是谈论你的得意时，要注意场合和对象。你可以在演说的公开场合谈，享受他们投给你的钦羡目光，也可以对你的家人谈，让他们以你为荣，但是千万不要对失意的人谈，因为失意的人最脆弱，也最敏感，你的话语在他听来会充满了嘲讽的味道，让失意的人感受到你“看不起”他。

所以，设身处地地为他人想一想，拥有这种胸怀和度量，你才有可能真正被人接纳。

不想抱怨，就沉默

如果你很想说话，就先问自己：你为什么想说话——是为了自己的利益；还是为了别人的利益？如果是为了自己，那就努力保持沉默。

对失去理智的人最好的回答就是沉默，回答他的每一个词都会反过来落到你头上。

在特定的环境中，缄默比言辞更有说服力。我们说服人时，最头痛的是对方什么也不说；反过来，如果劝者什么也不说，对方的错误意见就找不到市场了。

不同的缄默方式有不同的作用，运用时必须恰到好处。

咄咄逼人的缄默能使人不攻自破。

有一个小学生，一天他拿了同学一件好玩具，晚饭前回来，装出一副若无其事的样子，同往常一样笑吟吟地说："妈，我回来了！"

缄默。

"姐，我饿了。"

缄默。

"怎么了？"

缄默。

"我没做错事啊！"

还是缄默。

妈妈眼睛瞪着他，姐姐背对着他，全家都冷冰冰地对待他。他终于认识到自己的错误："妈、姐，我错了……"

平平淡淡的缄默能发人深思：有些人态度很积极，但发表意见时不免有些偏颇，直截了当地驳回易挫伤其积极性，循循诱导又费时，精力也不允许，最好的办法便是平平淡淡地缄默。他说什么，你尽管听，"嗯""啊"或什么也不说，等他说够了，告辞了，再用适当的不带任何观点的中性词和他告别："好吧！"或"你再想想。"别的什么也不说。

如此，他回去后定然要竭思尽虑："今天谈得对不对？对方为什么不表态？错在哪里？"也许他会向别人请教，或许自己悟出道理。

转移话题的缄默能使人乐而忘求：对要回答的问题保持缄默，而选准时机谈大家的热门话题，使对方无法插入自己的话题，且从谈话中悟出道理，检讨自己。

义无反顾的缄默能使人就范：某领导有一次交代属下办一件较困难的任务，当然，他能胜任。交代之后，对方讲起了"价钱"。于是该领导义无反顾地保持缄默，连哼也不哼。

困难如何大，条件如何差，时间如何紧，说着说着下属就不说了，最后说了一句："好，我一定完成。"

林肯是一位勤勉好学的人，他通过自学，取得了律师营业执照。他在法庭诉讼中的能言善辩、机智灵活，赢得了人们普遍的赞誉。有一次，他竟一言不发而击败了原告律师，在诉讼中获胜。

在法庭上，原告律师滔滔不绝，把一两个简单的论据反反复复地讲了两个小时，法官和听众都显得十分不耐烦，一片议论声，有的人竟打起瞌睡来。最后，原告律师终于说完了。

林肯作为被告律师登上讲台，但他却一言不发。台下一片肃静，人们都感到很奇怪。

过了一会儿，林肯把外衣脱下，放在桌上，然后拿起水杯喝口水，再把水放下，重新穿上外衣，然后又脱外衣又喝水。如此循环了五六次，法官和听众被林肯的哑剧逗得哈哈大笑，而林肯却始终未发一言，在笑声中走下讲台，他的对手最终被“笑”输了。

沉默是金，有时沉默不语能够出奇制胜；如果滔滔不绝，反而让人觉得聒噪。

PART 05

欣赏比指责更让人神往

将对手看成风景

竞争，对你来说是生活中不可缺少的内容。竞争就有对手，因此你不断地、彻底地欣赏对手，就能够让你做出最好的成绩。倘若你在学习或工作中能观察一下对手，看看他的优势，学习他的做法，你会进步得更快。

欣赏对手，对手也会欣赏你，从而将这种对立的关系转变为一种和谐友好的关系，所以你得到的不仅仅是一种经历和教训，还有一位“千金难买”的朋友，你的人生将会充实很多。有的人认为应该打败或消灭敌人，可是美国总统林肯却不这么认为，他说：“如果我们能把所有的敌人都变成朋友，这难道不是说我们消灭了所有的敌人吗？”

敌人和对手当然有一定的区别，如果说要把对手变成朋友，普通人差不多都能做到，而如果要把敌人变成朋友，那就要有很强的沟通能力和攻心技巧，并且要有很高的智慧。所以，如果你能把敌人转化成朋友，那么你必定是一位成功者。

在日常生活中，人们往往视对手为敌人，还常常提醒自己：他是我的竞争对手，也就是我的敌人！只要他成功了，我就会被打败！因此，千万要提高警惕，不要对他有半点儿好心。如同下面这个故事。

林芳和张萍同时进入一家公司，虽然两人不是同一个部门，但是公司新员工一起培训，多多少少都对对方有印象。

林芳人长得很漂亮，身边总不乏男同事们献殷勤，加上林芳工作上又很努力，因此，同事对林芳的印象非常好。天长日久，张萍觉得林芳处处在与自己较劲。

张萍心里很气不过，于是找到机会就和同事讲林芳的坏话，说她的作风有问题……林芳听到同事跟她说这些，她只是思考了一会儿，也不说什么，仍旧很努力地工作。

张萍以为抓到了什么把柄，于是变本加厉地诋毁林芳，有时连工作也不做了，直接跑到领导面前打林芳的小报告。但让张萍奇怪的是，林芳工作更加出色了，业绩也非常突出，而自己除了搬弄是非外，业绩平平。有一天，她终于忍不住跑到一个昔日好友那里大吐苦水，好友听后说："其实，你又何必呢？人家并没有把你当对手，你应该把比你强的人看成风景才对啊。"

在你的一生中，什么人都可能有所接触，对手又怎么了！对手也一样能和你坦诚相处，真心地交流。只要你能放下那种狭隘的看法，不妨用一种欣赏的目光去看待他，你就会发现，对手其实并非想象中的那样处处与你作对，他有许多东西值得你去学习和借鉴。排斥对手于事无补，甚至会两败俱伤；相反，只有欣赏对手才更能征服人心。彼此用真心交流，就会开出友谊之花。使他变成你的朋友，把对手当成动力，不是更有利于你的成功吗？

关于做人做事，一位成功者说：“为人处世，要坦诚宽容，不要耿耿于怀、小肚鸡肠。当然，尤其是对你的对手。”

而我们在这里要说的是，与人共事，要善于欣赏对手。因为这个世界本来就没有所谓真正的敌人，有的只是竞争对手。你之所以生机勃勃、斗志昂扬，是由于有竞争对手的存在。竞争对手不是永恒不变的，今天是竞争对手，或许明天就是你的合作伙伴。在与对手的竞争中，使对方心悦诚服，才是最彻底、最高尚、最伟大的胜利，而善于欣赏对手的优点就是取得这种胜利的必要条件之一。

所以，请不要把竞争对手当作敌人对待，你应该看到他的优势，并且用来弥补自己的不足。用赞扬的心态去接受他、欣赏他，放下你敌视的心态吧！

用欣赏的眼光发现每个人身上的优点

每个人的人生都是不同的。上帝给了人不同的肤色、不同的个性，是为了让我们的生活多姿多彩。可是，很多人就是喜欢拿来比较，谁的工资高，谁的个性好，谁的老公帅，谁的女朋友漂亮……其实，生活中每一个细节都有它自己的闪光点，只要我们肯发现，肯将欣赏的目光投向他人，那么在每个人的身上，我们都能够找到优点。

李扬是中国著名的配音演员，被戏称为“天生爱叫的唐老鸭”。

李扬在初中毕业后参了军，在部队当一名工程兵，他的工作内容是挖土、扫坑道、运灰浆、建房屋。可是李扬明白，自己身上潜在的宝藏还没有开发出来：那就是自己一直钟爱的影视艺术和文学艺术。

在一般人看来，这两种工作与他简直是风马牛不相及，但李扬却坚信自己在这方面有潜力，应该努力把它们发掘出来。于是他抓紧时间，认真读书看报，博览众多的名著剧本，并且尝试着自己搞些创作。

退伍后，李扬成了一名普通工人，但是他仍然坚持不懈地追求自己的目标。没有多久，大学恢复招生考试，李扬考上了大学，变成了一名大学生。从此，他用来发掘自己身上宝藏的机会和工具一下子多了起来。

经几个朋友介绍，李扬在短短的五年中参加了数部外国影片的译制录音工作，这个业余爱好者凭借着生动的、富有想象力的声音风格，参与了《西游记》中的美猴王的配音工作。1986年初，他迎来了自己事业中的辉煌时刻，风靡世界的动画片《米老鼠和唐老鸭》招聘汉语配音演员，风格独特的李扬一下子被迪士尼公司相中，为可爱滑稽的唐老鸭配音，从此一举成名。

如果说成名前的李扬是一只平凡的丑小鸭，那么这只丑小鸭就是在自己的努力之下变成了美丽的天鹅。既然生活是可以凭借自己的努力改变的，我们还有什么理由将一个人一眼定位

呢？学会去发现别人的长处，用心去欣赏他们，你就在意识里给每一个灰姑娘穿上了玻璃鞋。

现在有不少孩子，在成长的过程中受到了父母以及长辈的过度宠爱，变得思维不独立，依赖性很强。在处理社会问题的时候，表现得比较单纯，也比较自私。他们始终觉得自己才是社会的轴心，所有的事情都应该以满足自己为出发点，所以他们的眼光是向上的，看不到别人的优点，也不懂得欣赏别人。

这样的做法是不对的。欣赏，是一种理解和沟通，也包含了信任和肯定；欣赏，也是一种激励和引导，可以使人扬长避短，让孩子们健康地成长和进步。其实，社会上每一个人都渴望别人的欣赏，同样，每一个人也应该学会去欣赏别人。

不要在别人身上吹毛求疵

斯蒂夫不是个引人注目的人。他本可以悠闲自在、安安静静，然而，他偏要一刻不停地向人“介绍”自己。

当斯蒂夫说约翰长得太高时，同事情不自禁地看了看斯蒂夫。虽然他们是抬头不见低头见的老相识，同事却发现，斯蒂夫实在太矮，好像在发育时期，父母亏待了他似的。

当斯蒂夫讲丹妮的眼睛看着让人恶心，同事才注意了斯蒂夫的眼睛，并拿他的眼睛和丹妮的眼睛作了对比。这才吃惊地发现，相比之下，原来丹妮的眼睛是那么清澈、那么明亮。

斯蒂夫说史密斯有个难看的塌鼻子，却没有注意到他自己脸上的肉团也不怎么样。

斯蒂夫讲丹弗尔是“豁牙啃西瓜”，却忘了他自己的门牙间那条“有气魄、开阔的巴拿马运河”。

生活中这样的人很多，爱丽丝讲兰迪风骚，裙子太短，衣服太露。同事了解到，那是因为爱丽丝没有兰迪那种风韵。爱丽丝曾在镜子前研究了自己的体形，不得已换上了一条尽可能把自己遮盖严实的连衣裙。

鲍波说鲁道夫命苦，整天忙碌，却不知道他活得多么幸福。他有妻子、有儿女、有工作，他怎能不忙碌？但他不怕忙碌，反而乐于忙碌。

马力说海伦……

噢，生活中有多少人在用挑剔的眼光批评别人！

是的，他“五音不全”，可他哼的小调，却带着快乐的神情。

是的，她长得不算好看，可真挚的微笑，却使她显得动人。

是的，她已年近半百，可她童心未泯。

是的，他思维不够敏捷，可他从不算计别人。

你能说，他们不美吗？

你看见小草绿了、杨柳树吐芽了吗？你注意到涓涓小溪的悠悠流动了吗？

你会因为秋天的萧条、冬日的寒冷而说这两个季节不好吗？

夕阳射出一抹金光，留在茸茸的草坪上；海风抚摸着大海；蓝天亲吻着大地；太阳依旧东升西落；星星依然闪烁在夜空。

啊，宇宙依然这么壮丽。你为什么看不到这一切，只在别人身上吹毛求疵、寻找缺陷呢！

吹毛求疵的意思是你在仔细观察寻找哪里有需要改变和修理的地方，也就是找到生活的破损和缺陷，然后心怀不善地向别人指出来。这一癖好不但会使别人疏远你，也会使你感觉很糟糕。它鼓励你去考虑每件事和某个人的不当之处——你不喜欢的地方。所以，吹毛求疵不是使我们欣赏我们的生活，而是鼓动我们认为生活并不尽如人意，没有什么是尽善尽美的。

在我们的人际关系中，吹毛求疵的典型表现是这样的：你遇到某人，他或她一切都好，你被他或她的外表、个性、智慧、幽默感或这些品质的某种结合所吸引。开始时，你不但赞同此人与你的不同之处，你实际上是欣赏他们，你甚至会被这个人所吸引，部分是因为你们是多么不同。他或她有与你不同的观念、喜好、品位和优势。

然而，过了一段时间，你开始注意到你的新搭档有些小缺陷，你认为应该能够有所改善。你使他或她注意到这一点，这时你也许会说：“你知道，你确实有迟到的倾向。”或是：“我已注意到你不大看书。”关键是，你已开始不可避免地转入一种生活方式——寻找和考虑某人身上你不喜欢的地方，或不十分正确的方面。

当然，一个偶然的言论、建设性的批评或有助益的引导并不会招致反感。

但当你要去挑剔另一个人时，这表明不了别的，它只表示你才是那个需要被批评的人。

无论你是否对你的人际关系或生活的某些方面吹毛求疵，还是两者都有，你所需要去做的只是将吹毛求疵作为一个坏习惯而予以纠正。不要让这个习惯偷偷侵入你的思想，及时管住并封上你的嘴，你越不常去挑剔你的伙伴或朋友，你就越能注意到你的生活确实十分美好。

用欣赏的眼光看待同事和朋友，尽量找找他们身上的优点吧！

让赞美成为一种习惯

有个客人在一家餐厅吃饭，他觉得菜做得很好，吃得津津有味，赞不绝口。

抬起头来，正好看见厨师经过，就顺口对厨师说："你这菜做得真好吃！"本来愁眉苦脸的厨师，听了这些话，顿时变得容光焕发、神采飞扬。

他说："哦！先生，听你这么说，我真的太高兴了！已经很久没有人称赞我的菜做得好，谢谢您！"从此，那厨师比以前更卖力了。

卡耐基发现，赞美和鼓励是引发一个人体内潜能的最佳方法。肯·布兰查德是《一分钟管理》的作者，他推荐大家使用"一分钟赞美"，"抓住人们恰好做对了事的一刹那"。你经常这么做，他们会觉得自己称职、工作有效率，以后他们很可能不断重复这些来博得赞美。

有个故事是这么说的：

社区内新开设的店都装上了自动门，可是附近有一家超级市场却没有装设。

在每天早晨和下午太太们纷纷去买东西的时候，有个小男孩常站在超级市场玻璃门外，看到手里大包小包拿了好多东西的太太，就替她们拉开大门，让她们从容地走出来。

有一次，有位太大问小男孩：“你看门看了这么多日子，一定得到了许多小费，你拿来做什么用？”

小孩有点诧异地回答：“什么？她们都没有给我钱，可是她们都对我说：‘谢谢你！’”

“你也能在自己的能力之内，轻易地增加这个世界里的快乐。怎么做呢？就是对寂寞失意的人说几句真诚赞赏的话。或许，你明天就忘了今天所说的好话，但是听者却可能一生都珍惜着。”卡耐基说：“让我们不再去想自己的成就和自己的需求，让我们试着去想别人的优点，然后忘却恭维，发出诚实、真心的赞赏。称许要真诚，赞美要慷慨，这样人们就会珍惜你的话，把它们视为珍宝，并且一辈子都重复它们——即使你已经遗忘以后，人们还重复着它们。”

爱、称赞、感谢都应该说出来，让对方知道，如果你以为只放在心里就行了，那就大错特错了。

有对夫妻，先生每天早晨有边吃早餐边看报的习惯。有一天，当他叉起食物往口中放的时候，觉得不像往常，赶紧吐出来，拿开手中正看着的报纸仔细一瞧：竟然是一段菜梗！他立刻叫妻子过来问。

妻子说："原来你也知道火腿蛋与菜梗不同啊！我为你做了20年的火腿蛋，从不曾听你吭过一声，我还以为你食不知味，吃菜梗也一样呢。"

没有表达出来的赞美，是没有人知道的。

珍惜别人是一回事，赞美他们又是另一回事。我们都需要别人的承认与鼓励，没有一件事比得上别人所给的赞美更重要。赞美能使他们愉悦，也能赢得他们对你的尊重。

你是否察觉到，我们通常只在别人背后称赞他们？为什么要在背后？为什么不当面告诉他们？人过世后，他的每一个亲朋好友似乎才能觉得他有某些优点；人们在生前，听到的大多是责难多于赞美。为什么一定要在人逝去听不见时，才醒悟到他们是应该被称赞的呢？

赞美就像浇在玫瑰上的水；赞美的话并不费力，却能成就大事。我们要下定决心对亲人、朋友甚至每一个人加以赞美，并把它变成一种习惯。

说句好话轻而易举，只要几秒钟，便能满足人们内心的强烈需求，注意看看我们所遇见的每个人，寻觅他们值得赞美的地方，然后加以赞美吧。

爱情需要欣赏，而非塑造

"神对男人和女人说：'你们要共进早餐，但不要在同一碗中分享；你们要共享欢乐，但不要在同一杯中啜饮。像一把琴上的两根弦，你们是分开的也是分不开的；像一座神殿的两根柱子，你们是独立的也是不能独立的。’”

这段话形象地说明了婚姻关系中两个人的韧性关系，拉得开，但又扯不断。谁也不能过度地束缚对方，也不能彼此互不关心。有爱，但是都在适度的范围之内，这才是和谐的婚姻。可是很多人似乎并不能体会到婚姻的真谛，在他们眼里，对方身上有很多缺点，他们常常试图通过各种途径让对方改掉各种坏习惯。可是习惯的产生是日积月累，在自己身上已经存在了几十或者十几年，当然不会轻易改掉，于是夫妻之间的矛盾就产生了。

夫妻之间产生争执的主要原因，是他们把婚姻当成一把雕刻刀，时时刻刻都想用这把刀按照自己的要求去塑造对方。为了达到这个理想，在婚姻生活中，当然就希望甚至迫使对方摒除以往的习惯和言行，以符合自己心中的理想形象。但是有谁愿意被塑造成一个失去自我的人呢？于是“个性不合”“志向不同”就成了雕刻刀下的“残次品”，离婚就成了唯一的一条路。

每个人本身都是“艺术品”，而不是“半成品”，人人都希望被欣赏而不愿意被塑造。所以不要把婚姻当成一把雕刻刀，妄想把对方雕塑成什么模样。婚姻需要的是一种艺术的眼光，要懂得从什么角度欣赏对方，而不是去束缚对方。彼此之间的空间太小了，谁都会感到不安。

在生活中，我们常常会注意到，在深夜观看足球比赛的丈夫们，身边会陪着对足球并不是十分感兴趣的妻子；虽然不喜欢厨房的油烟，可是妻子还是每天都准备好了可口的饭菜，等

着丈夫和孩子一起分享……

婚姻，不是一个人的付出，只有两个人同心协力，才能维护好一个温暖的家。可是并不是所有的人都能注意到对方的付出，甚至有的人会把对方的付出看作是理所当然的，如果对方稍微有什么地方做得不好，就加以指责，这样的做法无疑会伤对方的心，会让他觉得一切的努力都付诸东流了。

爱一个人，就应该让他感觉到幸福，而不是要给他原本疲惫的心灵增加新的创伤。所以，在夫妻生活中，一定要相互扶持，相互欣赏，相互鼓励。虽然因为个性的不同，两个人没有办法完全融为一体，但是一定要让对方感受到你的存在，让他体会到你对他的欣赏和爱护。在他犯错的时候，给予善意的提醒，而非指责，有时候一个善意的眼神也会让对方觉得很温暖。在他犯傻的时候，告诉他“你真可爱”，一句看似不经意的话语，却让对方感受到你的体贴。

每个人都会有缺点，但是相爱的人却能在对方的缺点中找寻到对方的闪光点，却能在对方的不足中寻找到内心的满足。欣赏的眼光，总是能让爱情变得更甜，让婚姻变得更美。

用赞扬代替批评

在《孩子，我并不完美，我只是真实的我》这本书里，著名的心理学家杰丝·雷耳评论说："称赞对温暖人类的灵魂而言，就像阳光一样，没有它，我们就无法成长开花。但是我们大多数的人，只是忙于躲避别人的冷言冷语，而我们自己却吝于把赞许的温暖阳光给予别人。"

回顾你的生命，并找出那些改变了你的前途的嘉许之言，你就会发现：人生都是由这些夸赞的真正魅力，来做令人心动的注脚。当批评减少而多多鼓励和夸奖时，人所做的好事会增加，而比较不好的事会因受忽视而萎缩。

北卡罗来纳州的约翰·林杰波夫就拿这种态度对待他的孩子。如同许多家庭一样，从前父母与孩子关系的形式是吼叫。

林杰波夫先生决定用在卡耐基课堂上学的一些方法来解决这个问题。他报告说："我们决定以称赞别人来代替挑剔别人的过失。当我们看到他们做的都是负面的事情时，这非常不容易做到，要找些事情来称赞，真的是很难。我们想办法去找他们值得赞美的事情，而他们以前所做的那些令人不高兴的事，真的就不再发生了。接着，他们的一些别的错处也消失了，他们开始照着我们的赞许去做，他们变得连我们也不敢相信。当然，他们并没有一直持续下去，但总是比以前要好得多了，现在我们不必再像以前那样纠正他们。孩子们做对的事要比做错的事多得多。这些全都是赞美的功劳，即使赞美他最细微的进步，也比斥责他的过失要好得多。”

对工作来说也是一样。

凯斯·罗伯，在加州木林山的公司也运用了这一原则。他的印刷厂接的东西，有些是品质很精细的，但印刷员是位新人，不太能适应他的工作。他的主管很不高兴，想解雇他。

当罗伯先生知道了这个情形以后，亲自到印刷厂，跟这位年轻人谈了一谈。他告诉他，对他刚接手的工作，他非常满意，并告诉他，这是他在公司所看到最好成品之一。他还指出好在哪里，及那位年轻人对公司的重要性。

这能不影响年轻人对工作的态度吗？几天以后，情况大大改观，年轻人告诉他的同僚，罗伯先生非常欣赏他的成品。从那天开始，他就成为了一位忠诚细心的工人。

我们都渴望被赏识和认同，而且会不计一切去得到它，但没有人会要阿谀奉承这种不诚恳的东西。

谈到改变人，卡耐基说："假如你我愿意激励一个人来了解他所拥有的内在宝藏，那我们所能做的就不只是改变人了，我们能彻底地改造他。"

夸张吗？听听威廉·詹姆斯睿智的话语吧！他是美国有史以来最有名、最杰出的心理学家。他说："若与我们的潜能相比，我们只是半醒状态。我们只利用了我们的肉体和心智能源的极小一部分而已。往大处讲，每一个人离他的极限还远得很。他拥有各种能力，但往往习惯性地未能运用它。"

卡耐基认为，在这些习惯性地未能运用的能力之中，有一种你肯定没有发挥出来，那就是赞美别人、鼓励别人、激励人们发挥潜能的能力。

能力会在批评下萎缩，而在鼓励下绽放花朵。要成为有效的领导者，就采用以下的原则：赞美最细小的进步，而且要诚恳地认同和慷慨地赞美。

第五篇

不抱怨的自己

PART

01

你就是问题的根源

98%的问题是自己造成的

人类有着一个共同的特点，就是总将问题归结到别人的身上，认为别人是问题的制造者，而自己只是一个无辜的受害者。殊不知，98%的问题都是自己造成的，如果自己身上没有问题或在自己的环节将问题彻底解决，便不会出现一发不可收拾的局面。

一本杂志曾刊登过这样一个故事：

当巴西海顺远洋运输公司派出的救援船到达出事地点时，“环大西洋”号海轮已经消失了，21名船员不见了，海面上只有一个救生电台有节奏地发着求救的信号。救援人员看着平静的大海发呆，谁也想不明白在这个海况极好的地方到底发生了什么，从而导致这艘当时最先进的船沉没。这时有人发现电台下面绑着一个密封的瓶子，打开瓶子，里面有一张纸条，21种笔迹，上面这样写着：

一水理查德：“3月21日，我在奥克兰港私自买了一个台灯，想给妻子写信时照明用。”

二副瑟曼：“我看见理查德拿着台灯回船，说了句‘这小台灯底座轻，船晃时别让它倒下来’，但没有干涉。”

三副帕蒂：“3月21日下午船离港，我发现救生筏施放器有问题，就将救生筏绑在架子上。”

二水戴维斯：“离岗检查时，发现水手区的闭门器损坏，用铁丝将门绑牢。”

二管轮安特尔：“我检查消防设施时，发现水手区的消火栓锈蚀，心想还有几天就到码头了，到时候再换。”

船长麦特：“起航时，工作繁忙，没有看甲板部和轮机部的安全检查报告。”

机匠丹尼尔：“3月23日上午理查德和苏勒的房间消防探头连续报警。我和瓦尔特进去后，未发现火苗，判定探头误报警，拆掉交给惠特曼，要求换新的。”

机匠瓦尔特：“我就是瓦尔特。”

大管轮惠特曼：“我说正忙着，等一会儿拿给你们。”

服务生斯科尼：“3月23日13点，到理查德房间找他，他不在，坐了一会儿，随手开了他的台灯。”

大副克姆普：“3月23日13点半，带苏勒和罗

伯特进行安全巡视，没有进理查德和苏勒的房间，说了句‘你们的房间自己进去看看’。”

一水苏勒：“我笑了笑，也没有进房间，跟在克姆普的后面。”

一水罗伯特：“我也没有进房间，跟在苏勒后面。”

机电长科恩：“3月23日14点，我发现跳闸了，因为这是以前也出现过的现象，没多想，就将闸合上，没有查明原因。”

三管轮马辛：“感到空气不好，先打电话到厨房，证明没有问题后，又让机舱打开通风阀。”

大厨史若：“我接马辛电话时，开玩笑说，我们在这里有什么问题？你还不来帮我们做饭？然后问乌苏拉：‘我们这里都安全吗？’”

二厨乌苏拉：“我也感觉空气不好，但觉得我们这里很安全，就继续做饭。”

机匠努波：“我接到马辛电话后，打开通风阀。”

管事戴思蒙：“14点半，我召集所有不在岗位的人到厨房帮忙做饭，晚上会餐。”

医生英里斯：“我没有巡诊。”

电工荷尔因：“晚上我值班时跑进了餐厅。”

最后是船长麦特写的话：“19点半发现火灾时，理查德和苏勒房间已经烧穿，一切糟糕透了，我们没有办法控制火情，而且火越烧越大，直到整条船上都是火。我们每个人都犯了一点错误，最终酿成了人毁船亡的大错。”

看完这张绝笔纸条，救援人员谁也没说话，海面上死一样的寂静，大家仿佛清晰地看到了整个事故的过程。

船长麦特的最后一句话是最值得我们深思的：“我们每个人都犯了一点错误，最终酿成了人毁船亡的大错。”问题出现时，不要再找借口了，因为你自己才是问题的真正根源，98%的问题都是自己造成的，“环大西洋”号的覆灭不正说明了这一点吗？

失败者的借口通常是“我没有机会”。他们将失败的理由归结为不被人垂青，好职位总是让他人捷足先登，殊不知，其失败的真正原因恰恰在于自己不够勤奋，没有好好把握得之不易的机会。而那些意志坚强的人则绝不会找这样的借口，他们不等待机会，也不向亲友们哀求，而是靠自己的勤奋努力去创造机会，因为他们深知，很多困境其实是自己造成的，唯有自己才能拯救自己。

天堂是由自己搭建的

杰克拥有一座美丽的莲花池。那其实是他在乡下住宅附近的一片天然洼地，他坚称他在乡间的宅第为他的农场，水从远处山丘上的蓄水池中流入这片洼地，其间还要通过一个可调节水流大小的阀门开关。一切是那么和谐美满，到了夏天，澄澈的水面上就会铺满怒放的莲花，鸟儿们在池中自由嬉戏，从早到晚都能听到它们的奏鸣音，蜜蜂则在花园中的野花上忙碌不辍。极目远眺，池塘的后面是一片更加美丽的丛林，野生的浆果、灌木、蕨类植物争相盛开，热闹极了。

杰克是一个平凡的人，但他拥有着一颗博爱的心。在他的领土上，你看不到“私人所有，不得擅入”或“擅入必究”的字样，取而代之的是原野尽头那让人倍感亲切的标语，“这里的莲花欢迎你”。他得到了所有人的由衷爱戴，原因很简单：他真诚地爱着所有人，并愿意与他们分享他的一切。

在这里，人们常能碰到正在玩耍的天真孩子和风尘仆仆、远道而来的游人，不止一次看到他们离去时脸上那与来时全然不同的神情，仿佛卸下了身上的重负，直到现在人们的耳边似乎还能听到他们离去时的低声呢喃和祝福。有些人甚至把这里称为世外桃源。闲暇时作为主人的杰克也会在此静坐享受夜晚的寂静。当外人离去后，他趁着皎洁的月光在园中往来踱步或坐在老式的木质长椅上伴着芬馥的野花香喝点什么。他是一个具有一切美好品质的人。用他自己的话说，这里是他一生中最伟大最成功之处，经常带给他莫名的感动。

毗邻的一切生物仿佛也能感受到这里散发出的亲善、友好、宁谧、欢欣的气氛。牛羊们会漫步到树林边古老的石栏下，张望着里面美好的景致，我想它们真的是在跟我们一起共享这份温馨。动物们面带微笑昭示着它们的心满意足和欢欣愉悦，或许这就是他的心中所求吧，因为每当此际他也会露出会心的微笑，表示他能理解它们的心满意足和欢欣愉悦。

水源的供给原本丰沛，水池的进水阀又总是开到最大，这让水流蜿蜒而下，不仅在栏边驻足的牛羊能饮到甘甜的山泉，邻家的田园亦可受惠。

不久前杰克因事不得不离开大约一年的光景，这段时间里他把房子租给了另外一个男人，新租客是位非常“实际”的人，他决不做任何无法给他带来直接利益的事。连接莲花池与蓄水池之间的阀门被关闭了，土地再也得不到泉水的滋润和灌溉；立起的“这里的莲花欢迎你”的标语也被移走；池边再也见不到嬉戏的顽童和欣喜的游人。总之这里发生了天翻地覆的变化，再不复往昔林木欣欣向荣、泉水涓涓而流的样子。池里的花朵因失去了赖以生存的水源而日渐凋零，只有伏在池底烂泥上枯萎的花茎还在向人们诉说着往日的热闹。原本在清澈的池水中悠然而动的鱼早已化为枯骨，走近池边便能闻到它们发出的腥臭。岸边没有了绽放的鲜花，鸟儿不再停留于此，蜜蜂们已移居他处，园中亦不见蜿蜒的流水，栏外成群的牛羊再也饮不到甘甜的清泉。

其实，故事里的莲花池跟你我的生命是无法相提并论的，因为它的生命完全掌握在他人之手，只有依赖别人替它打开阀门才能生存下去。相对于莲花池的无助，我们的生命则强势许多，至少我们可以自由决定从外界汲取的能量及信息，能够掌握人生的只有我们自己的思想。

心里不是堆“垃圾”的地方

现实生活中，有些人好像从来就没有过顺心的事或顺利的时候，任何时候你与他在一起，都会听到他不停地抱怨。他们把每一件不顺心的小事都堆积在心里、挂在嘴上，搞得自己的心态和情绪都很糟。在这样一种状态下，自己很烦躁，别人也很厌烦。

“万事如意”不过是人们对生活的良好祝愿，真正现实的生活中，人们所面对的总是一些不尽完美的事情。我们虽不可能保证事事顺遂，但应该做到坦然面对，该放则放，不要把一些“垃圾”堆积在心里，把乌云挂在脸上，把牢骚挂在嘴上，否则你就会变成周围的人都不欢迎的人。

英特尔的一个分公司要进行人事调动，主管杰克对年轻的约翰说：“你把手头的工作安排一下，到销售部去报到，我觉得那里更适合你，你有什么意见吗？”约翰嘴巴动了动，心想：“我有意见有什么用，你是主管，还不是你说了算？”不过他并没有将这样的话说出来，而是默默地离开了。

当时销售部的工作也不太好做，约翰背地里想：“这一次

把我调到最糟的销售部，一定是杰克在搞鬼，见我这边工作出色嫉妒我，怕我抢他的位置。哼，我们以后走着瞧！”到了销售部后，约翰整天板着脸，对所有新同事都是爱答不理，工作也不热心。慢慢地，同事们逐渐疏远他了。

有一次，一个重要的客户打电话来，让他转告杰克，让杰克第二天到客户那里参加一个洽谈会，因为关系到一笔大业务，所以要求杰克第二天必须按时赶到。约翰听后，认为这是一个绝好的报复机遇，于是装作不知道这件事，也没告诉杰克。

第二天，杰克将约翰叫到自己的办公室，非常严肃地告诉他：“约翰，客户那么重要的事情你为什么不告诉我？如果不是客户今天早晨又打电话催我，我们几乎失去了一笔上千万的生意。我本来以为你平时工作表现好，只是为人欠历练，所以把你调到销售部，考察磨炼你一下，看你是否能在以后担当重任。可你却对此心生怨恨，还故意报复，我们整个部门的前途差点就毁在你的手上。对于你的这种表现，我非常失望。我不得不告诉你，你被解雇了。”

约翰因为没有和自己的主管及时沟通，将自己对主管的怨恨情绪攒积在心里，终于做出了不理智的举动，结果使自己的前途尽毁。整天抱怨的人总是受累于情绪，似乎烦恼、压抑、失落甚至痛苦总是接二连三地袭来，于是频频抱怨生活对自己不公平，自己因而一直生活在抱怨的世界中。

心里不是堆积“垃圾”的地方，必须及时清空自己的坏情绪。情绪的控制完全在于自己，自己可以完全把握自己的情绪，积极主动，使得自己的情绪不会被别人所左右。很多乐观的人都善于控制自己的情绪，让自己活在快乐之中。人生在世，总会遇到很多悲伤与痛苦，如果不能掌控自己的情绪，就会成为情绪的奴隶。斯摩尔曾经说过：“做情绪的主人，驾驭和把握自己的方向。”

你对了，整个世界都对了

对于某一件事情的失败，或者是某一次挫折，绝大部分人都有充分的理由相信，那不是自己的问题。当然，有的人也相信自己确实存在不足，但那是次要的，重要的是，没有人给自己提供足以成功的条件、没有足够好的环境、没有足够多的支持……

一般人在生活不如意时，常常不知追根究底，找出自己真正的问题所在，而是期待环境或者他人能根据自己的意愿而改变——即让外在的因素改变到对自己有利的方面上来。一旦对外界或对别人的期望值落空，失望与无助便涌上心头，自己的情绪就会变得十分低落，进而产生抱怨，而这种抱怨显然是一种无益于生活的个人宣泄。其实，他们没有认识到问题的本质：他们自己才是问题的根源。

休斯·查姆斯在担任销售经理期间，曾遇到过这样的情况：在外头负责推销的销售人员的销售量开始急剧下跌。

首先，他请手下最好的几位销售员站起来，要他们说明销售量为何会下跌。每个人都开始抱怨商业不景气、资金缺少、人们的购买力下降，等等。听到他们描述的种种困难情况时，查姆斯先生说道：“停，我命令大会暂停十分钟，让我把我的皮鞋擦亮。”

然后，他命令坐在附近的一名小工友把他的擦鞋工具箱拿来，并要求这名工友把他的皮鞋擦亮。在场的销售员都惊呆了。那位小工友先擦亮他的第一只鞋子，然后又擦另一只鞋子，表现出一流的擦鞋技巧。

皮鞋擦亮之后，查姆斯先生给了小工友一毛钱，然后说道：

“我希望你们每个人好好看看这个小工友。他拥有在我们整个工厂及办公室内擦鞋的特权。他的前任男孩，年纪比他大得多，尽管公司每周补贴他五元的薪水，而且工厂里有数千名员工，但他仍然无法从这个公司赚取足以维持他的生活的费用。

“这位小男孩不仅可以赚到维持生活的费用，每周还可以存下一点钱来，而他和他的前任的工作环境完全相同，也在同

一家工厂内，工作的对象也完全相同。

“现在我问你们一个问题：那个前任男孩拉不到更多的生意，是谁的错？是他的错，还是他顾客的错？”

那些推销员回答说：“当然了，是那个男孩的错。”

“正是如此。”查姆斯说，“现在我要告诉你们，你们现在和一年前的情况完全相同：同样的地区、同样的对象以及同样的商业条件。但是，你们的销售成绩却比不上一年前。这是谁的错？是你们的错，还是顾客的错？”

推销员们异口同声地回答：

“是我们的错！”

结果，可想而知：他们成功了。

你要明白，所有问题的根源都在于你自己。想要成功，先评估自己的能力，然后分析一下为什么自己的能力无法施展，是没有恰当的机遇，还是环境的限制。

不要抱怨问题，不要回避困难。任何一件事情，无论它有多么的艰难，只要你认真地全力以赴去做，就能化难为易。与其抱怨外界的环境，不如冷静下来看看是否问题出在自己身上。

是改变你的世界，还是世界改变你？年轻人经常谈到这个问题。如果你想改变你的世界，首先就应该改变你自己。

你很重要，所以你没有理由不爱自己

多年以来，在我们的教育中，个人总是次要的那一个：“面对集体，我不重要，为了集体的利益，我应该把自己个人的利益放在一边；面对他人，我不重要，为了他人能开心，只能牺牲我自己的开心；面对我自己，我也不重要，这个世界上，少了我就如同少了一只蚂蚁，没有分量的我，又有什么重要？”但是，作为独一无二的“我”，真的不重要吗？不，绝不是这样，“我”很重要。

当我们对自己说出“我很重要”这句话的时候，“我”的心灵一下子充盈了。是的，“我”很重要。

“我”是由无数星辰日月草木山川的精华汇聚而成的。只要计算一下我们一生吃进去多少谷物，饮下了多少清水，才凝聚成这么一具美丽的躯体，我们一定会为那数字的庞大而惊讶。世界付出了这么多才塑造了这样一个“我”，难道“我”不重要吗？

你所做的事，别人不一定做得来；而且，你之所以为你，必定是有一些特殊的地方——我们姑且称之为特质吧——而这些特质又是别人无法模仿的。

既然别人无法完全模仿你，也不一定做得来你能做得了的事，试想，他们又怎能取代你的位置，来替你做些什么呢？所以，这时你不相信自己，又有谁可以相信？

况且，每个来到这个世上的人，都是上帝赐给人类的恩宠，上帝造人时即已赋予了每个人与众不同的特质，所以每个人都会以独特的方式与他人互动，进而感动别人。要是你不相信的话，不妨想想：有谁的基因会和你完全相同？有谁的个性会和你一毫不差？

由此，我们相信：你存在于这世上，是别人无法取代的。

不过，有时候别人（或者是整个大环境）会怀疑我们的价值，时间一长，连我们都会对自己的重要性感到怀疑。请你千万千万不要让这类事情发生在你身上，否则你会一辈子都无法抬起头来。

记住！你有权利去相信自己很重要。

“我很重要。没有人能替代我，就像我不能替代别人。”

生活就是这样的，无论是有意还是无意，我们都要坚定对自己的信心。不要总是拿自己的短处去对比人家的长处，却忽视了自己也有人所不及的地方。自卑是心灵的腐蚀剂，自信却是心灵的发电机。所以我们无论身处何境，都不要让自卑的冰雪侵占心灵，而应燃烧自信的火炬，始终相信自己是最优秀的，这样才能调动生命的潜能，去创造无限美好的生活。

也许我们的地位卑微，也许我们的身份渺小，但这丝毫不意味着我们不重要。重要并不是伟大的同义词，它是心灵对生命的允诺。人们常常从成就事业的角度，判断自己是否重要。但这并不应该成为标准，只要我们在时刻努力着，为光明在奋斗着，我们就是无比重要地存在着，不可替代地存在着。

让我们昂起头，对着我们这颗美丽的星球上无数的生灵，响亮地宣布：我很重要。

面对这么重要的自己，我们有什么理由不去爱自己呢？

PART 02

接纳不完美的自己

你不可能让所有人满意

哲人们常把人生比作路，是路，就注定有崎岖不平。

1929年，美国芝加哥发生了一件震动全国教育界的大事。

几年前，罗勃·郝金斯，一个年轻人，半工半读地从耶鲁大学毕业，做过作家、伐木工人、家庭教师和卖成衣的售货员。然而，只经过了8年，他就被任命为全美国第四大名校——芝加哥大学的校长。当时他只有30岁！真叫人难以置信。

人们对他的批评就像山崩落石一样一齐打在这位“神童”的头上，说他太年轻了，经验不够，说他的教育观念很不成熟，甚至各大报纸也加入了攻击。

在罗勃·郝金斯就任的那一天，有一个朋友对他的父亲说：“今天早上，我看见报上的社论攻击你的儿子，真把我吓坏了。”

“不错，”郝金斯的父亲回答说，“话说得很凶。可是请记住，从来没有人会踢一只死狗。”

确实如此，越勇猛的狗，人们踢起来下脚越重。

曾有一个美国人，被人骂作“伪君子”“骗子”“比谋杀犯好不了多少”……一幅刊在报纸上的漫画把他画成伏在断头台上，一把大刀正要切下他的脑袋，街上的人群都在嘘他。他是谁？他是乔治·华盛顿。

耶鲁大学的前校长德怀特曾说：“如果此人当选美国总统，我们的国家将会合法卖淫，行为可鄙，是非不分，不再敬天爱人。”听起来这似乎是在骂希特勒吧？可是他谩骂的对象竟是杰弗逊总统。

可见，没有谁的路永远是一马平川的。为他人所左右而失去自己方向的人，他将无法抵达属于自己的幸福终点。

真正成功的人生，不在于成就的大小，而在于是否努力地去实现自我，喊出属于自己的声音，走出属于自己的道路。

一名中文系的学生苦心撰写了一篇小说，请作家批评。因为作家正患眼疾，学生便将作品读给作家。读到最后一个字，

学生停顿下来。作家问道："结束了吗？"听语气似乎意犹未尽，渴望下文。这一追问，煽起学生的激情，立刻灵感喷发，马上接续道："没有啊，下部分更精彩。"他以自己都难以置信的构思叙述下去。

到达一个段落，作家又似乎难以割舍地问："结束了吗？"

小说一定摄魂勾魄，叫人欲罢不能！学生更兴奋，更激昂，更富于创作激情。他不可遏止地一而再再而三地接续、接续……最后，电话铃声骤然响起，打断了学生的思绪。

有急事，作家匆匆准备出门。"那么，没读完的小说呢？""其实你的小说早该收笔，在我第一次询问你是否结束的时候，就应该结束。何必画蛇添足呢？该停则止。看来，你还没把握情节脉络，尤其是缺少决断。决断是当作家的根本，否则绵延逶迤、拖泥带水，如何打动读者？"

学生追悔莫及，自认性格过于受外界左右，作品难以把握，恐不是当作家的料。

很久以后，这名年轻人遇到另一位作家，羞愧地谈及往事，谁知作家惊呼："你的反应如此迅捷、思维如此敏锐、编造故事的能力如此之强，这些正是成为作家的天赋呀！假如正确运用，作品一定脱颖而出。"

"横看成岭侧成峰，远近高低各不同。"凡事绝难有统一定论，我们不可能让所有的人都对我们满意，所以可以拿他们的意见做参考，却不可以代替自己的主见，不要被他人的论断束缚了自己前进的步伐。追随你的热情、你的心灵，它们将带你实现梦想。

有户人家有两个儿子。当两兄弟都成年以后，他们的父亲把他们叫到面前说："在群山深处有绝世美玉，你们都成年了，应该做探险家，去寻求那绝世之宝，找不到就不要回来。"两兄弟次日就离家出发去了山中。

大哥是一个注重实际、不好高骛远的人。有时候，不管发现的是一块有残缺的玉，或者是一块成色一般的玉甚至是奇异的石头，他都统统装进行囊。过了几年，到了他和弟弟约定的会合回家的时间。此时他的行囊已经满满的了，尽管没有父亲所说的绝世完美之玉，但造型各异、成色不等的众多玉石，在他看来也可以令父亲满意了。

后来弟弟来了，两手空空一无所得。弟弟说："你这些东西都不过是一般的珍宝，不是父亲要我们找的绝世珍品，拿回去父亲也不会满意的。"

"我不回去，父亲说过，找不到绝世珍宝就不能回家，我要继续去更远更险的山中探寻，我一定要找到绝世美玉。"

哥哥带着他的那些东西回到了家中。父亲说："你可以开一个玉石馆或一个奇石馆，那些玉石稍一加工，都是稀世之品，那些奇石也是一笔巨大的财富。"

短短几年，哥哥的玉石馆已经享誉八方，他寻找到的玉石中，有一块经过加工成为不可多得的美玉，被国王御用做了传国玉玺，哥哥因此也成了倾城之富。

在哥哥回来的时候，父亲听了他介绍弟弟探宝的经历后说："你弟弟不会回来了，他是一个不合格的探险家，他如果幸运，能中途醒悟，明白'至美是不存在的'这个道理，是他的福气。如果他不能早悟，便只能以付出一生为代价了。"

很多年以后，父亲已经奄奄一息。哥哥对父亲说要派人去寻找弟弟。

父亲说，不要去找，如果经过了这么长的时间都不能顿悟，这样的人即便回来又能做成什么事情呢？世间没有纯美的玉，没有完美的人，没有绝对的事物，为追求这种东西而耗费生命的人，何其愚蠢啊！

追求完美，是人类自身在渐渐成长过程中的一种心理特点或者说一种天性。应该说，这没有什么不好。人类正是在这种追求中，不断完善着自己，使得自身脱去了以树叶遮羞的衣服，变得越来越漂亮，成为这个世界万物之精灵。如果人只满

足于现状，而失去了这种追求，那么人大概现在还只能在森林中爬行。我们对事物总要求尽善尽美，愿意付出很大的精力去把它做到天衣无缝的地步。

但是，世界上根本就不存在任何完美的事物。为了心中的一个梦而偏执地去追求，却全然不顾你的梦是否现实、是否可行，从而浪费掉许许多多的时间和精力，最终只能在光阴蹉跎中悔恨。世界并不完美，人生当有不足。对于每个人来讲，不完美的生活是客观存在的，无须怨天尤人。

不要再继续偏执了，给自己的心留一条退路，不要因为自己的一时之错而埋怨自己，不要因为不完美而恨自己，不要因为不完美而觉得不幸福。看看那些活得幸福快乐的人，他们没有一个是十全十美的。

完美往往只会成为人生的负担，人绷紧了完美的弦，它却可能发不出声来。那些懂得爱自己、宽容别人的人，才是生活的智者，才更容易活得幸福。

自卑是对自己的抱怨

自卑就是对自己的抱怨，是在心里对自己能力的一种怀疑。自卑是人生最大的栏杆，每个人都必须成功跨越才能到达人生的巅峰。

自卑的人，情绪低沉，郁郁寡欢，常因害怕别人看不起自己而不愿与人来往，只想与人疏远，缺少朋友，顾影自怜，甚至内疚、自责；自卑的人，缺乏自信，优柔寡断，毫无竞争意识，抓不住稍纵即逝的各种机会，享受不到成功的乐趣；自卑的人，常感疲劳，心灰意懒，注意力不集中，工作没有效率，缺少生活情趣。

如果一个人总是沉迷在自卑的阴影中，那无异于给自己套上了无形的枷锁。但是如果能够认清自己，懂得换个角度看待周围的世界和自己的困境，那么许多问题就会迎刃而解了。

一位父亲带着儿子去参观凡·高故居，在看过那张小木床及裂了口的皮鞋之后，儿子问父亲："凡·高不是位百万富翁吗？"父亲答："凡·高是个连妻子都没娶上的穷人。"

第二年，这位父亲带儿子去丹麦，在安徒生的故居前，儿子又困惑地问："爸爸，安徒生不是生活在皇宫里吗？"父亲答："安徒生是个鞋匠的儿子，他就生活在这栋阁楼里。"

这位父亲是一个水手，他每年往来于大西洋各个港口；这位儿子叫伊东布拉格，是美国历史上第一位获普利策奖的黑人记者。20年后，在回忆童年时，他说："那时我们家很穷，父母都靠卖苦力为生。有很长一段时间，我一直认为像我们这样地位卑微的黑人是不可能有什么出息的。好在父亲让我认识了凡·高和安徒生，这两个人告诉我，上帝没有轻看卑微。"

富有者并不一定伟大，贫穷者也并不一定卑微。上帝是公平的，他把机会放到了每个人面前，自卑的人也有相同的机会。

自卑常常在不经意间闯进我们的内心世界，控制着我们的生活，在我们有所决定、有所取舍的时候，向我们勒索着勇气与胆略；当我们碰到困难的时候，自卑会站在我们的背后大声地吓唬我们；当我们要大踏步向前迈进的时候，自卑会拉住我们的衣袖，叫我们小心地雷。一次偶然的挫败就会令你垂头丧气，一蹶不振，将自己的一切否定，你会觉得自己一无是处，窝囊至极，会掉进自责自罪的旋涡。

自卑就像蛀虫一样啃噬着你的人格，它是你走向成功的绊脚石，它是快乐生活的拦路虎。一个人如果自卑，他不仅不敢有远大的目标，同时他将永远不会出类拔萃；一个民族和国家如果自卑，站不起来，也不敢站起来，只能跟在别国后边当附庸。

自卑是一种压抑，一种自我内心潜能的人为压抑，更是一种恐惧，一种损害自尊和荣誉的恐惧，所以生活中，我们只有比别人更相信并且珍爱自己，我们才能发挥自己最大的潜力，创造出属于自己的天地。当我们遭到冷遇时，当我们受到侮辱时，一定要自尊自爱，把羞辱作为奋发的动力，激励自己去战胜一个个难关。

别太在意别人的眼光，那会抹杀你的光彩

在这世上，没有任何一个人可以赢得所有人的满意。跟着他人眼光来去的人，会逐渐黯淡自己的光彩。

西莉亚自幼学习艺术体操，身段匀称灵活。可是很不幸，一次意外事故导致她下肢严重受伤，一条腿留下后遗症——走路有一点瘸。为此，她十分懊丧，甚至不敢走上街去，因为害怕看见别人注视残腿的目光。作为一种逃避，西莉亚搬到了约

克郡乡下。

一天，小镇上的雷诺兹老师领着一个女孩来向她学跳苏格兰舞。在他们诚恳的请求下，西莉亚勉为其难地答应了他们。为了不让他们察觉到自己残疾的腿，西莉亚特意提早坐在一把藤椅上。可那个女孩偏偏天生笨拙，连起码的乐感和节奏感都没有。

当那个女孩再一次跳错时，西莉亚不由自主地站起来给对方示范那个要领——一个带旋转的交叉滑步动作。西莉亚一转身，便敏感地看见那个学生的目光正盯着自己的腿，一副惊讶的神情。她忽然意识到，自己一直刻意掩盖的残疾在刚才的瞬间已暴露无遗。这时，一种自卑让她无端地恼怒起来。西莉亚的行为伤害了女孩的自尊心，她难过地跑开了。

事后，西莉亚满心歉疚。过了两天，西莉亚亲自来到学校，和雷诺兹老师一起等候那个女孩。西莉亚说："把你训练成一名专业舞者恐怕不容易，但我保证，你一定会成为一个不错的非职业领舞者。"

这一次，她们就在学校操场上跳，有不少学生好奇地围观。那个女孩笨手笨脚的舞姿不时招来同学的嘲笑，她满脸通红，不断犯错，每跳一步，都如芒刺在背。西莉亚看在眼里，深深理解那种无奈的自卑感。她走过去，轻声对那个女孩说："假如一个舞者只盯着自己的脚，就无法享受跳舞的快乐，而且别人也会跟着注意你的脚，发现你的错误。现在你仰起脸，面带微笑地跳完这支舞曲，别管步伐是不是错的。"

说完，西莉亚和那个女孩面对面站好，朝雷诺兹老师示意了一下。悠扬的手风琴音乐响起，她们踏着拍子，愉快起舞。其实那个女孩的步伐还有些错误，而且动作不是很和谐，但意外的效果出现了——那些旁观的学生被她们脸上的微笑所感染，也不再去关注舞蹈细节上的错误。渐渐地，有越来越多的学生情不自禁地加入到舞蹈中。大家尽情地跳啊跳啊，直到太阳下山。

生活在别人的眼光里，总也找不到自己的路。

其实，同一个事物，每个人的眼光都有不同。面对不同的几何图形，有人看出了圆的光滑无棱，有人看出了三角形的直线组成，有人看出了半圆的方圆兼济，有人看出了不对称图形独到的美……

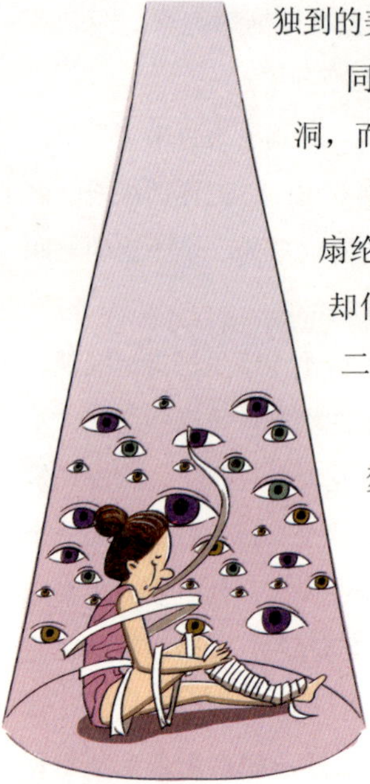

同是一个甜麦圈，悲观者看见一个空洞，而乐观者却品味到它的香甜味道。

面对赤壁，苏轼高歌“雄姿英发，羽扇纶巾，谈笑间，樯橹灰飞烟灭”；杜牧却低吟“东风不与周郎便，铜雀春深锁二乔”。

同是“谁解其中味”的《红楼梦》，有人听到了封建制度的丧钟，有人看见了宝黛的深情，有人悟到了曹雪芹的用心良苦，也有人只津津乐道于故事本身……

苏轼曾说：“横看成岭侧成峰，远近高低各不同。”人生是一个多棱镜，总是以它变幻莫测的每一面反照生活中的每一个人。不必介意别人的流言蜚语，不必担心自我思维的偏差，坚信自己的眼睛、坚信自己的判断、执着于自我的感悟。用敏锐的视线去审视这个世界，用心去聆听、抚摸这个多彩的人生，给自己一个富有个性的回答。

相信自己才能成功

有一天，著名的成功学专家安东尼·罗宾在自己的办公室里接待了一个走投无路、风尘仆仆的流浪者。

那人进门打招呼说：“我来这儿，是想见见这本书的作者。”说着，他从口袋中拿出一本名为《自信心》的书，那是安东尼许多年前写的。

安东尼微笑着示意流浪者坐下。流浪者激动地说：“一定是命运之神在昨天下午把这本书放入我口袋中的，因为我当时决定跳进密歇根湖，了此残生。我已经看破一切，认为一切已经绝望，我什么事情都做不成，没有人能够接纳我。但还好，我看到了这本书，使我产生新的看法，为我带来了勇气及希望，并支持我度过昨天晚上。我已下定决心，只要我能见到这本书的作者，他一定能帮助我再度站起来。现在，我来了，我想知道你能替我这样的人做些什么。”

在他说话的时候，安东尼从头到脚打量了流浪者许久，发现他眼神茫然、满脸皱纹、神态紧张，一切都在向安东尼显示，他已经无可救药了。但安东尼不忍心对他这样说。

听完流浪者的话，安东尼想了想，说："虽然我没有办法帮助你，但如果你愿意的话，我可以介绍你去见本大楼的一个人，他可以帮助你东山再起，重新赢回原本属于你的一切。"安东尼刚说完，流浪者立刻跳了起来，抓住他的手，说道："看在上帝的分上，请带我去见这个人！"

他会为了"上帝的分上"而做此要求，显示他心中仍然存在着一丝希望。所以，安东尼拉着他的手，引导他来到从事个性分析的心理试验室里，和他一起站在一块布前。安东尼把布拉开，露出一面高大的镜子，流浪者可以从镜子里看到自己的全身。安东尼指着镜子说："就是这个人。在这个世界上，只有一个人能够使你东山再起，除非你学会信任他，并且觉得他能够做成任何事情，否则，你只能跳进密歇根湖里。因为如果连你自己都不能相信自己，那么这个世界上将不会再有人相信你，你也就不能再做成任何事情。这样一来，无论是对于你自己还是这个世界，你都将是一个没有任何价值的废物。"

流浪者朝着镜子走了几步，用手摸摸他长满胡须的脸孔，对着镜子里的人从头到脚打量了几分钟，然后后退几步，低下头，开始哭泣起来。过了一会儿，安东尼领他走出来，送他离去。

几天后，安东尼在街上碰到了这个人，而他已不再是一个流浪汉形象。他西装革履，步伐轻快有力，头抬得高高的，原来那种不安、紧张的神态已经消失不见。他说他非常感谢安东尼先生，是安东尼让他找回了自信，让他有勇气面对生活中的一切，并且很快找到了工作。

后来，他果然东山再起，成为芝加哥的一个大富翁。由此可见，自信对于一个人的成功是起着至关重要的作用的。

自信是成功的第一信念。《成功心理》的作者丹尼斯·华特利在书中写道："成功者都具有实现自我价值的坚定信念。他们的自信表现不会像其他人一样被失败的心理摧垮。"没错，世界上伟大的创造性天才们都充满了自信。这种自信是一个成功者必须具备的基本条件，因为一个人如果连自己都不相信，就没办法取得别人的信任。

自信的态度，不仅会影响自己的生活，还会对周围的人产生影响。美国形象设计大师鲍尔说："成功男人的风格反映在外表，而优雅来自内在，它是你的自信及对自己的满意，它通过你的外表、举止、微笑展示。"因为自信，你的神态、语气、仪态等都在无声无息地、由里向外地散发着魅力。而这种魅力的力量，会让你更具吸引力，结交更多的朋友，获得更多同事的追随，得到上司的青睐，并最终问鼎成功。

PART 03

抱怨别人，不如修正自己

修正自己才能提高能力

世界上什么事最难？有人说挣钱最难，有人说哥德巴赫猜想最难。实际上，认识自己并且修正自己的弱点才是最难的。的确，那些富于思想的哲学家也都这么说。

发现自己的弱点并克服它确实很难。理由繁多，因人而异，但是所有理由都源于两点：害怕发现弱点，害怕修正自己。

就像一个不规则的木桶一样，任何一个区域都有“最短的木板”，它有可能是某个人，或是某个行业，或是某件事情。聪明的人应该把它迅速找出来，并抓紧做长补齐，否则它带给你的损失可能是毁灭性的。很多时候，往往就是因为一个环节出了问题而毁了所有的努力。

对于个人来说，下面的弱点是人们最有可能出现的短板。

1. 恶习。

毫无疑问，不良的习惯可以说是每个人最大的缺陷之一，因为习惯会透过一再的重复，由细线变成粗线，再变成绳索，再经过强化重复的动作，绳索又变成链子，最后定型成了不可迁移的不良个性。

人们在分分秒秒中无意识地培养习惯，这是人的天性。因此，让我们仔细回顾一下，我们平时都培养了什么坏习惯，因为这些习惯有可能使我们臣服，拖我们的后腿。

诸如懒散、酗酒以及其他各式各样的习惯，有时要浪费我们大量的时间，而这些无聊的习惯占用的时间越多，留给我们自己可利用的时间就越少。这时的不良习惯就像寄生在我们身上的病毒，慢慢地吞噬着我们的精力与生命，这时的习惯就成了一个人最大的缺陷，成了阻碍个人成功的主要因素。

所以，习惯有时是很可怕的，习惯对人类的影响远远超过大多数人的理解，人类95%的行为是通过习惯做出的。事实上，成功者与失败者之间唯一的差别在于他们拥有不一样的习惯。一个人的坏习惯越多，离成功就越远。

2.犯错。

通常人们都不把犯错误看成是一种缺陷，甚至把“失败是成功之母”当成自己的至理名言。

如果一个人在同一个问题上接连不断地犯错误，比如健忘，这是任何一个成功人士都不能容忍的。一个不会在失败中吸取教训的人是不配把“失败是成功之母”挂在嘴边的。不管是否具备吸取教训的意识还是能力，它都是一个人获取成功道路上的致命缺陷。

还有一些人不管是在学习还是在工作中，犯错误的频率总是比一般人高。他们做事情总是马虎大意、毛毛躁躁。对他们而言，把一件事做错比把一件事做对容易得多，而且每当出现错误时，他们通常的反应都只是："真是的，又错了，真是倒霉啊！"

把犯错归结为坏运气是他们一向的态度，或许他们没有责任心，做事不够仔细认真，或许他们没有找到做事的正确方式，但无论出于哪一点，如果他们没有改正错误，这都将给他们的成功带来巨大的障碍。

3. 马虎。

一位伟人曾经说过："轻率和疏忽所造成的祸患将超乎人们的想象。"许多人之所以失败，往往是因为他们马虎大意、鲁莽轻率。

在宾夕法尼亚州的一个小镇上，曾经因为筑堤工程质量要求不严格，石基建设和设计不符，结果导致许多居民死于非命——堤岸溃决，全镇都被淹没。建筑时小小的误差，可以使整幢建筑物倒塌；不经意抛在地上的烟蒂，可以使整幢房屋甚至整个村庄化为灰烬。

鉴于我们这些可知的和未可知的缺点，我们一定要学会修正自己，这本身就是一种能力。

4. 不谨言慎行。

自己的言行对做事成功是必要的，虽然人们不用匕首，但人们的语言有时比匕首还厉害。一则法国谚语说，语言的伤害比刺刀的伤害更可怕。那些溜到嘴边的刺人的反驳，如果说出来，可能会使对方伤心。

孔子认为，"君子欲讷于言而敏于行"，即君子做人，总是行动在人之前，语言在人之后。克制自己，懂言会行是做事最基本的功夫。

法国哲学家罗西法古说，如果你要得到仇人，就表现得比你的朋友优越；如果你要得到朋友，就要让你的朋友表现得比你优越。

而在这个世界上，那些谦虚豁达能够克制自己的人总能赢得更多的知己，那些妄自尊大、高看自己的人总是令别人反感，最终在交往中使自己到处碰壁。

所以无论在什么情况下我们都要学会克制自己、修正自己。只有这样，我们才能够提高自己的能力，才能修复我们生活中的一切“短板”，才会受到别人的欢迎，才能做好我们要做的事。

修正自己在于管理自己

很早的时候我国古代圣贤就说过“克己”，也就是自制的意思。我们的祖先虽然早就提出了“克己”，但是我们在“克己”方面做得还远远不够。相比较而言，一些外国人在自制方面比我们在“克己”方面更有成就。

南京大学有一个美国留学生叫唐·娜。寒假里，唐·娜随她的女同学张菁到张的老家河南农村过年。大年初一，张家准备了一桌丰盛的酒席招待唐·娜。席上，张父特意以当地名酒款待客人。张父给唐·娜斟了满满一杯酒，可是唐·娜只是礼貌地举杯，却滴酒不沾。

张家问其故。唐·娜说，她的家乡在美国西雅图州，当地的法律规定，公民年满21岁才能饮酒，她今年才19岁，还未到饮酒的年龄。

张家人劝她，这里是中国，不是美国，入乡随俗是可以的。再说，没有一个美国人会知道你在中国饮过酒。唐·娜却说，虽然自己身在国外，也应该遵守美国法律。名酒的味道很香，但自己会克制自己，不到法定年龄，决不饮酒。

唐·娜始终没有饮酒，张家人对这个美国姑娘十分敬佩。

还有一个故事讲的是：一个美国商人，他经常到中国做生意。有一次，一笔生意成交以后，中方宴请他。中方听说这个

美国商人十分喜欢吃虹鳟鱼，席上，主人特意请著名厨师做了一道名菜——清炖虹鳟鱼。

这道菜上来以后，美国商人眼睛一亮，看得出，商人真的很喜爱这道菜。奇怪的是，商人夹了一块鱼肉以后，还没有送到嘴里就又送了回去，放下筷子不吃了。

主人忙问其故，美国商人说，这是一条有籽的虹鳟鱼，美国法律规定，要保护生态环境，不能吃有籽的母鱼。主人连忙说，这是在中国，不是美国，中国并没有这样的法律。美国商人说，自己是美国人，走到哪儿，都要遵守美国的法律。

主人很尴尬，再次劝美国商人说，即使是这样，这条虹鳟鱼已经烧熟了，不吃浪费了岂不可惜！美国商人却说，即使浪费了，他也不能吃。美国商人自始至终都没有碰这条虹鳟鱼。

美酒的味道很香，唐·娜却不为之心动；虹鳟鱼的味道很美，美国商人却不为之下箸。他们是在没有任何外界压力下的一种自我限制行为，是在自觉地履行道德上的某种义务。有较强自制能力的人，一定能够战胜自我。如果不幸遇到祸害，他一定能够泰然处之，化祸为福，让自己快乐。可见，自制对快乐的人生是极其重要的。

愉悦自己，才是真正地爱自己

在遭遇困苦时，乐观的人总会努力想办法让自己快乐起来，让精神的伤痛远离自己。愉悦自己，才是真正地爱自己。

由于破产和从小落下的残疾，人生对基尔来说已索然无味了。

在一个晴朗的日子，基尔找到了牧师。牧师耐心听完了基尔的倾诉，对基尔说：“我给你看样东西。”他向窗外指去。那是一排高大的枫树，在枫树间悬吊着一些陈旧的粗绳索。他说：“60年以前，这儿的庄园主种下这些树，他在树间牵拉了许多粗绳索。对于嫩弱的幼树，这太残酷了，因为创伤是终生的。有些树面对残忍现实，能与命运抗争，而另一些树消极地诅咒命运，结果就完全不同了。眼前这棵粗壮的枫树看不出什么疤痕，所看到的是绳索穿过树干——几乎像钻了一个洞似的，真是一个奇迹。”

“关于这些树，我想过许多。”他说，“只有体内强大的生命力才可能战胜像绳索带来的那样终生的创伤，而不是自己毁掉这宝贵的生命。对于人，有很多解忧的方法。在痛苦的时候，找个朋友倾诉，找些活干。对待不幸，要有一个清醒而客观的全面认识，尽量抛掉那些怨恨、妒忌等情感负担。有一点也许是最重要的，也是最困难的：你应尽一切努力愉悦自己，真正地爱自己。”

越过障碍、突破挫折困苦，乐观的人总有他自己的方法。

1. 转移不良的情绪。碰到不顺心的事情或在家中与亲属发生争吵，不妨暂时离开一下现场，换个环境，或者同别人去侃大山，或者参加一些文体活动，娱乐娱乐。总之，把注意力转移到别的方面去。只有把原来的不良情绪冲淡乃至赶走，心情的平静和稳定才能重新恢复。

2. 憧憬美好未来。只有经常憧憬美好的未来，才能始终保持奋发进取的精神状态。不管命运把自己抛向何方，都应该泰然处之。不管现实如何残酷，都应该始终相信困难即将克服，曙光就在前头，相信未来会更加美好。

3. 忆苦思甜。在人生的旅途中，有时荆棘丛生，有时铺满鲜花。对此应进行精心的筛选，不能让那些悲哀、凄凉、恐惧、忧虑、彷徨的心境困扰着我们。对那些幸福、美好、快乐的往事要常常回忆，以便在心中泛起层层涟漪，激发人们去开拓未来，而对那些不愉快的事情，诸多的烦恼则尽量要从头脑中抹掉，切不可让阴影笼罩心头，而失去前进的动力。

4. 做积极的自我暗示。例如对着镜子对自己说："我是最棒的！""我一定会成功！"看喜剧电影、听欢快的歌，做自己喜欢的事等。

5. 宽待自己。学会宽待自己是一件非常重要的事情。学会宽待自己就要允许自己犯错误，"金无足赤，人无完人"，谁能一辈子不犯错误？在总结教训之余，要安慰自己，即使是由于自身的原因导致的错误也不要对自己责备太严，要学会宽待自己，经常对自己说：过去的就让它过去吧，一切从头开始。只有这样才能形成正确的心态，才能够乐观地生活下去。

反击别人不如充实自己

有时候，白眼、冷遇、嘲讽会让弱者低头走开，但对强者而言，这也是另一种幸运和动力。所以美国人常开玩笑说，正是因为刺激，才"造就"出了杜鲁门总统。

故事是这样的：在读高中毕业班时，查理·罗斯是最受老师宠爱的学生。他的英文老师布朗小姐，年轻漂亮，富有吸引力，是校园里最受学生欢迎的老师。同学们都知道查理深得布朗小姐的青睐，他们在背后笑他说，查理将来若不成为一个人物，布朗小姐是不会原谅他的。

在毕业典礼上，当查理走上台去领取毕业证书时，受人爱戴的布朗小姐站起身来，当众吻了一下查理，向他来了个出人意料的祝贺。当时，人们本以为会发生哄笑、骚动，结果却是一片静默和沮丧。

许多毕业生，尤其是男孩子们，对布朗小姐这样不怕难为情地公开表示自己的偏爱感到愤恨。不错，查理作为学生代表在毕业典礼上致告别词，也曾担任过《学生年刊》的主编，还曾是“老师的宝贝”，但这就足以使他获得如此之高的荣耀吗？典礼过后，有几个男生包围了布朗小姐，为首的一个质问她为什么如此明显地冷落别的学生。

“查理是靠自己的努力赢得了我特别的赏识，如果你们有出色的表现，我也会吻你们的。”布朗小姐微笑着说。男孩们得到了些安慰，查理却感到了更大的压力。他已经引起了别人的嫉妒，并成为少数学生攻击的目标。他决心毕业后一定要用自己的行动证明自己值得布朗小姐报之一吻。毕业之后的几年内，他异常勤奋，先进入了报界，后来终于大有作为，被杜鲁门总统亲自任命为白宫负责出版事务的首席秘书。

当然，查理被挑选担任这一职务也并非偶然。原来，在毕业典礼后带领男生包围布朗小姐，并告诉她自己感到受冷落的那个男孩子正是杜鲁门本人。

查理就职后的第一件事，就是接通布朗小姐的电话，向她转述美国总统的问话：“您还记得我未曾获得的那个吻吗？我现在所做的能够得到您的奖赏吗？”

生活中，当我们遭到冷遇时，不必沮丧，不必愤恨，唯有尽全力赢得成功，才是最好的答复与反击。当有人刺激了我们的自尊心，伤害到我们的心灵时，强烈批驳别人不如思考自己什么地方还需要完善。

有个喜欢与人争辩的学者，在研究过辩论术，听过无数次的辩论，并关注它们的影响之后，得出了一个结论：世上只有一个方法能从争辩中得到最大的利益——那就是停止争辩。你最好避免争辩，就像避免战争或毒蛇那样。

这个结论告诉我们：反击别人不如自我休战。争辩中的赢不是真赢，它带来的只是暂时的胜利和口头的快感，它会导致他人的不满，影响你与他人之间的关系，更重要的是，在争辩中失利的人不会发自内心地承认自己的失败，所以你的说服和辩论统统徒劳无功，无助于事情的解决。

有一种人，反应快，口才好，心思灵敏，在生活或工作中和别人有利益或意见的冲突时，往往能充分发挥辩才，

把对方辩得哑口无言。可是，我们为什么一定要与对方辩论到底，以证明是他错了？这么做除了能得到一时的快意之外还有什么呢？这样能使他喜欢我们或是能让我们签订合同吗？事实并非如此。要想拥有良好的人际关系，要想使自己在事业上游刃有余，在朋友中广受欢迎，在家庭中和睦相处，我们最好永远不要试图通过争辩去赢得口头上的胜利。

反击别人，除了互相伤害以外，我们不会得到任何好处。这是因为，就算我们将对方驳得体无完肤、一无是处，那又怎样？我们只是使他觉得自惭形秽、低人一等，我们伤了他的自尊，他不会心悦诚服地承认我们的胜利。即使表面上不得不承认我们胜了，但心里会从此埋下怨恨的种子，所以还不如用那些时间来做有意义的事情。

莫因害怕“出丑”而禁锢生活

很多时候，我们都会用这样一句话来鼓励自己：天才是1%的灵感加上99%的汗水。于是，一些人就开始拼命工作，希望能用100%的汗水换来那1%的天分。其实，如果能用汗水弥补的天分，就不是真正的天分了。这个世界上，毕竟只有少数人才能成为天才。所以，我们的成长总是要伴随着一些无谓的辛苦和无趣的笑话的。

人们都想使自己聪明，都怕在众人面前出丑。这似乎是截然对立的两件事。但聪明人就绝不会出丑，出丑的人就必然是笨蛋吗？然而，实际生活并非如此。聪明的人有时简直如一个大傻瓜，他们当众出丑却若无其事，他们被人嗤笑却自得其乐。然而，他们就这样走向了成功。

罗茜读书时网球打得不好，所以老是害怕打输，不敢与人对垒，至今她的网球技术仍然很蹩脚。罗茜有一个同班同学，她的网球比罗茜打得还差，但她不怕被人打下场，越输越打，后来成了令人羡慕的网球手，成了大学网球代表队队员。

聪明是令人羡慕的，出丑总使人感到难堪。但是，其实聪明是在无数次出丑中练就的，不敢出丑，就很难聪明起来。

那些勇敢地去干他们想干的事的人是值得赞赏的，即使有时在众人面前出了丑，他们还是洒脱地说："哦，这没什么！"就是这么一类人，他们还没学会反手球和正手球，就勇敢地走上网球场；他们还没学会基本舞步，就走下舞池寻找舞伴；他们甚至没有学会屈膝或控制滑板，就站上了滑道。

艾米只会说几句法语，却毅然飞往法国去做一次生意旅行。虽然人们曾告诫她，巴黎人是看不起不会讲法语的人的，但她坚持在展览馆、在咖啡店、在爱丽舍宫用法语与每个人交谈。难道她不怕结结巴巴，不怕语塞傻笑、出丑吗？一点也不。因为艾米发现，当法国人对她使用的虚拟语气大为震惊之后，许多人都热情地向她伸出手来，为她的"生活之乐"所感染，从她对生活的努力态度中得到极大的乐趣。他们为艾米喝彩，为所有有勇气做一切事情而不怕出丑的人欢呼。

生活中有些人由于不愿成为初学者，就总是拒绝学习新东西。他们因为害怕"出丑"，宁愿闭塞自己的机会，限制自己的乐趣，禁锢自己的生活。

若要改变自己的生活位置，总要冒出丑的风险。除非你决心在一个地方、一个水平上“钉死”了。不要担心出丑，否则你就会无所作为，而且更重要的是你同样不会心绪平静、生活舒畅。你会受到囿于静止的生活而又时时渴望变化的愿望的痛苦煎熬。我们也许应该记住这一点，由于我们害怕出丑，也许会因此失去许多生活机会而感到后悔。我们应该记住一句法国谚语：“一个从不出丑的人并不是一个他自己想象的聪明人。”

PART

04

为小事抓狂是在跟自己过不去

不要让小事情牵着鼻子走

在非洲草原上，有一种不起眼的动物叫吸血蝙蝠，它的身体极小，却是野马的天敌。这种蝙蝠靠吸动物的血生存。在攻击野马时，它常附在野马腿上，将锋利的牙齿迅速、敏捷地刺入野马腿，然后用尖尖的嘴吸食血液。无论野马怎么狂奔、暴跳，都无法赶走这种蝙蝠，蝙蝠可以从容地吸附在野马身上，直到吸饱才满意而去。野马往往是在暴怒、狂奔、流血中无奈地死去。

动物学家们百思不得其解：小小的吸血蝙蝠怎么会让庞大的野马毙命呢？于是，他们进行了一次实验，观察野马死亡的整个过程。结果发现，吸血蝙蝠所吸的血量是微不足道的，远远不会使野马毙命。动物学家们在分析这一问题时，一致认为野马的死亡是它暴躁的习性和狂奔所致，而不是因为蝙蝠吸血致死。

一个理智的人，必定能控制住自己的情绪与行为，不会像野马那样为一点小事抓狂。当你在镜子前仔细地审视自己时，你会发现自己既是自己最好的朋友，也是自己最大的敌人。

上班时堵车堵得厉害，交通指挥灯仍然亮着红灯，而时间很紧，你烦躁地看着手表的秒针。终于亮起了绿灯，可是你前面的车子迟迟不启动，因为开车的人思想不集中，你愤怒地按响了喇叭，那个似乎在打瞌睡的人终于惊醒了，仓促地挂上了一挡，而你却在几秒钟里把自己置于紧张而不愉快的情绪之中。

美国研究应激反应的专家理查德·卡尔森说："我们的恼怒有80%是自己造成的。"这位加利福尼亚人在讨论会上教人们如何不生气。卡尔森把防止激动的方法归结为这样的话："请冷静下来！要承认生活是不公正的。任何人都不是完美的，任何事情都不会按计划进行。""应激反应"这个词从20世纪50年代起才被医务人员用来说明身体和精神对极端刺激（噪声、时间压力和冲突）的防卫反应。

现在研究人员知道，应激反应是在头脑中产生的。在即使是非常轻微的恼怒情绪中，大脑也会命令分泌出更多的应激激素。这时呼吸道扩张，使大脑、心脏和肌肉系统吸入更多的氧气，血管扩大，心脏加快跳动，血糖水平升高。

埃森医学心理学研究所所长曼弗雷德·舍德洛夫斯基说："短时间的应激反应是无害的。"他说："使人受到压力是长时间的应激反应。"他的研究所的调查结果表明：61%的德国人感到不能胜任工作；有30%的人因为觉得不能处理好工作和家庭的关系而有压力；20%的人抱怨同上级关系紧张；16%的人说在路途中精神紧张。

理查德·卡尔森的一条黄金规则是："不要让小事情牵着鼻子走。"他说："要冷静，要理解别人。"他的建议是：表现出感激之情，别人会感觉到高兴，你的自我感觉会更好。

学会倾听别人的意见，这样不仅会使你的生活更加有意思，而且别人也会更喜欢你。每天至少对一个人说，你为什么赏识他。不要试图把一切都弄得滴水不漏。不要顽固地坚持自己的权利，这会花费许多不必要的精力。不要老是纠正别人，常给陌生人一个微笑，不要打断别人的讲话，不要让别人为你的不顺利负责。要接受不成功的事实，天不会因此而塌下来；请忘记事事都必须完美的想法，你自己也不是完美的。这样生活会突然变得轻松许多。当你抑制不住自己的情绪时，你要学会问自己：一年前抓狂时的事情在现在看来还是那么重要吗？不为小事抓狂，你就可以对许多事情得出正确的看法。

现在，把你曾经为一些小事抓狂的经历写在这里，然后把你现在对这些事的看法也写下来，对比之下，相信你会有更深的认识，这也正是我们这一节内容所要传递的精神所在。

心小难成大器

人常常被困在有名和无名的忧烦之中，它一旦出现，人生的欢乐便不翼而飞，生活中仿佛再没有了晴朗的天，真是吃饭不香，喝酒没味，工作没劲，事业无心，连游戏也失去意思。这一切，只因为我们陷入了细小的忧烦之中。

平锐克里斯在2400年前说过："来吧，各位！我们在小事情上耽搁得太久了。”一点也不错，我们的确是这样的。

哈瑞·爱默生·傅斯狄克博士曾说过这样一个故事，讲述了森林里的一个“巨人”在战争中怎样得胜、怎样失败的过程。

在科罗拉多州长山的山坡上，躺着一棵大树的残躯。自然学家告诉我们，它曾经有400多年的历史。初发芽的时候，哥伦布刚在美洲登陆；第一批移民到美国来的时候，它才长了一半大。在它漫长的生命里，曾经被闪电击中过14次；400年来，无数的狂风暴雨侵袭过它，它都能战胜它们。但是在最后，一小队甲虫攻击这棵树，使它倒在地上。那些甲虫从根部往里面咬，渐渐伤了树的元气。虽然它们很小，但能持续不断地攻击。这样一个森林里的巨人，岁月不曾使它枯萎，闪电不曾将它击倒，狂风暴雨没有伤着它，却因一小队可以用大拇指跟食指就能捏死的小甲虫而终于倒了下来。

我们岂不都像森林中的那棵身经百战的大树吗？我们也经历过生命中无数狂风暴雨和闪电的打击，但都撑过来了。可是却会让我们的心被微小的小甲虫咬噬——那些用大拇指跟食指就可以捏死的小甲虫。

几年以前，有个人有机会去怀俄明州的大提顿国家公园游玩。和他一起去的，是怀俄明州公路局局长查尔斯·西费德，还有其他的朋友。他们本来要一起参观洛克菲勒坐落在那公园的一栋房子的，可是他坐的那部车子转错了一个弯，迷了路。等到达那座房子的时候，已经比其他车子晚了一个小时。西费德先生没有开那座大门的钥匙，所以他们又在那个又热又有好多蚊子的森林里等了一个小时，等这位迷了路的朋友到达。那

里的蚊子多得可以让一个圣人都发疯，可是它们没有办法赢过查尔斯·西费德。在等待迷了路的朋友的时候，他拆下一段白杨树枝，做成一根小笛子，当迷路者到达的时候，他不是忙着赶蚊子，而是正在吹笛，当作一个纪念品，纪念一个知道如何不理会那些小事的人。

解除忧虑与烦恼，应记住规则："不要让自己因为一些应该丢开和忘记的小事烦心。"

没错的，生活中小事不断，如果事事烦心，我们将没有快乐可言，更不会有时间和精力去做其他的事情，那么到最后，我们可能就因为那些小事而一事无成。

瞻前顾后只能使你停滞不前

人处于困境之中，更应该专注，一心一意地去做改变现状的工作。如果你还是瞻前顾后、左顾右盼，那你永远也不能改变不利的现状。

成就一番事业，实现人生价值，是一切有志者的追求。然而，通向成功的道路往往并不平坦，影响成功的因素复杂多样。现实生活中常常会看到这样的情形：有的人对学业、工作、事业专心致志、不懈努力，不受外界诱惑的干扰，扎扎实实地向着既定目标迈进，最终获得了成功；而有的人却耐不住寂寞，经不起诱惑，好高骛远、见异思迁，对学业、工作、事业缺乏一种执着精神，结果一事无成。无数事实说明，专注是走向成功的一个重要因素。

有些成功，不需要太强的实力，需要的往往是专注；有些失败，并非缺乏良好的时机，缺乏的往往是坚持。有一则寓言故事，也许更能说明这个道理：

从前，有一对仙人夫妻，喜欢下围棋，他们常常到山上下棋。一只猴子，经年累月地躲在树上，看这对仙人下棋，终于练就了高超的棋艺。

不久，这只猴子下山来，到处找人挑战，结果，没有人是它的对手。最后，只要是下棋的人，一看对手是这只猴子，就甘拜下风，不战而逃。

国王终于看不下去了，全国这么多围棋高手竟然连一只猴子也敌不过，实在是太丢脸了。于是国王下诏：一定要找到人来战胜这只猴子。

然而，猴子的棋艺卓绝，举国上下根本没有人是它的对手。那该怎么办呢？

这时，有一个大臣自告奋勇地说要与猴子下一盘棋。国王问：“你有把握吗？”他说绝对有把握，但是在比赛的桌上一定要放一盘水蜜桃。

比赛开始了，猴子与大臣面对面坐着，在比赛的桌子旁边放着一盘鲜嫩的水蜜桃。在棋赛过程中，猴子的眼睛总是盯着这盘水蜜桃，结果，猴子输了。

所谓专注，就是集中精力、全神贯注、专心致志。可以说，人们熟悉这个词就像熟悉自己的名字一样。然而，熟悉并不等于理解。从更深刻的含义上讲，专注乃是一种精神、一种境界。“把每一件事做到最好”，就是这种精神和境界的反映。一个专注的人，往往能够把自己的时间、精力和智慧凝聚到所要干的事情上，从而最大限度地发挥积极性、主动性和创造性，努力实现自己的目标。特别是在遇到诱惑、遭受挫折的时候，他们能够不为所动、勇往直前，直到最后取得成功。与此相反，一个人如果心浮气躁、朝三暮四，就不可能集中自己的时间、精力和智慧，干什么事情都只能是虎头蛇尾、半途而废。缺乏专注的精神，即使立下凌云壮志，也绝不会有所收获，因为“欲多则心散，心散则志衰，志衰则思不达也”。

专注源于强烈的责任感。只有讲责任、负责任，才能凝聚忠诚和热情，激发干劲和斗志。韩愈说：“业精于勤荒于嬉，行成于思毁于随。”古往今来，那些真正能干大事、能干成大事者，莫不具有敢担大任的胸怀和勇气。强烈的责任感，是专注的原动力。

专注来自淡泊和宁静。一个人在为工作和事业奋斗的过程中，困难和挫折在所难免，孤独和寂寞也在所难免。面对这些情况时，要能做到不受干扰、专注如一，关键是保持淡泊和宁静。经验表明，对一件事情，专注一时者众，而始终专注者寡。这其中的一个重要原因就在于，一般人很难长期耐得住寂寞、经得起考验。任何一个成功者的背后，都有着坚持不懈的执着追求和艰苦劳动。诸葛亮说：“非淡泊无以明志，非宁静无以致远。”唯有保持淡泊和宁静，才能坚定信念和追求，做到专注和执着。

一个人生活在社会中，面对纷繁复杂的世界，要想成就一番事业，就必须努力克服各种消极因素的影响。一个人如果总是瞻前顾后、左思右想，就永远不可能取得成功。

冷静从容地应对危难

也许，就在此刻，你的人生遇到了难以形容的危机，它将决定今生的成就到底有多大，或者预示着你以后幸福与否。在这样的时刻，保持一颗冷静的心，比任何办法都更有效。唯有冷静，你的头脑才能保持清醒，你的生命潜能才能得到自由发挥。

这是一个在印度广为流传的故事，故事的发生地就在印度。一对英国殖民地官员夫妇在家中举办一次丰盛的宴会。地点设在他们宽敞的餐厅里，那儿铺着明亮的大理石地板，房顶吊着不加任何修饰的椽子，出口处是一扇通向走廊的玻璃门。客人中有当地的陆军军官、政府官员及其夫人，另外还有一名美国自然学家。

午餐中，一位年轻女士同一位上校进行了激烈的辩论。这位女士的观点是如今的妇女已经有所进步，不再像以前那样，一见到老鼠就从椅子上跳起来。可上校却认为妇女们没有什么改变，他说："不论碰到任何危险，妇女们总是一声尖叫，然后惊慌失措。而男士们碰到相同情形时，虽也有类似的感觉，但他们却多了一点勇气，能够适时地控制自己，冷静对待。可见，男士的这点勇气是最重要的。"

那位美国学者没有加入这次辩论，他默默地坐在一旁，仔细观察着在座的每一位。这时，他发现女主人露出奇怪的表情，两眼直视前方，显得十分紧张。很快，她招手叫来身后的一位男仆，对其一番耳语。仆人的双眼露出惊恐之色，他很快离开了房间。

除了美国学者，没有其他客人发现这一细节，当然也就没有其他人看到那位仆人把一碗牛奶放在门外的走廊上。

美国学者突然一惊，在印度，地上放一碗牛奶只代表一个意思，即引诱一条蛇。也就是说，这间房子里肯定有一条毒蛇。他首先抬头看屋顶，那里是毒蛇经常出没的地方，可现在那儿光秃秃的，什么也没有；再看饭厅的四个角，前三个角落都空空如也，第四个角落也站满了仆人，正忙着上菜下菜。现在只剩下最后一个地方他还没看了，那就是坐满客人的餐桌下面。

美国学者的第一反应便是向后跳出去，同时警告其他人。但他转念一想，这样肯定就会惊动桌下的毒蛇，而受惊的毒蛇很容易咬人。于是他一动不动，迅速地向大家说了一段话，语气十分严肃，以至于大家都安静了下来。

"我想试一试在座诸位的控制力有多大。我从一数到三百，这会花去五分钟，这段时间里，谁都不能动一下，否则就罚他50个卢比。预备，开始！”

美国学者不急不缓地数着数，餐桌上的20个人全都像雕像一样一动不动。当数到288时，学者终于看见一条眼镜蛇向门外的牛奶爬去。他飞快地跑过去，把通向走廊的门一下子关上。蛇被关在了外面，室内立即发出一片尖叫。

“上校，事实证实了你的观点。”男主人这时叹道，“正是一个男人，刚才给我们做出了从容镇定的榜样。”

“且慢！”美国学者说，然后转身朝向女主人：“温兹女士，你是怎么发现屋里有条蛇的呢？”

女主人脸上露出一抹浅浅的微笑：“因为它从我的脚背上爬了过去。”

俗话说：天有不测风云。在那样的危急时刻，女主人和美国学者所表现出来的冷静和勇气值得我们尊敬。在生活中，每个人都可能遇到许多意外的事情。这时，能保持一颗冷静镇定的心去应付一切，该是多么难能可贵。

冷静处事，是一个人素质的体现，也是

情感睿智的反映。冷静是知识、智慧的独到涵养，更是理性、大度的深刻感悟。面对着一个高速发展的物质世界，我们必须具备人性的成熟美。否则，就是成功送到我们面前，我们也还是难以把握住。

在琐事之中获得生活的满足

有人说，生活如麻，总有解不开的疙瘩。也有人说，生活如虹，总有看不尽的风景。为什么同是生活，说法不同？这是因为有些人懂得变通，能在琐事之中获得生活的满足；而不懂变通的人，生活永远像麻绳拧成的疙瘩。究竟怎样才能在琐事中享受快乐，让我们一起来看看本尼特的生活。

一辆汽车在宾夕法尼亚州瑞克托镇本尼特家的老房子门前停下。驾车的男人下车就问：“乔治在吗？”

“舅舅在屋后车库修车。”本尼特回答。舅舅乔治走出来，跟这位从195公里外赶来的芝加哥来客握手，

客人把一些草图摊在引擎罩上。他们认真地讨论，一直谈到深夜，然后那人不停地向乔治道谢，开车走了。

似乎人人都要向乔治·麦唐纳请教。乔治舅舅是一家之主。本尼特的生父在他出世前就离开了母亲，哥哥理查以及本尼特和罗杰这对孪生兄弟都由母亲抚养，乔治就一直舅代父职。本尼特自小就常听到别人说："这件事我们去找乔治商量。"或者"看看乔治有什么意见。"经济大萧条期间，他的舅舅上夜校，成了工程绘图员。

本尼特的舅舅有一张和善的宽脸，笑容可掬。他对事物的内部构造有浓厚的兴趣，也善于引起别人的兴趣。他有时会指着一架机器、一件工具，或者纸夹之类最普通的东西说："试想想发明这件东西要花多少心思。"他也会教人一些常识，而绝不令人觉得枯燥。

本尼特的舅舅似乎总能从最细微的事物中得到快乐与满足。比如，刚从菜圃摘下的番茄的味道；透过溪畔悬铃木的晨曦；驾车上石南山喝泉水，等等。他欣赏别人拥有的东西，例如他自知永远没希望拥有的华贵大轿车，但只是赞赏那些东西而已，并没有丝毫妒忌之意。舅舅对别人的工作和兴趣总是兴致勃勃，因此朋友有什么梦想、遇到什么困难，都会讲给他听。

本尼特的舅舅那一代人，凡是本尼特认识的，都偶尔会说起在经济大萧条时期所受的煎熬。他的舅舅也有过同样的遭遇，但从来不提。舅舅在烟雾笼罩的钢铁城北布勒道克长大，童年时外公就去世了，从此他挑起养家的责任，尝尽了艰苦。他很少提起童年，提起的都是最快乐的事。直到本尼特被大学录取，舅舅为他高兴时，本尼特才发觉，舅舅其实很渴望自己当年也有这么一个机会。

可以说，舅舅从来没有赚过很多钱，也从没得过任何荣誉，但他是个真正快乐的人。夏日周末的晚上，他和街坊在自家的厨房里一面听收音机播出的田园民歌，一面煮蚝汤。打烊时分，他坐在蒙莱杂货店柜台前，吃着乳酪和饼干，跟街坊聊天。深夜，他坐在卧室的油灯旁读《圣经》。

有一次，舅舅向人借了一个大望远镜，选了个无云的夏夜，在后院架起来，和孩子们一起仰望火星、金星和新月，听着蟋蟀唧唧叫。黑暗中一道手电筒光向他们照射过来，原来是邻居甘博正赶来参加他们的聚会。他们举头望着浩瀚的银河，舅舅说："本尼特，你知道吗，这真合算，我们都有个永恒不朽的机会。"言语中充满了乐观。

本尼特毕业时，舅舅突然逝世。

第二天，本尼特走进舅舅的卧室。他的办公桌上放着他的怀表、罗盘、丁字尺和工程人员手册，在他那书页折了角、用铅笔画出重要字句的书里，有用来做书签的纸片，他在纸上写了这样的话："……我无论在什么境况下都可以满足，这我已经学会了。"就在这一刻，本尼特恍然大悟，这就是舅舅的秘密——令他这么快乐的秘密。

在生活的琐事中也可以感到满足，在平凡的生活中也可以享受快乐，生活本是由一连串的小事组成，幸福也并非是大富大贵这类让人心跳加快的突降之福。琐事本是生活的折射，懂得从琐事中享受生活的人，懂得从平淡之中安闲乐适的人，才是有好心态的人。这样的人，任何困难都不会阻挡他前进的步伐。

抱怨只会让事情更糟

在生活中，经常会有这样一些人，他们总是抱怨自己人生不如意，生不逢时，并由此而产生了一系列的矛盾与烦恼。

比如说，有的人对自己目前的工作不满意，认为职位低、赚钱少，比不上别人。于是就不断地抱怨，工作常常出错，上司也不喜欢他，同事也觉得他没出息。这样，他就越来越孤独，越来越被排挤，越来越远离快乐和成功。

怨恨是使自己觉得自己重要的一种方法。很多人通过“别人对不起我”的感觉来达到异常的满足。从道德上来说，不公正的受害者和那些受到不公正待遇的人，似乎比那些造成不公正的人要高明。

心怀怨恨的人，是想在人生的法庭上证明他的案子，如果他有怨恨之感就证明生活对他不公平，而有一些神奇的力量将会澄清那些使他产生怨恨的事情，使他得到补偿。从这个意义上来说，怨恨是对已发生之事的一种心理反抗或排斥。

怨恨的结果是塑造劣等的自我意象。就算怨恨的是真正的不公正与错误，也不是解决问题的好方法，因为它很快就会转变成一种习惯情绪。一个人习惯于觉得自己是不公平的受害者时，就会定位于受害者的角色上，并可能随时寻找外在的借口，即使在最不确定的情况中对最无心的话，他也能很轻易地看到不公平的证据。

抱怨会使自己的情绪恶化，看什么都不顺眼，使自己陷入一种自己制造出来的消极情境之中。

经常抱怨也会变成一种习惯，遇到压力或不如意之事便先抱怨一番，这是最可怕的事。一位伟人曾说：“有所作为是生活中的最高境界。而抱怨则是无所作为，是逃避责任，是放弃义务，是自甘沉沦。”不论我们遭遇到的是什么境况，光是喋喋不休地抱怨不已，都注定于事无补，还会把事情弄得更糟。而这绝不是我们的初衷。

倘若我们的抱怨毫无理由，就应从根本上改变自己的心态，由消极变为积极，由推诿变为主动，由事不关己变为责任在我。即使我们的抱怨拥有充足的理由，那也还是不要抱怨吧！在逆境中拼搏能够产生巨大的力量，这是人生永恒不变的法则。当你遇到某一个难题时，也许一个珍贵的机会正在悄悄地等待着你。抱怨并不能解决实际问题，尽快地停止抱怨吧，只有去行动才有解决问题的可能。

因此，我们要从现在开始记住，不要抱怨他人，不要抱怨环境。无法改变环境，就改变自己；改变不了过去，就努力改变未来。

那么怎样才能克服抱怨的毛病呢？认真完成下面的行动计划，就能帮你克服抱怨的弱点。

行动1：写下发生在你身上的5件事，写下其中你的抱怨：对照自己写的内容，抱怨能真正帮你解决问题吗？显而易见，满腹抱怨不能解决任何事情，相反会阻碍我们成功。

行动2：找出一直困扰住你的一件事，你要像看电影一样回忆其中的每一个细节，然后把这段过程转化为滑稽的形式。

你找一把高高的椅子坐在上面，然后满脸堆笑，气定神闲地进行这一过程。如果有个人对你说了什么坏话，你就像录像带倒带一样，让那个人说话的速度变快很多，如果不过瘾，你还可以给那个人安上米老鼠的耳朵和唐老鸭的嘴巴，再配上一些古怪的音乐。这样来来回回十遍，再看这个困扰你的过程，你会发现变得非常滑稽了，你会觉得失去了抱怨的意义。

行动3：找一个支持和信赖你的真挚友人作为倾诉的伙伴，把所有的抱怨、牢骚、不满都发泄出来。

当你克服了抱怨的弱点后，你就真正成了一个阳光的人，一个时刻感受到快乐和幸福的人。

PART 05

告诉自己：我可以坚持

坚强，唤起坚不可摧的希望

面对生活之中的磨难，你或许会有所动摇，开始被困难吓到。这个时候，你可以想想下面案例中的这个饱受生活折磨的人。

他刚出生时只有可乐罐子那么大，躺在观察室里奄奄一息。他的腿是畸形，没有肛门（医生只好给他割了道深口，让他能排便），而且他的膀胱和肠也不正常。医生断言，孩子几乎不可能活过24小时！然而，他挣扎着，活过了一周又一周……他顽强地活了下来。

男孩实在太弱太小了，胆怯的他对任何比他大的东西都充满恐惧，甚至家里的狗也经常欺负他。父亲经常对他说：“孩子，你必须自己面对一切恐惧，勇敢起来！”

当他进入学校时，压根也没有想到迎接自己的却是噩梦。个头矮小的他成了学校调皮学生的玩偶：他们掀翻他的轮椅，弄坏他轮椅上的刹车，让他从走廊直接“飞”进老师办公室；

最可怕的一次是几个同学用绳子绑住他的手，用胶纸封住他的嘴，把他扔进垃圾箱里，接着在垃圾箱外点起了火，滚滚浓烟令他窒息，他万分惊恐，直到一位老师将他解救出来……男孩终于无法忍受了，回到家，想着自己一次次被折磨、被侮辱的遭遇，他放声大哭。他想到了自杀，但，他还是舍不得疼爱他的双亲……

高中毕业后，他决定给自己找个工作。每天早上，他趴在滑板上，敲开一家又一家的店门，问店主是否愿意雇用他。可等人家打开门时，根本就没有发现几乎趴在地上的他，就又把门关上了。

在经过无数次应聘失败后，他终于找到自己的第一份工作。他每天凌晨四点半起床，赶火车到镇上，然后爬上他的滑板，从车站赶到几公里外的工厂。尽管生活艰辛，但是能够自食其力，他勇敢而快乐地活着。

从12岁起，他就开始打室内板球，后来还喜欢上了举重与轮椅橄榄球。他对运动的执着热爱，使他取得了一系列好成绩，相继获得了1994年澳大利亚残疾人网球赛的冠军以及2000年全国健康举重比赛第二名。他就是约翰·库提斯。

是坚强，让约翰·库提斯看到了生活的希望；也是坚强，让他成为人们心目当中的英雄。在生活中，我们也会遇到各种各样的困难，但是我们能否拿出约翰·库提斯那样的勇气，坚强地面对自己的人生呢？

2008年，韩国明星自杀事件一度成为热门话题，很多曾经给我们留下了美好幻想的年轻偶像们，以一种非常极端的方式结束了自己的生命。虽然每个人都给出了他们离世的理由——舆论压力、事业危机、炒股破产，但是不管是怎样的理由，选择死亡本身就是对生活最懦弱的表现。

这个世界上，没有什么门槛是迈不过去的，没有什么难关是攻克不了的。所以不要遇到一点困难就觉得生活已经没有希望了，也不要因为一点压力就觉得自己挺不过去了。其实很多时候，困难并没有我们想象那么可怕，只要你勇敢一点，坚强一点，再撑一撑，痛苦的一页很快就会翻过去了。

我们的生活里，逆境多于顺境，这是一种人生规律。就像航行的帆船，需要接受惊涛骇浪的考验，有波折的生活才富有创造的魅力。经历挫折的时候，鼓足勇气，去面对生活，而不是逃避。困难就像是弹簧，你变得强大了，它就会缩小；你不敢去面对了，它就会变得越来越难以战胜，直到遮盖了你心中所有的希望。

所以，面对挫折与磨难，我们要学会坚强，给自己一个精

神的支点，把自己的眼光投给希望。因为生命的严冬终究会过去，等到下一年，雁，依然会从南方飞回；花，依然会在春天盛开；叶，依然会走向青绿；我们的生活，也依然会镀上一层灿烂的阳光。

失败了也要昂首挺胸

面对失败，我们是退缩不前，还是鼓起勇气？有这样一则故事，给了我们答案：

巴西足球队第一次赢得世界杯冠军回国时，专机一进入国境，16架喷气式战斗机立即为之护航，当飞机降落在机场时，聚集在机场上的欢迎者达3万人。从机场到首都广场不到20公里的道路上，自动聚集起来的人群超过了100万。多么宏大和激动人心的场面！然而前一届的欢迎仪式却是另一番景象。

1954年，巴西人都认为巴西队能获得世界杯冠军。可是，天有不测风云，结果巴西队却意外败北，那个金灿灿的奖杯没有被带回巴西。球员们悲痛至极，他们想，去迎接球迷的辱骂、嘲笑和汽水瓶吧，足球可是巴西的国魂。

飞机进入巴西领空，他们坐立不安，因为他们的心里清楚，这次回国不知要面临什么样的景象。可是当飞机降落在首都机场的时候，映入他们眼帘的却是另一种景象。巴西总统和两万名球迷默默地站在机场，他们看到总统和球迷共举一条大横幅，上书：失败了也要昂首挺胸。

队员们见此情景顿时泪流满面。总统和球迷们都没有讲话，他们默默地目送着球员们离开机场。4年后，他们终于捧回了冠军奖杯。

失败并不可怕，可怕的是失败了之后你会消沉下去，一蹶不振。要学会摆脱失败的阴影，在失败面前昂首挺胸。

人生的成功道路上难免会有失败的乌云笼罩。面对失败，想要获得成功的人须与暴雨相随，与狂风对抗，方能攀上自我实现的高峰。那么，为什么一遇到行动上的阻力你便会退缩呢？为什么你的意志力会如此脆弱呢？因为你缺少成功的信念，成功的信念将会使你坚定向前，而无惧沿途所遭逢的困难。

世界上有无数强者，即使丧失了他们所拥有的一切东西，也还不能把他们叫作失败者，因为他们仍然有着不可屈服的意志，有着坚忍不拔的精神，而这些足以使他们从失败中崛起，走向更伟大的成功。

第二次世界大战刚刚结束的时候，德国到处是一片废墟。有两个美国士兵访问了一家住在地下室的德国居民。离开那里之后，两个人在路上谈起感受。

甲问道："你看他们能重建家园吗？"

乙说："一定能。"

甲就问："为什么回答得这么肯定呢？"

乙反问道："你看到他们在黑暗的地下室的桌子上放着什么吗？"

甲说："一瓶鲜花。"

乙接着说："任何一个民族，如果处于这样困苦的境地，还没有忘记鲜花，那他们就一定能够在这片废墟上重建家园。”

面对苦难和失败，依然摆放鲜花，昂首面对，这样的民族必然会重新崛起。

世间真正伟大的强者，对于所谓的是非成败并不介意，他们能够做到“不以成败论英雄”。这种人无论面对多么大的失败，绝不失去镇静，因而终能获得最后的胜利。在狂风暴雨的袭击下，心灵脆弱的人们唯有束手待毙，但这些人的自信、镇静，却依然存在，这种精神使得他们能够克服外在的一切困难，而得以成功。

要想真正战胜失败，关键是要学会昂首挺胸，正视失败，从中吸取教训，下次不再犯同样的错误。只有愚蠢到不可救药的人才会在同一个地方被同一块石头绊倒两次，这样的人也不会从失败中把握未来，实现命运的转折。

生命在，希望就在

有一个富翁，在一次生意中亏光了所有的钱，并且欠下了债，他卖掉房子、汽车，还清了债务。

此刻，他孤独一人，无儿无女，穷困潦倒，唯有一只心爱的猎狗和一本书与他相依相随。在一个大雪纷飞的夜晚，他来到一座荒僻的村庄，找到一个避风的茅棚。他看到里面有一盏油灯，于是用身上仅存的一根火柴点燃了油灯，拿出书来准备读书。但是一阵风忽然把灯吹灭了，四周立刻漆黑一片。这位孤独的老人陷入黑暗之中，对人生感到痛彻的绝望，他甚至想到了结束自己的生命。但是，身边的猎狗给了他一丝慰藉，他无奈地叹了一口气沉沉睡去。

第二天醒来，他忽然发现心爱的猎狗被人杀死在门外。抚摸着这只相依为命的猎狗，他突然决定要结束自己的生命，世间再没有什么值得留恋的了。于是，他最后扫视了一眼周围的一切。这时，他不由发现整个村庄都沉寂在一片可怕的寂静之中，他急步向前，啊，太可怕了，尸体，到处是尸体，一片狼藉。显然，这个村庄昨夜遭到了匪徒的洗劫，连一个活口也没留下来。

看到这可怕的场面，老人不由心念急转：“啊！我是这里唯一幸存的人，我一定要坚强地活下去。”此时，一轮红日冉冉升起，照得四周一片光亮，老人欣慰地想：“我是幸运的人，我没有理由不珍惜自己。虽然我失去了心爱的猎狗，但是，我得到了生命，这才是人生最宝贵的。”

老人怀着坚定的信念，迎着灿烂的太阳出发了。

故事中的老人，在失意甚至绝望之下，重新找回了希望，

赶走了悲伤。这不能不说是他人生中的一大转折。

联想到我们日常的生活和学习，如果遇到失意或悲伤的事情，我们一样要学会调整自己的心态。

如果你的演讲、你的考试没有获得成功，如果你曾经尴尬，如果你曾经失意，如果你被训斥和谩骂，请不要耿耿于怀。对这些事念念不忘，不但于事无补，还会占据你的快乐时光。抛弃它吧！把它们彻底赶出你的心灵。

让那担忧和焦虑、沉重和自私远离你，更要避免与愚蠢、虚假、错误、虚荣和肤浅为伍，还要勇敢地抵制使你失败的恶习和使你堕落的念头，你会惊奇地发现：你的人生旅途是多么轻松、自由，你是多么自信！

走出阴影，沐浴在明媚的阳光中。不管过去的一切多么痛苦、多么顽固，把它们抛到九霄云外。不要让担忧、恐惧、焦虑和遗憾消耗你的精力。把你的精力投入到未来的创造中去吧，要主宰人生，做自己的主人。请记住：生命在，希望就在！

成功属于那些坚忍不拔的人

生活陷入困顿，人生陷入低谷，这个时候你在想些什么？就打算这样过一辈子吗？当然不能。面对生活的不幸，我们只有依靠坚韧的态度来承担风雨，才有机会重见阳光。

世界上最容易、最有可能取得成功的人，就是那些坚忍不拔的人。无论你现在的境况如何，都要坚定不移、百折不挠。

莎莉·拉斐尔是美国著名的电视节目主持人，曾经两度获奖，在美国、加拿大和英国每天有800万观众收看她的节目。可是她在30年的职业生涯中，却曾被辞退18次。

刚开始，美国大陆的无线电台都认定女性主持不能吸引观众，因此没有一家愿意雇用她。她便迁到波多黎各，苦练西班牙语。有一次，多米尼加共和国发生暴乱事件，她想去采访，可通讯社拒绝她的申请，于是她自己凑够旅费飞到那里，采访后将报道卖给电台。

1981年，她被一家纽约电台辞退，无事可做的时候，她有了一个节目构想。虽然很多国家广播公司觉得她的构想不错，但碍于她是女性，所以还是放弃了。最后她终于说服了一家公司，受到了雇用，但她只能在政治台主持节目。尽管她对政治不熟，但还是勇敢尝试。1982年夏，她的节目终于开播。她充分发挥自己的长处，畅谈美国国庆日对自己的意义，还请观众打来电话互动交流。令人想不到的是，节目很成功，观众非常喜欢她的主持方式，所以她很快成名了。

当别人问她成功的经验时，她发自内心地说："我被人辞退了18次，本来大有可能被这些遭遇所吓退，做不成我想做的事情。但结果恰恰相反，我让它们鞭策我前进。"

正是这种不屈不挠的性格使莎莉在逆境中避免了一蹶不振、默默无闻的一生，走向了成功。

任何成功的人在达到成功之前，没有不遭遇失败的。爱迪生在经历了上千次失败后才找到了合适的灯丝材料；沙克也是在试用了无数介质之后，才培养出小儿麻痹疫苗。

“你应把挫折当作使你发现你思想的特质，以及你的思想和你明确目标之间关系的测试机会。”如果你真能理解这句话，它就能调整你对逆境的反应，并且能使你继续为目标努力，挫折绝对不等于失败，除非你自己这么认为。

爱默生说过：“我们的力量来自我们的软弱，直到我们被戳、被刺，甚至被伤害到疼痛的程度时，才会唤醒包藏着神秘力量的愤怒。伟大的人物总是愿意被当成小人物看待，当他坐在占有优势的椅子中时会昏昏睡去，当他被摇醒、被折磨、被击败时，便有机会可以学习一些东西了；此时他必须运用自己的智慧，发挥他的刚毅精神，他会了解事实真相，从他的无知中学习经验，治疗好他的自负精神病。最后，他会调整自己并且学到真正的技巧。”

因此，无论经历怎样的失败和挫折，你都要从精神上去战胜它，别把它当一回事，甩甩手从头再来，成功终究会来临。

不放弃万分之一的成功机会

生活中我们缺少的就是坚持，当希望的事情没有实现之后，就放弃了，伤心，失落，甚至抱怨，觉得命运不公平。可是，只有懂得坚持的人，才能赢得事业上的成功。

我们当中的很多人，不仅自己不去为看似不可能实现的事情努力，而且去嘲笑那些为了梦想而努力的人们，觉得他们很愚蠢。或许有一天，当你再次见到那个曾经被你嘲笑过的人时，会突然间发现他已经成了一个非常成功的人。就像《士兵突击》中的许三多，他是一个别人眼中的“三呆子”，但他很重视每一次机会，即使在别人眼中他永远是一个笨手笨脚的人，一个在起初连正步都走不好的人。他认为自己不是马而是骡子，所以他加倍努力，做什么就和抓住了救命的稻草一样珍惜，最终他超越了当初嘲笑他的许多人。

生活中有无数的挑战，也有无数次与你擦肩而过的机会，有些人视而不见，而另外一些人却牢牢地抓住了它。有时候一次机会就会改变一个人的命运，很多人空有一身本领，却不懂得如何抓住机会，所以一生“怀才不遇”；而另一些人虽然不是“学富五车”，但却总能走得比别人远，也并非投机取巧，而是他们善于抓住不远处的机会，每一次都不错过。所以我们常常会看到这样的现象：一些人并不是很出色但却能走到高处，做出成绩；而有些“才高八斗”的人却总是失意，就是因为不懂得运用机会。

不过，机会或时机又是难以察觉和捕捉的，它不会自己跑来敲你的门，也不会大喊大叫把你惊醒。它像不经意间掠过你面前的一阵风，又像一条水中的游鱼，似乎抓住了却又从你手中溜走。机会的确是成功的催化剂，成功人士凭借机会可以更快地达到目标。有一句格言说得好：“幸运之神会光顾世界上的每一个人，但如果她发现这个人并没有准备好要迎接她时，她就会从大门里走进来，然后从窗子里飞出去。”台塑董事长王永庆就是一个善于抓住机遇的人。

1980年，美国经济陷入低潮，石化工业普遍不景气，关闭、停产的化工厂比比皆是。经济萧条期间，许多企业家抱着观望的态度，不敢贸然行动，那些濒临倒闭的石化厂虽然亏本出售，却仍无人问津。但是王永庆却发动攻势，以出人意料的低价买下得克萨斯州休斯敦的一个石化厂。得克萨斯州是美国石油蕴藏量最丰富的一个州，而且油质非常好。王永庆在那儿筹建全世界规模最大的PVC塑胶工厂，年产量48万吨。

王永庆在第二年又以迅雷不及掩耳的速度在美国的路易斯安那州和特拉华州各买下了一个石化厂。1982年，王永庆更以1950万美元买下了美国JM塑胶管公司的八个PVC下游厂。王永庆的这些大胆举动令同行大为不解，他们用疑惑的目光注视着他，议论纷纷。

可王永庆认为：在经济不景气的时候进行投资，收购或建厂的成本比较低，可增加产品的竞争能力；而且，经济景气大都遵循一定的周期规律，有落必有涨，兴建一座现代化工厂约需要一年半到两年时间，在经济不景气时建厂，等到

建设结束时，市场又在复苏之中，正好赶上销售良机。

不过经济复苏却花了很长的一段时间，加上收购的工厂出现了一系列的问题，如石化厂机器老化、设备残旧等，让他一年时间亏损了800万美元。不过，王永庆并没有灰心，他通过改制，让工厂的面貌有了彻底改观，生产很快走上了正轨。

经过台塑全体员工的辛勤奋斗，到1983年底，王永庆在美国的PVC厂每年的产量共计达39万吨，加上台塑原有的55万吨生产能力，合计年产量达到94万吨，台塑企业成了世界上产量最大的PVC制造商。

机会对于我们每一个人来说，都是来之不易的，不管它多么微小，都值得一试。只有尝试才会有希望，放弃机会就等于放弃了成功的可能。

屡败屡战，绝不放弃

当塞洛斯·W.菲尔德从商界引退的时候，他已经积累了大量的财富。而这时他却对在大西洋中铺设海底电缆这一构想产生了极大的兴趣，这样一来，欧洲和美洲就能建立电报联系。菲尔德倾其所有来完成这一事业。前期的准备工作包括建造一条从纽约到纽芬兰的圣约翰的电话线路，全长1000多英里。这其中有400多英里需要穿过一片原始森林，为此他们不得不在铺设电话线的同时修建一条穿越纽芬兰的道路。这条线路中还有140多英里要通过法国的布列塔尼，建设者们在那儿也投入了大量的人力，还要铺设通过圣劳伦斯的电缆。

通过艰苦的努力，菲尔德得到了英国政府对他的公司的援助。但是在国会里，他曾经遭到了一个很有影响力的团体的强烈反对，在参议院表决时，菲尔德的方案仅以一票的优势获得通过。英国海军派出了驻塞瓦斯托波尔舰队的旗舰阿伽门农号来铺设电缆，而美国则由新建的护卫舰尼亚加拉号来承担这一工作。但是由于一次意外，已铺设了5英里长的电缆卡在了机器里，被折断了。在第二次实验中，船只驶出200英里时，电流突然消失了，人们在甲板上焦急沮丧地来回走动，似乎死期就要来临。正当菲尔德先生要下令切断电缆的时候，电流就像它消失时那样，突然又神奇地恢复了。但由于停得过于突然，船只猛烈地倾斜了一下，电缆又被卡断了。

菲尔德不是一个轻言放弃的人。他重新购买了700多英里长的电缆，委托一位精通此行的专家设计一套更好的铺设电缆的机器设备。美国和英国的发明家齐心协力地工作，最后决定从大西洋中央开始铺设两段电缆。于是两艘船开始分头工作，一艘往爱尔兰方面，另一艘驶往纽芬兰，每艘船都各自承担一头的铺设工作，大家希望这样能够把两个大陆连接起来。就在两艘船相距3英里时，电缆断了。人们重新连上了电缆，但是当两艘船相距80英里时，电流又消失了。电缆再次连上，大约又铺设了200英里之后，在距阿伽门农号20英尺处，不幸电缆又断了，阿伽门农号随即返回了爱尔兰海岸。

项目负责人都感到非常沮丧，公众开始怀疑，投资商开始退却。如果不是菲尔德先生不屈不挠、夜以继日、废寝忘食地工作，说服众人，整个工程项目早就被放弃了。终于开始了第三次尝试，这一次成功了，整条电缆线顺利地铺设完成。几个信号在大西洋上传送了将近700多英里之后，突然电流又中断了。

大家都失去了信心，只有菲尔德先生和他的一两个朋友仍然对此抱有希望。他们继续坚持工作，并且说服了人们继续投资进行试验。一条崭新的更为高级的电缆由大东部号负责铺设。大东部号慢慢地驶向大西洋，一边前进一边铺设。一切都进行得很顺利，直到距离纽芬兰600英里处，电缆突然折断沉入海底。几次捞起电缆的尝试都失败了，这一项目也因此停顿了将近一年。

但是菲尔德先生并没有被这些困难吓倒，他继续为自己的目标努力。他组建了新公司，并制造了一条当时最为先进的电缆。这一次成功地向纽约传送了信息，全文如下：

无比满足，7月27日。

我们于早上9点到达，一切顺利。感谢上帝！电缆铺设成功，运行良好。

塞洛斯·W.菲尔德

那条旧的电缆也找到了，重新连接起来，通往纽芬兰。这两条线路现在仍在使用，而且将来还会有用。

人生在世，不可能事事如愿。遇见了什么失望的事情，你也不必灰心丧气。你应当下个决心，想办法争回这口气才对。

第六篇

不抱怨的身心

PART

01

不抱怨的身心来自健康的生活理念

失去健康你就失去一切

很少有人能够彻底明白体力与事业的关系是怎样密切。人们的每一种能力、每一种精神机能的充分发挥，与人们的整个生命效率的增加，都有赖于体力的充沛。

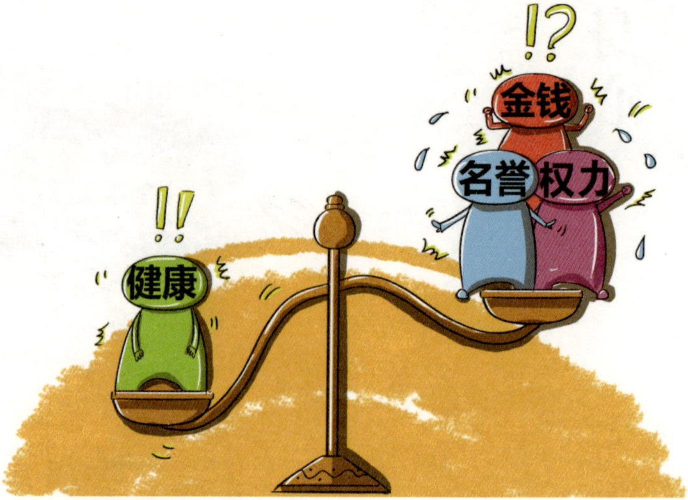

体力的充沛与否，可以决定一个人的勇气与自信心的有无；而勇气与自信心，是成就大事业的必需条件。

要想在人生的战斗中得到胜利，第一个条件，就是每天都能以一副体强力健的身体、精神饱满的状态去对付一切。

对于整个生命所系的大事业，你必须付出你的全部力量才能成功。只发挥出你的一小部分能力从事工作，工作一定是干不好的。你应该以一个精干、健壮、完全的“人”去从事工作，工作对于你，是乐趣而不是痛苦；你对工作，是主动而不是被动。假如你因为生活不谨慎而以一个精疲力竭的身体去从事工作，你的工作效率自然要大减。在这种情形之下，你所做的一切，将都带着“弱”的记号，这样成功是难以得到的。

许多人，就失败在这点上——工作、创业时，不能发挥出其全部的力量——活力低微、精神衰弱、心理动摇、情绪波动的人，自然永远不能开创出什么了不起的事业来。

聪明的将军，不肯在军士疲乏、士气不振时，统率他们去应付大敌。他一定要秣马厉兵，然后才肯去参加大战。在人生的战斗中，能否得到胜利，就在于你能否保重身体，能否让你的身体保持良好的状态。假如在你的血液中没有火焰的燃烧，在你的身体中没有精神的储存，那么你在人生战斗中一经打击，就会失败。

一个人有大志，有绝对的自信，而同时又具有足以应付任何境遇、适应任何事变的旺盛体力，则他一定能够从那些烦闷、忧虑、疑惧等种种精神束缚中解脱出来。

旺盛的体力可以增强人们各部分机能的力量，而使其效率、成就较之体力衰弱的时候大大增加。强健的体魄，可以使人们在事业上处处得到便利，得到帮助。

凡是有志成功、有志上进的人，都应该爱惜、保护体力，而不浪费在不必要的地方，因为体力的任何一点浪费，都将减少我们成功的可能性。世间有不少有志于成大事的人，因没有充沛的体力为后盾，而致壮志未酬身先死。然而世间又另有大批的人，有着充沛的体力却不知珍重，任意浪费在无意义、无益处的地方，摧毁了珍贵的身体资本。

美国的罗斯福总统曾说："我是一个体弱多病的孩子。但我后来决意恢复我的健康，我立志要变得强健无病，并竭尽全力以做到这点。"

身心不断地活动，是祛病健身的最好处方。要保持健康，必要的活动是绝对前提。所以，经常活动有助于增进你的健康。

健康比金钱更重要

如果问一个人什么最重要，他可能会说财富、名誉、知识、机遇……但是细想来，健康往往比财富和名誉更重要。如果人没有了健康，就失去了享受财富与名誉的资本。

年轻人总是以为自己正是身强体壮的好时候，就不用注意健康了，殊不知很多疾病都是年轻时不注意导致的。所以，我们一定要对自己的健康进行投资。虽然年轻的时候正是为了事业打拼的时候，但是工作之余也一定要注意休息，不然就会事倍功半。

数年前，美国IMG公司聘用了一位精力充沛的女业务员，负责在高尔夫球场及网球场上的新人当中发掘明日之星。美国西岸有位网球选手特别受她赏识，她决定招揽对方加盟IMG公司。从此，纵使每天在纽约的办公室忙上12小时，她依然不忘时时打电话到加州，关心这个选手受训的情形。他到欧洲比赛时，她也会趁着出差之际抽空去探望，为他打理事务。有好几次，她居然连续三天都未合眼，忙着飞来飞去，追踪这个选手的进步状况，虽然手边还有一大堆积压已久的报告。

可悲的事终于在法国公开赛上发生了。照原定日程，这位女业务代表不必出席这项比赛，但是她说服主管，为了维持与那位年轻选手的关系，她要求到场。主管勉强应允，但要求她得在出发前把一些紧急公务处理完毕，结果她又几个晚上没合眼。最后，她终于登上了飞往巴黎的飞机，但时差及重大赛事产生的压力感随之而来，这位非常积极能干的女士到最后已是大脑空空。抵达巴黎当天，在一个为选手、新闻界与特别来宾举行的宴会上，她依旧盯着那位美国选手，并且时时为他引见一些要人。当时是瑞典名将博格独领风骚的年代，他刚好又是IMG公司的客户，也是那位年轻选手的偶像，自然她就介绍了他俩认识，然而，令人难堪的事却发生了。博格正在房间与一些欧洲体育记者闲聊，她与年轻选手迎上前去。

对方望向这边时，她说："博格，容我介绍这位……"天哪！她居然忘了自己最得意的这位球员的姓名！她实在是精疲力竭，过度疲劳使她大脑刹那间一片空白。好在博格有风度，尽力设法打圆场，化解了尴尬场面，可是这位年轻选手却面红耳赤，张口结舌，心中更是难过得不得了，从此他再也不相信IMG的业务代表是真心对他了。

可悲的是，她一片苦心，却由于疲劳过度这单纯的因素而造成无可挽回的失误。她发掘的这位选手后来果真打入世界排名前十名，却从此再也不是IMG公司的客户了。

休息是工作的一部分，休息就是修补。只有保证了身体的健康，才能保证工作的效率与质量。充沛的体力和精力是成就伟大事业的先决条件，这是一条铁的法则。虚弱、没精打采、无力的年轻人，虽有可能过上一种令人尊敬和令人羡慕的高雅生活，但是他很难再往上爬，很难成为一个领导者，也几乎不可能在任何重大事件中走在前列。

身体和精神是息息相关的。一个有八分天赋的身强体壮者所取得的成就，可以超过一个有十分天赋的体弱者所取得的成就。所以说，生命中最重要的奖赏是健康、坚强和健壮。人并不是必须要有很大的块头和威武的外表，但一定要具有旺盛的生命力和巨大的精神力量。这种力量体现在布瑞汉姆领主连续工作176个小时的狂热中，体现在拿破仑24小时不离马鞍的精神中，体现在富兰克林70岁高龄还露营野外的执着中，体现在格莱斯顿以84岁的高龄还能紧握船舵，每天行走数公里，到了85岁时还能砍倒大树的状态中。

可是现在，由于都市生活的高压与紧张，很多人的身体都处于亚健康状态。这其中的很多人有一种错误的观念，就是认为等有了病再去医院治疗。其实很多的疾病在早期是很难被发现的，有些疾病一旦发病医院也无法治愈。比如脑血栓、肾脏疾病、肝脏疾病、糖尿病、肿瘤、癌症等。

当人的生命受到威胁时，花钱就不会心痛，因为这时候我们才会发现：我们已经没有资格与自己的健康讨价还价了。很多人终其一生都是在给医院“打工”，透支自己的健康来换取金钱、权位，前半生拿命换钱，后半生拿钱换命。这样看来，我们莫不如在年轻的时候就注意休息，有一个健康的身体。只有健康的身体，才是我们享受幸福的最基本保障。

不要靠酒精消愁

李长顺24岁丧妻，膝下无子，不知什么原因，他一直没有再娶。有人曾好奇地问过他，他什么都不说；人们再问他，他扭头就走。人们都说他是个怪人。

李长顺喝酒有个习惯。他自己可以在值班期间狂喝海饮，但他绝不让他手下的7个小电工沾一滴酒。只要看到他们谁偷偷喝酒，他不仅严厉呵斥，而且还责令其写检查。手下的人为此深感不解。

一天晚上，正值电工小路值班，当他路过李长顺的办公室的时候，看到喝着酒嘴里还在不停地念叨着什么的班长李长顺。好奇心驱使小路走进了他的办公室。

小路真诚地劝说班长不要喝那么多酒，酒多伤身，并且让他多注意身体。听到这里，平时挺严肃的李长顺突然放下手中的酒杯抱头大哭。一会儿，李长顺抬起头说：“你知道我为什么爱喝酒吗？有谁知道我心里的苦啊……”

原来，李长顺的妻子当年很漂亮，追求她的人很多，李长顺是通过朋友介绍认识她的。在那么多的追求者当中，李长顺靠的就是人老实、不喝酒赢得了妻子的欢心。

其实，当时李长顺很爱喝酒，只不过认识妻子的那段时间，母亲有病，李长顺那点微薄的工资全部用在给母亲买药上，没有多余的钱买酒。

结婚后，随着生活的好转，李长顺的酒瘾犯了，为此妻子经常和他吵架。

一次，李长顺因酒后工作出了事故，被调到离县城很远的一个山区乡镇。那段时间，李长顺很消沉。听邻居说丈夫消瘦了很多，平时极力反对丈夫喝酒的妻子特意备了两瓶酒去看望李长顺。从此每个月的第一个星期天，妻子都会带酒去看望李长顺。

又盼到了妻子送酒的星期天，李长顺一直等到下午4点多，连妻子的人影也没有看到。傍晚听一位同事说，上午县城来的一辆班车出了车祸，车上的人全部遇难。李长顺来不及听同事细讲，就朝出事地点奔去。还没看到妻子人影，就闻到一股扑鼻的酒味……

从此，酒成了李长顺生命里的唯一依靠，也只有在喝醉的时候，才能看到妻子微笑着向他走来。

李长顺的遭遇只是酒精给人们带来伤害的九牛之一毛，长期大量饮酒还会导致慢性酒精中毒，对人体造成多方面的损害，比如会引起视力减退。如前所述，酒中甲醇继续分解出来的甲醛对人的视网膜有特殊毒性，长期痛饮，视网膜会持久受到伤害，就会使视力逐渐减退，甚至失明。还会引起营养缺乏，饮酒过多会抑制食欲，好酒的人常常多饮（酒）少吃（菜）就是例证。

同时，酒类所含有的热量是没有营养成分的，酒后发热，还会消耗体内原有的大量热能；大多数饮酒成瘾的人还同时会产生一些心理问题。很多人把喝酒作为一种逃避现实的方法，但是这通常是以牺牲健康为代价的。所以我们必须要解决对酒依赖的问题，必须重视心理健康。

李白诗曰：“抽刀断水水更流，举杯消愁愁更愁。”古人都知道，酒只起到一时的麻痹作用，为什么还有那么多人依赖酒呢？当断则断，告别酒杯，过一个清醒的人生吧！

酗酒对个体和社会的危害极大，因此对滥喝酒者和依赖酒者必须进行治疗和戒酒指导。常用的方法有：

1. 认知疗法。通过影视、电台、图片、实物、讨论等多种方式，让嗜酒者端正对酒的态度，认识到适量饮酒有益，过量饮酒有害，逐步控制饮酒量。

2. 厌恶疗法。对嗜酒成瘾的患者的饮酒行为附加一个恶性刺激，使之对酒产生厌恶反应，以消除饮酒欲望。

3. 家庭治疗。酗酒往往给家庭带来不幸，但对其进行制约的最好环境也是家庭。因此家庭成员应帮助患者，让其了解酒精中毒的危害，为其树立起戒酒的决心和信心，并与患者签好协约，定时限量给其酒喝，循序渐进地戒除酒瘾。同时创造良好的家庭气氛，用亲情温情去解除患者的心理症结，使之感受到家庭的温暖。

4. 集体疗法。患者可参加各种戒酒者协会，进行自我教育及互相约束与帮助，达到戒酒目的。国外有各种各样的嗜酒者互诫协会，譬如日本有民间的断酒会。这些组织每周聚会1～2次，讨论戒酒方法，介绍戒酒经验，并互相勉励。

良好的生活习惯带来健康

毋庸置疑，健康和富足可以给我们带来快乐，这种快乐是单纯而美好的。但健康和富足通常来源于你个人的努力和习惯，就如同拿破仑·希尔所说：“健康和富足都是习惯的产物。所以我们只有远离不良生活习惯，自己获得身心健康，才会轻轻松松地获得这种再简单不过的快乐。”

有两个人，一个是体弱的富翁，一个是健康的穷汉，两人相互羡慕着对方。富翁为了得到健康，乐意出让他的财富；穷汉为了成为富翁，随时愿意舍弃健康。

一位闻名世界的外科医生发现了人脑的交换方法，富翁赶紧提出要和穷汉交换脑袋。其结果，富翁会变穷，但能得到健康的身体；穷汉会富有，但将病魔缠身。

手术成功了。穷汉成为富翁，富翁变成了穷汉。

但不久，成了穷汉的富翁由于有了强健的体魄，又有着成功的意识，渐渐地又积起了财富。同时，他总是担忧着自己的健康，一感到些微的不舒服便大惊小怪。由于他总是那样担惊受怕，久而久之，他那极好的身体又回到原来那多病的状态里，或者说，他又回到了以前那种富有而体弱的状况中。

那么，另一位新富翁又怎么样呢？

他总算有了钱，但身体孱弱。然而，他不是用换脑得来的钱建立一种新生活，而是不断地把钱浪费在无用的投资里，应了“老鼠不留隔夜食”这句老话。

钱不久便挥霍殆尽，他又变成原来的穷汉。然而，由于他无忧无虑，换脑时带来的疾病也不知不觉地消失了，他又像以前那样有了一副健康的身子骨。

最后，两人都回到了原来的模样。

由此，希尔指出：“健康和富足都是习惯的产物。”所以，为了有一个健康的身体，我们应该做到以下几点。

1. 要戒烟。

吸烟者应自觉遵守公共场所“禁止吸烟”的规定，即使是在家里也应坚持不吸烟。这样，不仅有助于“烟民”的健康，同时也有助于亲人的健康。

2.注意劳逸结合。

缓解工作中的压力，调整好工作节奏，做到有张有弛。可以通过自己的业余爱好，如集邮、收藏、钓鱼、跳舞、旅游等方法，缓解紧张情绪。

3.保持良好的饮食习惯。

食物的功能在于供给我们活动所需要的能源，你的饮食习惯应该以此为唯一目标。如果把消化系统想象成一座工厂，那么为了使它能正常运转，必须供给它不同的原料。如果配料不当，则工厂很可能无法完成制造任务，或是制造出一些有瑕疵的产品，甚至有些原料会积存在各个角落，以致工厂中的各种原料开始腐烂，最后墙崩屋垮。

随着科学家对人体愈来愈了解，关于食物营养方面的资讯也愈来愈丰富，你应该随时注意有关饮食的信息。以下是几点可帮助你达到饮食平衡的方法：

（1）新鲜水果和蔬菜应该占所吃食物中的最大比例，它们含有相当丰富的维生素和纤维素等，对人体有益。

（2）你应多吃的第二种食物就是碳水化合物，诸如面包、谷物和土豆等。

（3）蛋白质（诸如瘦肉、鱼和乳酪）是非常重要的食品，但不宜吃得太多，每天适量食用即可。

（4）避免油性食物，限制牛油和食用油的食用量，并且拒绝吃油炸食物，同时也应少吃糖，像糖果和可乐之类。

此外你还应摄取不同的食物，以满足身体不同的需要，不要偏食，但应该拒绝不当的饮食方法。

切勿在生气、受到惊吓或担心时吃东西，因为当你在这种状态时，你的身体便无法充分吸收所吃食物的营养，尤其不可养成一紧张就想吃东西的习惯，因为这样只会使你变胖。

4. 多运动。

最理想的情况是把运动当作放松自己和娱乐的一种方式。放松和娱乐对你的思想能力有很大的影响，而运动除了能保持身体健康之外，对思想同样也会有所帮助。

你应每周至少做三次运动，每次至少20分钟。运动是身体和心理最好的刺激物，它对于清除负面影响因素有很大的助益。体育训练已成为了解人类潜力的重要方法，并且可以培养出一些有助于你追求成功的技巧。

学会忙里偷闲，张弛有度

这是一个令人难以置信的事实：日常的工作并不会让人感到疲倦，大多数疲劳现象源于精神或情绪的状态。

英国著名的精神病理学家哈德菲尔德在其《权力心理学》一书中写道：“大部分疲劳的原因源于精神因素，真正因生理消耗而产生的疲劳是很少的。”

著名精神病理学家布利尔更加肯定地宣称：“健康状况良好而常坐着工作的人，他们的疲劳100%是由于心理的因素，或是我们所谓的情绪因素。”

那长期工作者存在的情绪因素是什么？喜悦？满足？当然不是！是厌烦、不满，觉得自己无用、奔波、焦虑、忧烦等。这些情绪因素会消耗掉这些人的精力，使他们容易患感冒、精力衰退，每天带着头痛回家。不错，是我们的情绪在体内制造出紧张而使我们觉得疲倦。

为什么你在工作时会感到疲劳呢？丹尼尔·乔塞林说道：“我发现症结在哪里了——几乎全世界的人都相信，工作认不认真，在于你是否有一种努力、辛劳的感觉，否则就不算做得好。”于是，当我们聚精会神的时候，总是皱着眉头，微耸肩膀，我们要肌肉做出紧绷的动作，其实那与大脑的工作一点也没有关系。

大多数人不会随便地浪费自己的金钱，但是他们却在鲁莽地浪费自己的精力，这是一个令人难以置信却必须承认的事实！那么，什么才是解除精神疲劳的方法？放松！放松！再放松！要学会在工作的时候让自己放松！

古人云："一张一弛，文武之道也。"人生也应该有张有弛，也应该忙里偷闲。人生就像一条弦，太松了弹不出优美的乐曲，太紧了又容易断，只有松紧合适，才能弹奏出舒缓优雅的乐章。

悠闲与工作并不矛盾。处理好二者的关系，最重要的是能拿得起放得下。俗话说得好，磨刀不误砍柴工。该工作的时候就好好工作，该休息放松的时候就玩个痛快，这样才能更好地工作、更好地生活。

工作休闲应该搭配得当，不能忙时累个半死，闲时又闲得让人受不了。可以隔三岔五地安排一个小节目，比如雨中散步、周末郊游、烛光晚餐等。适时的忙里偷闲，可以让人从烦躁、疲惫中及时摆脱，从而获得内心的平静和安详。

要养成一种松弛有道的习惯，以最佳的精神状态应对工作。当你进行每天的工作时，就会获得一种放松的状态，更加理性而富有激情。每天都要练习一会儿，并详细地记得放松的感觉。回想你的手臂，你的腿、背、颈、脸各处的感觉。想象自己躺在床上，或坐在摇椅上，这样会帮你仔细回想。默默对自己说几次："我觉得愈来愈放松。"这样也有帮助。每天练习几次，你会很惊奇地发现这样不仅能大大减少你的疲乏，还会增强你的办事能力，而且由于经常放松，你可以清除这些干扰，清除紧张和焦虑了。

要学会放松，你可以试试下面的方法：

1. 随时保持轻松，让身体像只猫一样松弛。猫全身软绵绵的，就像泡湿的报纸。懂得一点瑜伽的人都知道，要想精通

“松弛术”，就要学学懒猫，以优雅、轻松的心态面对人生。

2. 工作的环境要尽量舒适轻松。记住，身体的紧张会导致肩痛和精神疲劳。

3. 每天对着镜子看自己，并且自问：“我做事有没有讲求效率？有没有让肌肉做那不必要的劳作？”这样会使你养成一种自我放松的习惯。

4. 晚上的时候，回想自己的一天是否有意义，想想看：“我感觉有多累？如果我觉得累了，那不是因为劳心的缘故，而是我工作的方法不对。”丹尼尔·乔塞林说过：“我不以自己疲累的程度去衡量工作效率，而用不累的程度去衡量。”他说：“一到晚上觉得特别累或者容易发脾气，我就知道当天工作的质量不佳。”如果全世界的工作者都懂得这个道理，那么，因过度紧张所引起的高血压死亡率就会在一夜间下降，我们的精神病院和疗养院也不会人满为患了。

其实，不只是工作，做任何事情都一样，学会忙里偷闲、张弛有道，让自己不要劳累，保持一个平和的心态，才能有更好的心情和干劲去做事情。

休息为你赢得好状态

泰戈尔曾说过：“休息与工作的关系，正如眼睑与眼睛的关系。”很多人因为想要获得事业上的成功，总是强迫自己无休止地工作。他们拒绝休假，公文包里塞满了要办的公文。如果要让他们停下来休息片刻，他们也会认为纯粹是浪费时间。

这些人都成功了吗？没有，他们中很多人不但没有成功，还使自己身心疲惫，有的甚至疏远了亲人，造成家庭的破裂。休息和运动一样重要。如果缺乏休息，身体会积劳成疾。因此，我们把休息称为是对身体的充电。

每当电池快没电时，我们就要及时充电，如此才能确保它继续正常运作。人也一样，经过一天的持续工作之后，我们需要补充能量，否则很难在第二天保持旺盛的精力。

我们要学会休息，以确保自己能有充足的精力去工作。假如你感到心力交瘁，此时自己的健康状态和工作能力可能会受影响，做出言行不合时宜的举动来。此时你的身体就像一节耗掉大部分电量的蓄电池，无法再如平时一般正常工作。

什么是正确的休息方法呢？一般人可能会认为，最有效的休息方法就是睡眠。许多人因为工作过度繁忙而长期失眠，因此对于自己的疲倦感到无能为力。但事实证明，睡眠并不是唯一的休息方式。

当一个人工作太久了，疲惫和压力就会产生，这时如果不改变一下工作的步调，很可能会造成情绪不稳定、慢性神经衰弱以及其他的毛病，这时需要调节一下。调节不一定需要休息，从脑力劳动转换去做几分钟体力劳动，从坐姿变为立姿，绕着办公室走一两圈，都可以迅速恢复精力。

另外，人类的心灵需要安静、独处的时间，以利于忘记竞争的压力。因此，不妨在自己繁忙的时间表上，安排几分钟或十几分钟静坐默想的时间，以获得内心的平静，让自己摆脱竞争的忙碌和工作的压力，退一步看看自己究竟在做什么。

小睡也是一种有效的休息和恢复精力的方法。小睡与正常睡眠不矛盾，它因人而异，有时打个盹儿就能起作用。通常正常的睡眠以恢复体力为目的，不可贪睡；而白天的小睡则是一种既不多占时间又能有效地恢复体力的休息方法。

深呼吸是最简单、最方便的休息。它只需持续一两分钟，你所要做的就是深吸——把空气直接送入腹部，让自己切实感到胃部随着吸入的空气而膨胀起来，然后再慢慢呼出来。

我们虽然一直在呼吸，但是由于匆忙，由于不断增强的压力，呼吸变得很浅，因此根本无法获得足够的氧气。

要想克服这种缺氧带来的副作用，你只需要如上所说，慢慢地深呼吸一两分钟，每天重复3～5次。

掌握了有效休息的方法，你的工作效率也将大大提高。聪明的人，会挣钱，爱工作，更要会休息。人就像机器，无休止地运行只会死机。

平衡的生活才是幸福的生活

生活平衡一直是我们社会中的一个大问题。即使现在，大多数人都更容易想到什么才是生活中最重要的东西的时候，我们所说的最重要的东西，同我们为之实际付出的时间和金钱之间仍然存在着差距，有时这种差距还相当巨大。

认真审视一下你的时间的货币价值，回顾一下你是如何花费时间的，这也许能显示出你的生活是否缺少平衡性。按一个星期计算，你的工作时间是多少？用于陪伴家人和朋友的时间是多少？用于自己的休闲、运动、健身的时间有多少？用于精神层面享受的时间又是多少？你是否忙得不可开交，以至于一旦面临危机时就只能手足无措地仓促祈祷，或失魂落魄地苦思冥想？如果你想知道在你自己的生活中这种差距有多大，可以用一个简单的方法快速计算出来。拿出你的计划或日程表，再拿出你的记账本或信用卡对账单，看一看过去几周内你的时间和金钱都用在了哪些方面，这些是否真的就是对你最重要的东西。

遗憾的是，许多人对这个问题的回答都是否定的，而且后果也清楚地体现在他们的生活中。大多数人能在人生的几个重要的组成部分中获取平衡并受益匪浅，这几个重要的组成部分为：朋友和家人、健康运动、个人自我发展、职业或事业、精神领域的享受。

显而易见，职业或事业在大多数人的生活中占有最大的比重。但是在生活有规律的基础上，留出时间与朋友和家人相聚、参加健身运动、享受精神生活、自我发展也是同样重要的。记录时间日记，能让你看清楚你的时间是如何失衡地分配的，也能让你明白你的生活究竟在哪里失去了平衡。如果你过去对自己的生活状态不清楚，那你永远也无法掌握或调整生活的天平。

不同的人对生活重心的认识不同，总体来说有以下几种观念：

1. 工作重要。

工作远不只是从事某项职业。工作是高质量生活的根本要素，关系到我们如何维持自己和家人的生活，如何发挥自己的作用，以及如何塑造内心崇高而有创造力的自我。

2. 家庭重要。

家庭是个人幸福的根本要素，也是社会不断发展的根本要素。最重要的“成功”，是在家庭中取得的成功。一代更比一代强是我们为整个社会做贡献的最佳方式。

3. 时间重要。

时间是价值的体现，是生活平衡的反映。我们可以随心所欲地高谈阔论，可以有梦想，但最终决定我们是否与众不同的，是我们在每天的生活中做了什么事情以及没有做什么事情。我们使用时间的方式，反映了我们能否持之以恒地关注和实现我们的首要目标，能否将最重要的东西体现在日常生活的决策之中。

4. 金钱重要。

金钱也是价值的一种体现，同时几乎还与每一个涉及工作、家庭和时间之间关系的问题存在必然的联系。金钱是别人认为我们的时间和精力所具有的价值的具体体现，也是我们认为可以购买的“东西”所具有的价值的具体体现。花钱就是用过去努力的成果或预支将来的时间作为交换，以改善我们自己和他人现在和将来的生活质量。个人理财可能是我们制定生活纪律、形成生活特质最有用的工具之一。

一些学者在研究这些严峻而深刻的生活平衡问题时发现，有一个特点已经越来越明显：工作、家庭、金钱和时间绝不是相互孤立的领域，人们不能仅凭在其中一个领域不断努力就能

获得巨大的成功。这些领域都是互相关联、高度复杂的系统的必要组成部分。虽然经济滑坡和战争威胁等事件可能会影响人们关注的重心，使人们的注意力从一个方面转移到另一个方面，但是较长时期内的总体形势和我们自身的经验都证明：工作、家庭、金钱和时间都是非常重要的方面。如果不能在以上每一个重要方面都取得一定的成功，就不可能长期保持较高的生活质量。

所以，一个人要想学会生活，就要学会平衡自己的生活。只有把生活的各个方面都平衡好了，你才会幸福，你才会拥有更多。

PART

02

抱怨疾病，
是在消灭健康的能量

你的身体跟思想是统一的

“我每天过得越来越好。”有些人每天在醒来时和就寝前都要把这句话默念好几次。对他们来说，这句话并不是华而不实的语言表达，而是说明健康来自积极的心态。对于健康，很多人的体验是，积极的心态会给人体健康带来好处，消极的心态则可能引发疾病。一个人心存消极思想，这是一件危险的事。现实生活中，到处都有人因为他们内心的仇恨、恐惧或罪恶感而给自己的健康造成伤害的例子。因此，要保持身体健康的秘诀是，首先要摆脱所有不健康的思想。我们必须洁净自己的心灵，为了身体的健康，先除去心中的消极念头。愤恨不满的情绪常常会引发疾病，如果一个人在他的工作岗位上屡屡失意，他的心理就会向身体发出“生病”的心理暗示，借此来逃避现实。

记得有人曾说过：“有两件事对心脏不好：一是跑步上楼，二是诽谤别人。”这两件事不仅对心脏不好，而且对人的身体也有很大的影响。所以，学会宽容很重要，你会发现，体谅别人会起到奇妙的治疗效果。

许多家报纸曾报道过这样一则新闻：有一名男子在过马路时不幸被车子撞倒而丧命。验尸报告说，这个人有肺病、溃疡、肾病和心脏衰弱，可是，他竟然活到了84岁。给他验尸的医生说："这个人全身是病，一般情况，30年以前早该去世了。"有人问他的遗孀，他怎么能活这么久，她说："我的丈夫一直确信，明天他一定会过得比今天更好。"

还有人认为，在运用积极心态方面，多使用积极的表述，也有利于身体健康。语言文字是有影响力的。如果你经常运用积极的话语来描述你的健康状况，便可能激发对你身体有好处的积极力量。你习惯性使用的一些字眼，能反映出你内在的某些思想。而你的思想是积极还是消极，会影响你内在的各种器官的健康状况。

曾任美国精神治疗协会会长的卡特博士在谈到一个人所持的肯定态度对健康的影响时，甚至反对人们使用像"我今天不会生病"这样的说法。他认为那只是半积极的态度，应该改为"我觉得今天比昨天好"，这才是非常积极的陈述，因而是一种引导健康的想法。卡特博士说："肯定的态度是以科学的事实为基础的，这些事实来自生物学、化学、医学等学科知识。正确地运用肯定态度将有助于改善你的健康状况，延长你的寿命，使你精力充沛，倍感幸福，从而在各方面取得成功，并且还能替你保持一件最主要的东西——那就是内心的平静。"

你的身体和思想是合一的，实际上是一个"身心"，你的

“身心”和自然是合一的。你的身体和思想的健康是不可分割的，任何影响你健全思想的因素，同样会影响你的身体；反之亦然。

同时，你的身心健康也会受到自然法则的规范，它对于你身心的规范和对于树木、山脉、鸟和动物的规范并没有什么不同。因此，想要了解保持身心健康的方法必须先了解自然界的法则，你必须和自然和谐相处而不是要和它对抗。人的心智是伴随着身体才能存在的，由于你的身体受到大脑的控制，所以，想要得到健康的身体就必须具备积极的心态、健全的意识。务必在工作、娱乐、休息、饮食和研究方面，都能培养出良好而平衡的健康习惯。

心理健康，身体才会健康

健康包括身体健康和心理健康两大方面，而这两方面又是相互影响的，身体会影响到心理，心理也会影响到身体。从科学的角度来说，不仅我们的心理上不允许我们流露出脆弱来，我们的身体也不允许。如果你放任自己的不良情绪，身体就会乱套。这是身体因你不够坚强而在“惩罚”你。

其实，早在20世纪，就有学者对情绪波动对人脑运动的影响做过研究。研究显示，当患者情绪忧郁、恐惧或易怒时，可显著影响脑的正常功能，脑活动也明显受到抑制。据统计，功能性的脑功能障碍患者中符合抑郁症诊断标准的占30%以上，脑功能紊乱患者中50%以上伴有抑郁。

由于人们对心理、精神障碍会引起诸多的躯体症状认识不足，所以很难想到这些消化不良、胃痛、腹泻等症状会是由心理、精神障碍引起的。其实如果能及时到医院就诊，经医生鉴别，如果消化道症状是由于抑郁引起的，而非躯体器质性疾病所致，这些症状的消除就需要抗抑郁的治疗。抗抑郁治疗一般常用心理治疗与药物治疗相结合的方法。患者可以从医生那里得到劝告、建议和纠正一些不正确的认识。当心理治疗效果不理想时，经医生诊断后可遵医嘱服用抗抑郁药物，一般都会取得较好的疗效。随着情感障碍得到纠正，因它引起的身体的各种不适症状也会随之好转。

目前医学上关于人的性格对一些心理疾病有很大的影响是十分肯定的。而且现在公认的有以下4种性格与身体疾病关系密切：

1. 急躁好胜型。

这种类型的人通常都在快节奏、竞争性强的环境中生活，易怒，容易对别人产生敌意。这类性格的人容易得冠心病、中风、高血压、甲亢。

2. 知足常乐型。

这种人的生活节奏慢、安静、顺从、知足、缺少抱负、不喜竞争、中庸、缺乏主见、多疑。这类性格的人容易得失眠、抑郁、强迫症。

3. 忍气吞声型。

过度克制压抑情绪、生闷气、有泪往肚里流。这类性格的人容易得肿瘤，且会加快肿瘤转移，内分泌紊乱。

4. 孤僻型。

这种人的性格特征是冷漠、消极、悲观、独处、没有安全感。这类性格的人容易得心脏病、肿瘤、精神疾病。

所以要想有一个好的身体，就一定要保证心理上的健康。只有心理健康了，少了浮躁和阴郁，少了情绪上的大起大落，才能让身体接收到积极的暗示，引导身体向健康的方向发展。所以，要想身体健康，必须首先要做到心理上的健康。

消极的自我暗示为疾病打开了门

有一位朋友，怀疑自己得了癌症，吓得要死，怕得要命，整天愁眉苦脸，焦躁不安，吃不下饭，睡不好觉，一举一动都像个典型的癌症患者，不到10天工夫，体重减了10多斤，后来经多家医院检查，完全排除了患癌症的可能，他才慢慢恢复了健康。

相反，有一位老同志被医院确诊为结肠癌。他并没有把这太当回事，觉得人活百岁总有一死，能多活一天就算胜利，他把癌症视为敌人，坚信“两军相遇勇者胜”，于是不断地进行积极的自我暗示：“只要自己精神不垮，就能战胜癌症这个敌人，一天天好起来。”吃药时他念叨：“这药很好，吃了一定有效果。”走路时想着：“生命在于运动。”这样长期坚持自我心理暗示，渐渐地这种暗示对他身心产生了良好的作用，10多年来不但病情稳定，而且症状消失，自己对身体的康复越来越充满信心。

不同的心理暗示给人以不同的结果。所谓自我暗示，从心理学角度讲，就是个人通过语言、形象、想象等方式，对自身施加影响的心理过程。这种自我暗示，常常会在不知不觉之中对自己的意志、生理状态产生影响。特别是对于那些病人来说，积极的自我暗示会使人有战胜疾病的信心，建立良好的心境，从而有益于病情的稳定和症状的消除。但是，消极的自我暗示会破坏和干扰人的正常的心理和生理状态，以致体内各种器官功能紊乱，抵抗力降低，为各种疾病大开方便之门。

自我暗示疗法是由法国医师库埃于1920年首创的，他有一句名言：“我每天在各方面都变得越来越好。”他让病人每天不断重复这句话，许多病人得到康复。其实，暗示疗法就是让病人有一个好的心情，有乐观的情绪，有战胜疾病的信心，这样就能调动人的内在能量，发挥主观能动性。古人常说“情急百病增，情舒百病除”，就是这个道理。

美国新奥尔良的奥施德纳诊所做过统计，发现在连续求诊而入院的病人中，因情绪不好而致病者占76%。这就告诉我们：情主健康沉浮，凡事往好的方面想，自然能战胜疾病。但是，好的心理暗示也来自健康的心理、合理的膳食以及对自己生理周期的正确认识，经常注意这些方面也能让自己保持良好的自我暗示。

1. 最科学的食谱能保证营养均衡。

日常生活中，每天的膳食必须保证糖、蛋白质、脂类、矿物质、维生素等人体所需的营养物质一样也不少。同时，还应当注意克服两种不良的饮食倾向：一是食物营养和热量过剩；二是为了某种目的而节食，以致食物中某些营养素和热量不足。这两种错误都足以导致身体出现亚健康状态。具体地说，一个健康的成年人每天需要1500卡路里的能量，工作量大者则需要2000卡路里的热量。不断补充营养是保持精力充沛的前提。

2. 认识自己的生理周期。

除此之外，每个人的心理状态和精力充沛程度在一天中是不断变化的，有高有低。大多数人在午后达到精力的高峰，但也不乏个人差异。每个人应找出自己的精力变化曲线，然后合理安排每日的活动。

3. 注意休息。

一些公司规定职员必须午睡，以保证工作效率，午睡时间宜在半小时左右，关键是质量。睡时最好能平躺在床上或沙发上，使身体伸展开来。不要趴在桌上睡，这种睡姿容易使颈部和腰部的肌肉紧张，醒后很不舒服，易发生慢性颈肩病。

疾病从“自我怀疑”开始

很多时候，只是我们心里以为有疾病会发生，如果真的因此打破正常生活，那么疾病真的就会找上门来。

哲人说得好，不要完全相信你听到的一切，也不要因他人的议论而鄙视自己，否则就会陷入自卑的“心理牢笼”。我们常常发现有些人身上的自卑，除了喜欢拿别人的优点、长处与自己的缺点和短处比较外，另一个原因就是喜欢听信那些不该听信的话，认不清自己身上蕴藏着无穷无尽的潜力，久而久之，丧失自信，便不知不觉地为自己营造了自卑的“心理牢笼”。

人的“心理牢笼”千奇百怪，五花八门，但有一点是相同的，那就是所有的“心理牢笼”其实都是人自己给自己营造的。就拿自寻烦恼来说吧，有人老是责备自己的过失，有人总是唠叨自己坎坷的往事和不平的待遇，有人念念不忘生活和疾病带来的苦恼……时间一长，就不知不觉地把自己囚禁在“心狱”里。

自寻烦恼有很多种，其中还有一种是喜欢用自己不懂的事情塞满自己的脑袋，使自己陷入紧张、痛苦之中。苏联著名作家别洛夫斯基讲过一个故事：

一位公司职员，一天觉得不舒服，感觉自己好像生病了，就去图书馆借了本医学手册，看该怎样治自己的病。他一口气读完了该读的内容，又继续读下去。当他读完介绍霍乱的内容时，方才感到自己患霍乱已经几个月了。他被吓住了，痴痴呆呆地坐了好几分钟。

后来，他很想知道自己还患有什么病，就依次读完了整本医学手册。这下可明白了，除了膝盖积水症外，自己一身什么病都有！

他非常紧张，在屋子里来回踱步。他认为：“医学院的学生们，用不着去医院实习了，我这个人就是一个各种病例都齐备的‘医院’，他们只要对我进行诊断治疗，然后就可以得到毕业证书了。”

他迫不及待地想弄清楚自己到底还能活多久！于是，就搞了一次自我诊断：先动手找脉搏，起先连脉搏也没有了！后来才突然发现，一分钟跳一百四十次！接着，又去找自己的心脏，但无论如何也找不到！他感到万分恐惧，最后他认为，心脏总会在它应在的地方，只不过自己没找到罢了……

他往图书馆走时，觉得自己是个幸福的人；而当他走出图书馆时，却被自己营造的“心理牢笼”所囚禁，完全变成了一个全身都有病的老头。

当他决心去找自己的医生时，一见到医生，他就说：“亲爱的朋友，我不给你讲我有哪些病，只说一下没有什么病，我的命不会长了！我只是没有患膝盖积水症。”

医生听他说完看书的事，然后给他做了诊断，坐在桌边，在纸上写了些什么就递给了他。他顾不上看处方，就塞进口袋，立刻去取药。赶到药店，他匆匆把处方递给药剂师，药剂师看了一眼，就退给他说：

“这是药店，不是食品店，也不是饭店。”

他很惊奇地望了药剂师一眼，拿回处方一看，原来上面写的是：

“煎牛排一份，啤酒一瓶，六小时一次。十英里路程，每天早上一次。”

他看过之后，哈哈大笑。他照这样做了，一直健康地活到今天。

这位职员幸亏醒悟及时，否则一定会被自己营造的“心理牢笼”所囚禁。

人的一生充满许多坎坷、许多愧疚、许多迷惘、许多无奈，稍不留神，就会被自己营造的“心狱”监禁。营造“心理牢笼”，既不花钱，也不费力，一瞬间就能制造出来，这对人的健康危害极大。人的病患，大多都与“心狱”有关，严重者则会造成精神失常，甚至自杀。

有人说，“心理牢笼”是很难攻破的。这话只说对了一半，我们还应该明白，人的“心理牢笼”既然是自己营造的，人自己就有冲出“心理牢笼”的本能。这种本能就是精神意志的力量，有了这种力量，什么样的“心理牢笼”都可以攻破。

脾气来了，健康就没了

世间万事，危害健康最甚者，莫过于生气，诸如咆哮如雷的“怒气”、暗自忧伤的“闷气”、牢骚满腹的“怨气”、有口难辩的“冤枉气”等。“气”乃一生之主宰，与人体健康关系甚密。若“心不爽，气不顺”，必将破坏机体平衡，导致各部分器官功能紊乱，从而诱发各种疾病和灾难。所以《黄帝内经》就明确指出：“百病生于气矣。”

愤怒是一种情绪，生活中我们常会因为一些事情陷入愤怒之中，我们觉得是对方做得不对不好，自己没有什么错误，所以我们生气。然而转念想想，生气给我们带来什么益处没有？愤怒能杀伤我们的健康，使我们的理解力和判断力都降低，还可能使我们做出无法挽回的事情。这些都是愤怒的恶果，百恶无一用。

既然如此，为什么没做错什么事情的我们要用别人犯的错误惩罚自己？要有克制自己的情绪的能力，在愤怒来到的时候试试以下方法：

1.深呼吸。

从生理上看，愤怒需要消耗大量的能量，你的头脑此时处于一种极度兴奋的状态，心跳加快，血液流动加速，这一切都要求有大量的氧气作为补充。深呼吸后，氧气的补充会使你的躯体处于一种平衡的状态，情绪会得到一定程度的控制。虽然你仍然处于兴奋状态，但你已有了一定的自控能力，数次深呼吸可使你逐渐平静下来。

2.理智分析。

你将要发怒时，心里快速想一下：对方的目的何在。他也许是无意中说错了话，也许是存心想激怒别人。无论哪种情况，你都不能发怒。如果是前者，发怒会使你失去一位好朋友；如果是后者，发怒正是对方所希望的，他就是要故意毁坏你的形象，你偏不能让他得逞！这样稍加分析，你就会很快控制住自己。

3.寻找共同点。

虽然对方在这个问题上与你意见不同，但在别的方面你们是有共同点的。你们可搁置争议，先就共同点进行合作。

4.回想美好时光。

想一想你们过去亲密合作时的愉快时光，也可回忆自己的得意之事，使自己心情放松下来。如果你仅仅是因为一点差异就想动怒，你不妨把思绪带到一个令人快意的天地里：美丽的海滩、柔和的阳光、广阔的大海……你会觉得，人生是如此的美好，大自然是如此的包罗万象，人也应该有它那样的博大胸怀，不能执着于蝇头小利……想到这些，你就容易控制自己的怒气了。

怒气控制住了，健康自然不会受到威胁。

抱怨是种传染病

抱怨就好像是一种可以迅速传开的疾病，能够在最短的时间里在人群中扩散开来。所以像下面这样的事情，你也许会经常看到：

张敏是某个公司的员工，已经在这个公司干了两年了，但是公司一直没有给她涨工资。老板总是说，公司的发展还没有

上轨道，所以一些不必要的开销能省就省，甚至很多时候连员工的饭补也省了。公司主管还经常在快要下班的时候开会，一开就是很长时间，占用了员工很多私人时间。

这个月，张敏一直在领导的强制下加班，可是到了月末，公司并没有给加班费，这让张敏越想越气，公司之前的种种不合理的做法，她也都一一回想起来了。

她越想越气，恰好赶上同事李佳走进了办公室，她就把所有的不满和牢骚都跟李佳说了。李佳一听，也觉得公司太过分了，明显地克扣工资，还总是占用他们那么多私人时间，实际上就是变相地加班，也觉得很生气，所以越说情绪越激动。

渐渐地，办公室里的人多了起来。大家都加入了张敏和李佳的行列，开始为张敏抱不平，也数落公司的种种不是。你一言我一语的，说个没完。

看到这样的情形，你也许会很奇怪：刚开始的一个人的不满情绪，怎么会那么快就传染给了每一个人？下面我们来分析一下：

我们都知道，人类具有很强的模仿天性，而且具备很强的情绪传染共性。通常情况下，看到身边的人在做什么，很容易就跟着他去做。这样的行为是没有加入任何的思考因素的，而是下意识地模仿。所以看到别人在抱怨，就不自觉地跟着抱怨，是模仿的作用。而另一方面，人跟人之间是很容易彼此感染的，比如你看见一个人哭得很伤心，那么你的心情是很难快乐起来的，有时候甚至会跟着哭；工作中，你的同事觉得有些疲倦，他把这样的信息传达给你的时候，你也会逐渐意识到自己有些累了……这就是相互感染。所以，当那些同事看到张敏和李佳很生气的时候，心里也会跟着产生不满和气愤的共鸣，导致大家都在跟着抱怨。

在生活中，我们说抱怨的话，是不可能同与我们无关的人说的。那些倾听我们怨言的人，往往都是跟我们比较亲近的人，或者在某种利益上能够达到共识的人。所以，你的问题很可能也是他的问题，你说出来的话，尽管他当时没想到，可能在你说出来以后，他就会觉得："对，事情就是这个样子的。"一旦这样在精神上达成了共识，那么你就成功地把抱怨的情绪传染给他了。

所以说，抱怨就好像是一场传染病、一场瘟疫，能够在最短的时间内在人群中传播。可是，如果我们能够摆正心态，将抱怨从自己的身上剔除，那么我们等于是给抱怨消灭了一个传播源头。如果生活中的每一个人都不再去做这个传染源，那么我们的身边也就不存在抱怨了。

不要把怨气传染给别人

良好的情绪会让人有一种健康向上的心态，因此也就会形成一种轻松愉悦的气氛，感染身边的每一个人，使之也都有一个愉快的心情；而抱怨的消极情绪则会造就紧张、烦恼甚至是充满敌意的气氛，这样的坏情绪又会直接影响和波及你的家人、朋友和同事，也极有可能造成一系列的连锁反应，就像扔进平静湖面的小石头，涟漪一波一波地扩散，也就将情绪污染传播给了社会。

林肯正在办公室整理文件，陆军部长斯坦顿气呼呼地走了进来，一屁股坐到椅子上，一句话也不说。

“怎么了？发生了什么事？给我说说，说不定我能给你出出主意。”林肯笑着对斯坦顿说。

斯坦顿像是找到了发泄的对象，对林肯一阵咆哮：“你知道吗？今天有位少将竟然用非常无礼的口气和我说话，那简直是侮辱。”

满以为林肯会安慰他几句，痛骂那名少将几句，但林肯并没有这样做，而是建议斯坦顿写一封信回敬那位少将的无礼。

“你可以在信中狠狠地骂他一顿，让他也尝尝被指责的滋味。”

“还是你想得周到，我非得大骂他一顿不可，他有什么权利指责我呢？”斯坦顿立刻写了一封措辞激烈的信，然后拿给林肯看。

林肯看完以后，对斯坦顿说：“你写得太好了，要的就是这种效果，好好教训他一顿。”林肯把看完的信顺手扔进了炉子里。

斯坦顿看到自己写的信进了炉子，责问林肯道：“是你让我写这封信的，那你为什么把它扔进了炉子里呢？”

林肯回答说：“难道你不觉得写这封信的时候你已经消了气吗？如果还没有完全消气，就接着写第二封吧。”

带有怒气的抱怨是一种极具毁灭力量的情绪，它不仅能够摧毁你的健康，而且可以扰乱你的思考，给你的工作和事业带来不良的影响。林肯的处事方法又告诉我们，反击回去或发泄给别人也不是什么上策，所以，我们只能自己想办法消除心中的不满，或是把它转化成一种力量。

那么，我们应该怎么来克制自己的愤怒，使自己的抱怨情绪不向身边的人传递呢？我们还是先来看一个故事：

从前，有一个脾气很坏的男孩，他经常和伙伴们吵架。有一天，他的父亲给了他一袋钉子，并且告诉他，每次发脾气或者跟人吵架的时候，就在院子的篱笆上钉一根钉子。一周以后，男孩在篱笆上共钉了36根钉子。后面的几天他学会了控制自己的脾气，尽量避免发脾气和别人吵架，每天钉的钉子也逐渐减少了。他发现，控制自己的脾气，实际上比钉钉子容易得多。终于有一天，他一根钉子都没有钉，他高兴地把这件事告诉了父亲。

父亲并没有表扬他，而是说："从今以后，如果你一天都没有发脾气，就可以拔掉一根钉子。"男孩按父亲的话去做了，终于有一天，钉子全部被拔光了，他忙去告诉父亲。

爸爸带他来到篱笆边上，对他说："儿子，干得不错！但是，篱笆上的这些钉子洞，永远也不可能消失的。就像你和一个人吵架，说了些难听的话，就在他心里留下一个伤口，像这个钉子洞一样。"

插一把刀子在一个人的身体里，再拔出来，伤口就难以愈合了。无论你怎么道歉，伤口总是在那儿。

在现代社会竞争日趋激烈的生存与发展环境下，到处是诱惑和压力，如何才能做到：对己，在压力下能保持从容的心态，面对突发事件较好地控制情绪；对人，能做到与人为善——真诚，宽容，大度，不斤斤计较，不迁怒于人。有一位哲人曾经说过：“心若改变，你的态度跟着改变；态度改变，你的习惯跟着改变；习惯改变，你的性格跟着改变；性格改变，你的人生跟着改变。”抱怨的情绪于己于人都不是什么好事，所以我们就要想办法控制自己的情绪。

当人遇到不幸时，都会不由自主地向别人抱怨、诉苦，这无疑是一种发泄的手段，但是这种方法实在是不可取的。正确的做法是找到一种不会妨碍别人的发泄途径，排遣掉心中的痛苦，然后再改变观念，积极地去创造自己的生活，唯有这样你才能走出阴影。记住，千万不要把自己的怨气传染给别人。

PART

03

远离抱怨，维护身心的健康

亚健康最爱找上抱怨的人

亚健康是当今社会最让人头疼的问题之一，越来越多的人进入了亚健康状态，他们经常感到疲乏、胃口不好、失眠，主观上觉得身体很不舒服，到了医院却查不出什么毛病，找不到原因。

很多人认为亚健康无关紧要，他们认为这种状态尽管有些不好，但还不至于到影响正常生活的地步。这样的想法是错误的。在亚健康状态中，有两种情况特别要引起重视：一种是“潜病态”，另一种是“前病态”。潜病态是指人体内已有潜在的病理信息，但尚未出现临床症状，也查不出器质性病变。长期以来，人们对“潜病态”的病理信息一直不易或未能识别，现在已经可以借助多种手段识别，然后采取必要措施将疾病消灭在萌芽状态。而前病态即是存在于人体内的病理信息已有所表露，但临床上尚不能明确诊断，任其发展便成为疾病。

所以说，亚健康是一种动态的问题，它有可能会引发更重大的身体问题，我们必须要给予重视。

既然亚健康的危害这么严重，那么我们应该做出哪些预防呢？什么人最容易进入亚健康的状态呢？答案是爱抱怨的人。

这里所说的抱怨，不是简单的埋怨别人，而是包括了批评和指责等一切让心里觉得不舒服的言辞。爱抱怨的人有一个习惯，那就是总能从生活中找到不如意的事情，然后经过心里的酝酿使自己形成气愤、委屈、不满等情绪，所以他们的心情总是不好，心态总是悲观消极。他们所看到的人生是苦闷的，不具备任何的快乐和幸福。在这种精神的引导下，他们会觉得生活中没有任何的乐趣，所以在心理上就会出现疲乏、懈怠、无助、失望等状况，这些不良心理反应到了身体上的时候，就形成了主观上的疾病，也就是亚健康的一种。

我们在前面已经提到了，亚健康呈现一种动态状况，它不会永远停留在原有的状

态中。或者向疾病状态转化，这是自发的；或者向健康状态转化，这是需要自觉的，即需要付出代价与努力。如果我们在心里一直抱怨生活，以悲观、失望的态度来面对人生，那么无疑在心理的导向上，我们已经出现了失误。消极的人生态度，只会将我们推向疾病。

所以，为了防止亚健康继续影响我们的生活，为了将已经存在的亚健康状态引向健康，我们必须放下抱怨，放弃对生活的不满和指责，用乐观的、积极的态度来对待生活。这样，我们就能够从生活中发现很多美好的事物，这些事物激发我们的斗志，让我们产生对生活的激情，这样心理上的问题消失了，主观上的不舒服也就会减少，导致亚健康的主要原因也就不见了。

抑郁，心灵上的一次“流感”

抑郁是禁锢人心灵的枷锁，困扰着人们，使人不能在现实的世界中调适自我，只能渐渐地退缩到自己的小天地里，以逃避抑郁。

佳佳是家中的独生女，父母都是知识分子，对她抱有极高的期望。因此，佳佳从小受到的教育要比别人多些，智力开发也比别人早些，学习成绩一直很好，每次考试都是优秀。

但是，期中考试时，佳佳患了重感冒。由于身体不适、精神不振，再加上心情紧张，有一科没考好，受此影响，后面的其他科的考试成绩也不好。尽管佳佳没有考好，但是爸爸妈妈没有责怪她，反而鼓励她，但佳佳仍然不开心。从那之后，她开始变得沉默寡言、闷闷不乐，有时候明显精神不振，一副没睡醒的样子，在家学习时也打不起精神。妈妈还发现，自那之后，佳佳的饭量明显比以前减少了。

这几天，佳佳总说自己不舒服，不想去上学，妈妈要带她去医院，她也显得很不耐烦，不肯去。妈妈没办法，只好帮她跟老师请了假。在家里，佳佳也只是闷在自己的小房间里，只有吃饭的时候才出来。

妈妈看到佳佳这个样子很心疼，于是给班主任老师打了个电话，询问近期佳佳的情况。老师告诉妈妈，自从期中考试之后，佳佳就像是变了个人似的，整天沉默寡言、闷闷不乐的，下课也不和同学们一起玩耍，上课的时候还经常走神，学习成绩也开始下降。

事实上，佳佳是陷入了抑郁情绪。在日常生活中，我们难免有不开心的时候，比如考试没考好、做错了事情、遭到了老师或领导的批评，甚至是朋友之间的小矛盾，这时我们往往会感到失落和无助、自责或内疚，因而情绪低落、沮丧，这就是抑郁。

与一般的悲伤反应不同，抑郁比悲伤，也比痛苦、羞愧、自责等任何一种单一的负面情绪，更为强烈和持久，给人带来的影响更深重。

抑郁是一种很普遍的情绪，可以说人的一生总有某段或长或短的时间生活在抑郁之中。处于抑郁状态的人，如果能进行调节，积极面对所遭遇的现实，接受丧失与悲伤的现实，就有可能克服抑郁情绪，重新适应环境，恢复正常的生活。

遗憾的是，许多人并没有意识到抑郁的危害，不能积极调整心态，长期（一般在3个月以上）笼罩在抑郁的阴影下无法自拔，影响到正常生活的能力，这时他们就是患上了抑郁症。因此，哈佛教授常常告诫自己的学生：要及时地调节自己的不良情绪。

近年的医学研究发现，抑郁症是最常见的心理疾病，在全世界的发病率约为11%，所以有人把它称为“心灵的感冒”。从其高发病率和发生的不可预测性来说，这个比喻还算贴切，但是从它的危害来看，它比感冒却要严重得多，需要引起人们更多的重视。研究发现，大约有12%的人在一生中会经历比较严重的抑郁症。在总统竞选失败以后，老布什曾经得了两个月的抑郁症；在与莱温斯基的桃色新闻闹得沸沸扬扬的日子里，克林顿靠服用药物渡过精神危机……由此我们可以看出，不管你是平民百姓，还是成功人士，世界上没有一个人对抑郁症有免疫力。所以，对于抑郁症，我们要打足了十二分的精神对待它。那么怎样才能调节抑郁的心理呢？以下有几种方法：

1. 转移思路。

当扫兴、生气、苦闷和悲哀的事情发生时，可暂时回避一下，努力把不快的思路转移到高兴的思路上去。例如，换一个房间、换一个聊天对象、去会一会朋友或上街去购物等。

2. 向人倾诉。

把心中的苦处能和盘倒给知心人并能得到安慰，心胸自然会像打开了一扇门。即使面对不很知心的人，学会把心中的委屈不多不少地倾诉给他，也常能得到心境立即阴转晴之效。

3. 亲近宠物。

遇到不如意的事时，主动与小动物亲近，小动物凭与主人感情的基础，会逗主人欢乐，与小动物交流几句可使不平静的心很快平静。

4. 多舍少求。

俗话说："知足者常乐。"老是抱怨自己吃亏的人，的确很难愉快起来。多奉献少索取的人，总是心胸坦荡，笑口常开。

做自己的心理健康导师

有一个心理治疗师曾经说过，现代社会，每个人都会有一点心理问题。有的人症状比较严重，就可能出现心理抑郁、失眠等症状，重者则会出现抑郁症；有的人症状相对来说比较轻，表现得不是很明显，但是也会出现情绪上的波动，或者喜怒无常等状况。

也许是压力促成了人们的心理疾病，也许是性格的悲观导致了人们的抑郁，但是心理问题的出现总是有一定的原因的，也是可以预防的。所以我们一定要在疾病还没有严重的时候，做好心理的疏导，让自己健康快乐起来。

众所周知，身体的生长发育需要充足的营养，其实心理的成长也一样，"心理营养"也非常重要。那么，对于人，重要的心理健康"营养素"有哪些呢？

1. 爱。

爱永远伴随在人的生活左右。童年时代主要是父母之爱，童年是培养人心理健康的关键时期，在这个阶段若得不到充足和正确的父母之爱，就将影响其一生的心理健康发育。少年时代增加了伙伴和师长之爱，青年时代情侣和夫妻之爱尤为重要。中年人社会责任重大，同事、亲朋和子女之爱十分重要，它们会使中年人在事业家庭上倍添信心和动力，生活中充满欢乐和温暖。至于老年人，子女的爱是晚年幸福的关键。

2. 宣泄和疏导。

适度的宣泄具有治本的作用，当然这种宣泄应当是良性的，以不损害他人、不危害社会为原则。心理的负担长期得不到宣泄或疏导，会加重心理矛盾，进而成为心理障碍。

3. 善意和讲究策略的批评。

一个人如果长期得不到正确的批评，势必会滋长骄傲自满、固执、傲慢等毛病，这些都是心理不健康发展的表现。过于苛刻的批评和伤害自尊的指责则会使人产生逆反心理，遇到这种“心理病毒”时，就应提高警惕，增强心理免疫能力。

4.坚强的信念与理想。

信念与理想对于心理的作用尤为重要。信念和理想犹如心理的平衡器，它能帮助人们保持平稳的心态，跨越坎坷与挫折，防止偏离人生轨道，进入心理暗区。

5.宽容。

人生百态，万事万物不可能都顺心如意，无名火与萎靡颓废常相伴而生，宽容是脱离种种烦扰、减轻心理压力的法宝。

上述的方法，尽管是在针对大众现象做出的一些总结，但是难免有疏漏。在生活中，我们要根据自己的实际情况，适当地做出调整，知道自己需要的是什么，就去做什么。这样我们才能根据自己的实际情况做出最恰当的调节，让自己成为一个心理健康的人。

与病态心理说再见

在一所医院的同一间病房中，有两个重病患者。一人靠窗，可以看到窗外的景物，他每天都会讲许多外面的故事给病友听。起初，后者静静地享受着这一切。有一天，远离窗子的人突然想：“为什么不是我靠着窗子呢？”

这个念头一直缠绕着他。某天夜里，靠窗子的病人一直大声咳嗽，他无法摸到能叫来医生的求救按钮。而另一个人睁着眼想着怎么能靠着窗子，他一动不动。

第二天，医生与护士抬走了死去的靠窗病人。经过申请，另一个人的病床移到了窗边。他急忙探头，窗外只有一面秃墙。

死去的人是可敬的，他编造了美丽的故事来鼓舞同伴；而活下来的人极其冷酷、自私，最终也一无所获。

人生中，有各种病态心理阻碍着人与人之间的交流，如自私、猜疑、冷淡、嫉妒、自闭、自卑、胆怯、虚伪，等等。

有一个漂亮的女孩子，在她的眼里，世界上没有能够让她满足的东西。她希望别人都能服侍她，做她忠实的奴隶；除自己坐享其成、得人宠爱、受人尊敬之外，对别人的艰难和痛苦，她毫不理会，更毫无同情之心。她何以如此呢？因为她的心理没有成熟。她的年龄虽大，然而她实际还是一个幼稚的孩子，因为她认为全世界的人都应当像她父母在她小时候溺爱她一样，宁愿自己受苦，也要满足她的欲望。她以这样的态度做人，哪里还可能得到人生的乐趣呢？她自然会觉得世界上没有一个人、一样东西能够使她满足。

交际中，病态心理常有以下几种：

1. 自私心理。有些人奉行“人不为己，天诛地灭”的原则，一切只考虑自身利益，不为别人着想。

2. 猜疑心理。有些人爱用不信任的眼光审视他人，常无端猜疑，说三道四。

3. 冷漠心理。有些人见事情与己无关，就冷漠看待，不闻不问。或者错误地认为言语尖刻、态度孤傲、高视阔步就是

“有性格”，致使别人不敢接近自己。

4. 嫉妒心理。有的人一见到别人取得成就、获得荣誉，内心就十分厌憎，不想如何努力，却挖空心思去损害他人。

5. 自卑心理。有些人自己瞧不起自己，缺乏自信，办事无胆量，畏首畏尾，随声附和，没有自己的主见。这种心理如不克服，会损害人的社交能力。

6. 怯懦心理。主要见于涉世不深、阅历较浅、性格内向、不善言辞的人。由于怯懦，在社交中即使自己认为正确的事，经过深思熟虑之后，也不敢表达出来。

7. 虚伪心理。有的人把交朋友当作逢场作戏，见异思迁，处处应付，爱说漂亮话、虚假话。这种人与人交往只是做表面文章，因而没有感情深厚的朋友。

8. 市侩心理。带有这种心理倾向的人，在人际交往中往往以眼前的名利为目的，以能否从他人那里得到实惠（名利）为选择交际对象的标准，其交际活动带有明显强烈的市侩气息。在实惠与情义面前，他们选择了实惠；在物质与精神面前，他们摒弃了精神。

9. 逆反心理。有些人总爱与别人抬杠，以表明自己标新立异。对任何一件事情，不管是非曲直，你说好，他就说坏；你说对，他就说它错，使别人对其产生反感。

以上这些病态心理会影响一个人的社会交往，如果不注意进行自我调节，那么不但会使自己失去朋友，严重的话还会导致心理障碍，发展成为心理疾病。

美国总统罗斯福有一套严格的交际准则，这些准则对克服病态心理发挥了重大作用。

他的10项准则是：

1. 记住人的名字。如果你没做到这点，就意味着你对人不友好。

2. 平易近人，让别人跟你在一起觉得很愉快。

3. 要有大将风度，不为小事而烦恼。

4. 不要自高自大，做一个谦虚的人。

5. 培养广泛的兴趣和爱好，充实自己，使别人在与你的交往中得到一些有价值的东西。

6. 检查自己，去除所有不良习惯和令人讨厌的东西。

7. 不结冤仇，消除过去或现在与他人的误会和隔阂。

8. 爱所有的人，真诚地去爱他们。

9. 当别人取得成绩的时候，去赞赏他们；当他人遇到挫折或不幸的时候，去同情他们，安慰他们，给他们以帮助。

10. 精神上给人以鼓励，你也会得到他们的支持。

朋友，当你一步步地告别那些病态心理时，相信你将拥有多彩、快乐的人生。

别让焦虑啃噬你的健康

焦虑已成为现代人的通病。随着社会节奏的加快，人们越来越担心未来的工作、生活，他们整天在焦虑中度过，从而无暇享受眼前的美好生活。

人们为什么会面临如此多的焦虑？从自然界、社会、人的心理和认识活动以及人体的特征来分析，这些因素可以概括为：

1. 在工作、生活等方面追求完美。

生活稍不如意，就遗憾万分，心烦意乱，长吁短叹，老担心出问题，惶惶不可终日。须知，世间只有相对完美，绝无绝对完美；世界及个体就是在不断纠正不足、追求真善美的过程中前进的。应该知足常乐、随遇而安，绝不做追名逐利的奴隶，为自己设置太多精神枷锁，让自己太累，把生命之弦拉得太紧。

2. 没有迎接人生苦难的思想准备，总希望一帆风顺。

人一降临人间，就会面临各种各样的磨难。没有迎接苦难思想准备的人，一遇到困难，就会惊慌失措，怨天尤人，大有活不下去之感。其实，“吃得苦中苦，方为人上人”，要学会解决矛盾，并善于适应困境。

3. 意外的天灾人祸。

破产或死亡等会引起紧张、焦虑、失落感或绝望，假如碰到意外或不幸时，建议你正视现实，不低头，不信邪，昂起头前进，灾难是会有尽头的，忍耐下去，一定会走出困境。

4. 神经质人格。

这类人的心理素质差，对任何刺激均敏感，一触即发，会对刺激做出不相应的过强反应。他们承受挫折的能力低，自我防御本能过强，甚至无病呻吟、杞人忧天。他们眼中的世界，无处不是陷阱，无处不充满危险。如此心态，怎能不焦虑呢？

了解了焦虑形成的原因，我们就可以克服焦虑。通常情况下，可以这样排除焦虑：

1. 可以向自己信任的亲朋好友倾诉内心的痛苦，也可以用写日记、写信的方式宣泄，或选择适当的场合痛哭或大声喊出来。

2. 焦虑是人在应激状态下的一种正常反应，要以平常心对待，顺应自然，接纳自己、接纳现实，在烦恼和痛苦中寻求战胜自我的理念。

3. 无论是学习还是工作，没有目标就会茫然不知所措。要根据人生不同发展阶段确立目标，而且要适度。

4. 回忆或讲述自己最成功的事，从而引起愉快情绪，忘掉不愉快的事，消除紧张、压抑的情绪。

5. 积极参加文体活动。研究表明，音乐能影响人的情绪、行为和生理功能；音乐能使人放松，具有镇静、镇痛作用。

6. 多参加集体活动。在集体活动中发挥自己的优势，增强人际交往的能力。和谐的人际关系会使人获得更多的心理支持，从而缓解紧张、焦虑的情绪。

远离忧虑，你必须从心灵上放松自己。只有这样，你才能缓解生活的压力，从内心深处释放自己。

PART

04

疏导情绪，
让健康与你同行

掌握好情绪的转换器

生活在都市快节奏的生活当中，人的情绪难免波动起伏，遇上不顺心的事情难免会发点小脾气，这无可厚非，但最重要的是能够适度控制，如果一味地放任自己的情绪，则会成为人生成功的一大障碍。

生活之中，我们感受周围的事物，形成我们的观念，做出我们的判断，无一不是由我们的心灵来进行的。然而，不好的情绪常常干扰我们的心灵，使我们出现种种偏差。因此，成功的人能很好地驾驭情绪，而失败的人则让情绪驾驭，把许多稍纵即逝的机会白白浪费。

一名初闯歌坛的歌手，他满怀信心地把自制的录音带寄给某位知名制作人，然后就日夜守候在电话机旁等候回音。

第1天，他因为满怀期望，所以情绪极好，逢人就大谈抱负。第17天，他因为情况不明，所以情绪起伏，胡乱骂人。第37天，他因为前程未卜，所以情绪低落，闷不吭声。第57天，他因为期望落空，所以情绪坏透，拿起电话就骂人，没想到电话正是那位知名制作人打来的。他为此而毁了期望，自断了前程。

覆水难收，徒悔无益。我们在为这名歌手深深惋惜的同时，也更深刻地明白了不良情绪带给人的危害。

据说一位很有名气的心理学教师，一天给学生上课时拿出一只十分精美的咖啡杯，当学生们正在赞美这只杯子的独特造型时，教师故意装出失手的样子，咖啡杯掉在地上摔成了碎片，这时学生中不断发出了惋惜声。教师指着咖啡杯的碎片说：“你们一定会为这只杯子感到惋惜，可是这种惋惜无法使咖啡杯再恢复原形。如果今后在你们的生活中发生了无可挽回的事时，请记住这只破碎的咖啡杯。”

这是一堂很成功的素质教育课，学生们通过摔碎的咖啡杯懂得了，人在无法改变失败和不幸的厄运时，要学会接受它、适应它。

被称为世界剧坛女王的拉莎·贝纳尔，就是这位心理学教师的得意学生。一次她在横渡大西洋途中，突遇风暴，不幸在甲板上滚落，足部受了重伤。当她被推进手术室，面临锯腿的厄运时，她突然念起自己所演过的一段台词。记者们以为她是为了缓和一下自己的紧张情绪，可她说：“不是的！是为了给医生和护士们打气。你瞧，他们不是太一本正经了吗？”

威廉·詹姆斯说：“完全接受已经发生的事，这是克服不幸的第一步。”接受无法抗拒的事实，既然是第一步，那么有没有第二步？有。拉莎手术圆满成功后，虽然不能再演戏了，但她还能演讲。她的演讲，使她的戏迷再次为她而鼓掌。

拉莎·贝纳尔在面对无法抗拒的灾难时，能跳出焦虑、悲伤的圈子，又踏上一个新的里程，这就是她的情绪“转换器”在起作用。

任何人遇上灾难，情绪都会受到影响。面对无力改变的不幸，我们要学会掌握好情绪转换器，学会安慰自我，忘掉它，一切都会过去。

让自己的精神快乐起来

生活中确实存在着这样或那样的挫折和痛苦，但生活中并不缺少快乐，人生的快乐与否，有时完全在于心态和精神思想，正如某位国学大师所说的“精神的炼金术能使肉体痛苦都变成快乐的养料”。人生常常遭遇痛苦，但精神却可以改变它，使人乐观，使人能够苦中作乐。钱锺书在《论快乐》中说：“洗一个澡，看一朵花，吃一顿饭，假使你觉得快活，并非全因为澡洗得干净，花开得好，或者菜合你的口味，主要因为你心上没有挂碍，轻松的灵魂可以专注肉体的感觉，来欣赏，来审定。要是你精神不痛快，像将离别时的筵席，随它怎样烹调得好，吃来只是土气息、泥滋味。”是的，一个人快乐与否，不在于他拥有什么，而在于他怎样看待自己所拥有的东西。生活是快乐的源泉，有了生活，快乐就不会枯竭。生活中并不缺少快乐，缺少的是发现快乐的眼睛，缺少的是感受快乐的心灵。

一个信徒问禅师："人们都说信佛能够解除人生的痛苦，但我信佛多年，却不觉得快乐，这是怎么一回事？"

禅师问他："你现在都忙些什么呢？"

信徒说："人总不能活得太平庸了吧，为了让门第显耀，我日夜操劳，心力交瘁。"

禅师笑道："怪不得你得不到快乐。你心里装满了苦闷和劳累，哪里还容得下快乐呢？"

这样的人在我们的生活中并不少见，他们常问："究竟快乐是什么？"许多人都在刻意追求所谓的快乐，其实，乐由心生，心随情移。快乐是一种心态，它与人的心境、心态密切相关。一个人生活得快乐与否，取决于自己内心的态度，而绝非外在表现。在追求快乐的过程中，得之越艰，爱之越深。也许你并不富有，但你有一个健康的身体；也许你没有超人的地位，但你有一个幸福美满的家庭；也许你并不出名，但你有宁静而不受干扰的生活……快乐的关键是你要用心去感受快乐。

尽管生活中也会有痛苦，可是只要我们认识到，痛苦是快乐的催生剂，就能把忍受变为快乐享受。一个残疾人也有自己快乐的生活哲学，他们不会因为自身生理的缺陷而失去原本生活所给予他们的快乐。态度就像磁铁，不论我们的思想是正面的还是负面的，我们都受它的牵引。而思想就像轮子一般，使我们朝一个特定的方向前进。虽然我们无法改变人生，但是我们可以改变人生观；虽然我们无法改变环境，但是我们可以改变心境。

所以，生活中的我们，千万不要轻视每天发生的小事，幸福和快乐往往与此相伴。快乐并非天外来客，生活中常常充满快乐，如果不珍惜每一刻时光，快乐就与你无缘。何必刻意地到处寻找快乐，其实快乐时刻在你身边；何必苦苦地等候快乐，快乐要你时刻去创造、去感受。让自己的精神快乐起来，我们才能怀着一份感激的心情去面对生活，去感谢每一缕阳光、每一棵大树、每一份关爱、每一次收获……让自己的精神快乐起来，我们才能用心灵去触摸快乐，让快乐充满我们的世界。

适时发泄，不让怒气折磨自己

你是否动辄勃然大怒？是否让发怒成为你生活中的一部分？也许你会为自己的暴躁脾气大加辩护："人嘛，总有生气发火的时候。""我要不把肚子里的火发出来，非得憋死不可。"在这种借口之下，你不时地生气，也冲着他人发脾气，你似乎成了一个愤怒之人。

其实，并非人人都会不时地表露出自己的愤怒情绪，愤怒这一习惯行为可能连你自己也不喜欢，更不用问他人感觉如何了。因此，你大可不必对它留恋不舍，它不能帮助你解决任何问题。任何一个阳光、有所作为的人都不会让它跟随自己。

发怒固然有损健康，但怒而不泄同样对健康无益。英国

一位权威心理学家认为，积蓄在心中的怒气就像一种势能，若不及时加以释放，就会像定时炸弹一样爆发，可能会酿成大灾难。正确的态度是疏泄怒气，适度释放，学会把怒气转移到小事上，调整好自己的情绪。

毕林斯先生曾任全美煤气公司总经理达30年之久。他在总经理任期内，给人最深刻的印象，就是他对于许多小事常常会大发脾气，对于那些重大事情却镇静异常。

有一次，他乘车回家，下车时把一盒雪茄遗落在车里了，不久他记起来，再返身去找，但早已不见了。

这包雪茄的价值，不过是5美分一支，对他而言真可算是微乎其微的损失，但他竟因此而气得面红耳赤、暴跳如雷，以致旁观者都以为他失去的是一件盖世无双的宝物。

后来有一次，他凭空遭遇了数万倍于雪茄的损失，但他反而镇定异常。

那是全世界闹着经济恐慌的年代，毕林斯先生有好几天因为卧病在床，没有去公司办公。就在这几天里，有一家银行倒闭了，他凑巧在这家银行里有3万块钱的存款，结果竟成了呆账。等到他病愈后，听到这个消息，却只伸手搔了搔头发，然后沉思了一会儿，便说："算了，算了。"

阳光的人总是善于把怒气转移到他处：遇到一些感觉不快的小事时，可以发泄自己的怒气，直到自己的心境完全恢复平和为止。因为这样可以使他们永远保持开朗镇定的情绪，一旦遇到大事发生，他们就可以用全部精神从容地应付。否则，不论事情大小，遇到气便积在心里，等到面临更大的打击时，堆积多时的大小怒气便都将如爆裂的气球一样，冲破了理智的范围，变得毫无自制的能力了。

更重要的是，怒气发泄后，就必须立即把心情宽松下来，这样你的脾气才算没有白白发作。反之，如果你发作后，仍然把这事牢记在心，不肯忘却，那你所获得的结果，一定将更糟到不堪想象的地步，而且到处都难与人相处。

当你在日常生活中，与人接触时发生了一些不快，最好的选择是回到房间里静静地坐一会儿，甚至躺一会儿，或到外面去散散步，用一切办法来消除你的烦恼，直到恢复你的好心情为止。

消融冷漠，去除人体“毒素”

冷漠，就如同在人体内注入了“毒素”，其中的痛苦是让人难以忍受的。孤独、冰冷、无助的感觉，会让人感觉到无所适从。心理冷漠的人，会对什么事情都不感兴趣，做什么事情都觉得无味，而且内心很脆弱、很孤独，总是觉得世间很大，却没有自己的容身之所。而这样的想法，时常会让人产生悲观和厌世的情绪。可是怎样才能消除冷漠的心态呢？答案是热情，热情是消融冷漠的一剂良药。

1. 肯定热情。

永远也不要失去应有的热情。若你能保有一颗热情之心，那么，冷漠就会消融，就会给你带来奇迹。

两个具有相同才能的人，必定是那个更具热情的人会更受欢迎。

许多人都或多或少有些自卑感，常常低估了自己，对自己失去信心，缺少热情。每个人都应该相信自己的健康、精力与忍耐力，这种自信会给予你极大的帮助。热爱自己，肯定自己的热情，就会帮助你获得成功。

2. 培养热情。

消融冷漠需要培养热情。培养热情需要遵循以下几个步骤。

（1）深入了解每个问题。要对什么事情都具有热情，要学习更多你目前尚不热爱的事物。了解越多，越容易培养兴趣。有兴趣就会有热情，自然就驱赶了冷漠。

（2）做事要充满热情。你热心不热心或有没有兴趣，都会很自然地在你的行为上表现出来，没有办法隐瞒。

比如，与人打招呼，眼睛要配合你的微笑才好，当你对别人说“谢谢你”的时候，也要真心实意，充满热情。

3. 满足他人愿望。

每一个人，无论默默无闻或身世显赫、年轻或年老，都有成为重要人物的愿望。这种愿望是人类最强烈、最迫切的一种目标。只要满足别人的这项心愿，使他们觉得自己重要，你就会因为减少冷漠变得热情起来，同时，你也会因此而很快步上成功的坦途。

4. 采取热情行动。

热情就是将内心的感觉表现到外面来。让我们以热情面对社会、面对工作、面对生活，世界才能消除冷漠而更加温馨。

5. 振奋精神。

如果你内心里充满要帮助别人的愿望，你就会一扫冷漠，兴奋不已。你的兴奋从你的眼睛、你的面孔、你的灵魂以及你整个行为方面辐射出来。你的精神振奋，也会鼓舞别人。

6. 充满活力。

一个人如果充满活力，他的精神和情感也会充满活力。充满活力的人斗志昂扬，精神抖擞，精力充沛，不畏艰险，不惧困难，坚持不懈，始终如一，绝不会冷漠处世。

7. 语言鼓励。

教练用语言来鼓舞球队，业务员用语言来推销商品，语言无疑就是团体奋进的助力器。虽然自己对自己进行精神鼓励并不普遍，但是却极为有效。在做任何事前，来段语言方面的精神鼓励，以鼓舞自己，消除冷漠，必定会收到奇效。

8. 多交流。

交流不仅是克服冷漠的良方，也是攻克一切情感障碍的武器。愿君多用之，此方最见效。

9. 接触大自然。

孤独、冷漠时，不妨骑上自行车去郊外转一圈，呼吸新鲜空气，让它消除胸中的苦闷和忧郁。

10. 欣赏艺术。

无论是文学、音乐或美术，都蕴含着让人不得不折服的魔力。如果你爱上了这些美妙的艺术，难道还会一味沉浸于冷漠之中吗？

以上的方法尽管不一定能够彻底消除冷漠的心理，但至少也会减缓对什么都不感兴趣的心理，让人们逐渐寻找到生活的乐趣。

紧张，会让精神“上火”

紧张这种情绪对于大多数人而言并不陌生。人长时间处于紧张状态就容易导致心理疲劳，使人动作失调、失眠多梦、记忆力减退、学习工作效率下降等。如果得不到及时纠正与疏导，当其达到一定量时，就会让我们的精神总是处于焦灼的状态，会使我们的健康受到严重损害。

所以，每个人都应在平时注意消除自己的紧张情绪，一旦由于心理压力过大而感到疲劳不堪时，切不可等闲视之。在找准原因、探求合理解决办法的同时，请按如下方法进行自我调节松弛的练习，它将会使你受用无穷，给你的身心带来无限的乐趣与益处。

1. 开怀大笑。它既可以消除紧张，也可以带来愉悦。

2. 来一场愉快的谈话。它可以使你转移注意力。

3. 放慢生活节奏，把一些琐事安排在日程表中。

4. 在0℃以下的气温中“冷冻”3分钟，这样可以提升大脑的清醒程度，使头脑更镇定和冷静，从而使紧张情绪得到缓解。

5. 冷静地处理各种复杂问题，这也有助于舒缓你的紧张情绪。

6. 保持信心。碰到各种困难和挫折时，要想到既然昨天及以前的日子都过得去，那么今天及往后的日子也会“车到山前必有路”。

7.“想入非非”。一般来说，通过想象自己喜欢的地方，把思绪集中到所想地方和东西的“看、闻、听”上，会起到放松精神的目的。所以，当你正在为即将当众演讲而紧张时，不要考虑与此相关的一切问题，幻想自己是一只身轻如燕的小鸟在天空自由自在地飞翔；幻想自己置身于大海之中劈涛斩浪奋击中流；幻想自己在百花盛开的公园中欣赏着百花仙子的优美舞姿，等等。通过这一切，调节自己的呼吸及心跳速度，不断提醒自己唯有保持心平气和，方可镇定自如。

8.收听音乐、观看球赛。即使你没有听音乐的习惯，你也应该尝试在精神紧张的时候，打开录音机、收音机，欣赏一下曲中的情怀和美妙的旋律，并试着在自己的心中对它做出评价。假若你自己能高歌一首，不管是自己清唱，还是与他人合唱或用卡拉OK伴唱，都将更加有效地使你的精神得到放松。如果你是一个球迷的

话，那么当你情绪紧张时，没有比观看一场精彩纷呈的球赛更能缓解紧张的了。

综上所述，疏导紧张情绪的方式有很多种。人们完全可以根据自己的需要，选择合适的方法，缓解自己的紧张情绪。当紧张的情绪逐渐消除的时候，自己给自己的压力也会逐渐地减少，心灵轻松了，身体自然不会再有那么多的疲惫了。

所以，紧张的情绪消除的时候，健康也就逐渐向你靠拢了。

疏导压抑，给心灵松绑

压抑心理是一种较为普遍的病态社会心理现象。它存在于社会各年龄阶段的人群中，它与个体的挫折、失意有关，继而产生自卑、沮丧、自我封闭、孤僻等病态心理行为。挫折与压抑感之间互为因果，形成一个恶性循环。压抑的心理就好像一条无形的绳索，将人们的精神紧紧抓牢，让人们每时每刻都觉得痛苦，无法释放自己。那么怎样才能疏导压抑，为自己的心灵解绑呢？具体方法如下：

1. 运动法。

压抑情绪能量的发泄的确是来势汹汹，好像不可阻挡。实际上，在一定控制范围内的适当宣泄，可以改善自己的情绪健康状态。比如，当你感到压抑时，不妨赶快跑到其他地方宣泄一下，干脆出去跑一圈，或做一些既能消耗体力又能转移自己思想的体育运动，踢足球或打篮球都是不错的选择。特别是在运动中与人的合作和接触，又让我们有了新的交流体验。当你累得满头大汗、气喘吁吁时，你会感到精疲力竭，相信这时你的压抑情绪已经基本被抚平了。

2. 眼泪法。

对于压抑情绪的发泄，还有一种方法，就是在我们感到十分压抑时不妨大哭一场。哭，也是释放积聚能量、调整机体平衡的一种方式。在亲人面前的痛哭，是一次纯真的感情爆发，如同夏天的暴风雨，越是倾盆大雨越是晴得快。许多人在痛哭一场之后，觉得畅快淋漓，压抑的心情也会随着泪水的流落而减少许多。为什么会这样呢？经过研究，科学家发现奥秘在于眼泪。美国生物学家曾挑选了一批志愿者，组织他们观看一些令人悲痛欲绝的电影或戏剧，并要求他们在痛哭时把事先发放的试管放在眼睛下面，将眼泪收集起来。他们发现，在哭泣以后，心动过速、血压偏高者的症状均有不同程度的减轻。经过化学分析得知，原来在这些流出的眼泪中，含有一些生物化学物质，正是这些生化物质能引起血压升高、消化不良或心率加速。把这些物质排出体外，对身体自然是有利的。

3. 倾诉法。

倾诉，是缓解压抑情绪的重要手段。当一个人被心理负担压得透不过气来的时候，如果有人真诚而耐心地来听他倾诉，他就会有一种如释重负的感觉。所谓“一吐为快”正是这个道理。对此，现代心理学中有“心理呕吐”的说法。美国心理学家罗杰斯认为，倾听不仅能使听者真正理解一个人，对于倾诉者来说，也有奇特的效果，心理上会出现一系列的变化。他会感觉到他终于被人理解了，内心有一种欣慰之感，进而使压抑感得到缓解，心理上似乎感到一种解脱，还会产生某种感激之情，愿意谈出更多心里话，这便是转变的开始。一个人如能从混乱的思绪中走出来，换一个角度去思考问题，重新审视自己的内心世界，那些原来以为无法解决的问题也会迎刃而解。

4. 宣泄法。

如果以上几种方法对你均没有产生效果，那么你就必须寻求心理医生的帮助了。心理医生会引导人们把自己心中的积郁倾吐出来，这称为宣泄疗法。宣泄疗法在现实表现中有一定的功效。当人们把自己的压抑情绪体验宣泄出来时，不仅能减轻宣泄者心理上的压力，也能减轻或消除他们的紧张情绪，容易使发泄者恢复到平静的心情。在生活中，我们经常可以看到有些心胸开阔、性情爽朗的人，他们心直口快地把自己的压抑情绪诉说出来，便不再愁眉苦脸了。所以，这种人的心理问题往往能获得及时解决。可是我们也常看到一些心胸狭窄的人，爱生气，心中总是闷闷不乐，由于心理压抑长期得不到解决而容易产生心理疾病。

PART

05

自己是最好的心理医生

自闭症的自我调适

14岁的王羽是一个思维敏捷的孩子，他记忆数字的能力堪比一部掌上电脑，在拆装机器方面也很有天分，但是所有的活动他都是独自完成，从不与人交流。在医生试图与他沟通时，他坐在沙发上，翘着两脚，正忙着玩游戏机，头也不抬。过了一会儿，他又丢下游戏机，开始吹肥皂泡，还跑到屋子外边大力敲窗户，一直当医生是透明的。最后，他终于开口说话了，但是沟通并不顺利。他跟医生说了句“我要把你的衣服扒下来”，其实，他只是想表达希望医生脱下外套，并且他似乎觉得这样用词没什么不妥。医生通过对王羽的动作、语言等方面的观察，最后确诊王羽为一名自闭症患者。

自闭症是一种心理行为的病态表现，其特点是将自我封闭起来，大多表现为心情抑郁、苦闷，缺乏自信心，没有朋友，没有社交活动，对一切活动都没有兴趣，对未来失去希望，意志薄弱，生活懒散，逐渐丧失意识的主观能动性，陷入深深的心理困惑之中不能自拔。

那么，如何才能走出自闭症这个“套子”呢？如下方法或许能为你提供一些答案。

1. 要勇于正视自我。

生活工作中要正视自己，正确面对挫折，遇事镇静自若，勇于体现自我，挖掘优点，树立自信心，走出自我封闭的小圈子，投身到社会生活中去。

2. 转移注意力。

许多自闭症患者常常喜欢把注意力集中到某一点、某一特定的具体事物上，因而导致对外界、对他人的冷漠和自闭。只要注意培养自己在其他方面的兴趣和爱好，转移注意力，在大脑中建立新的兴奋点，自闭症就会很快消失。

3. 以积极的态度对待生活。

树立正确的生活目标，既对明天充满希望，又珍惜每一个今天。正确对待挫折与失败，以“失败为成功之母”的格言来激励自己，信念不动摇，行动不退缩。乐于与人交往，加强信心与情感交流，增进相互间的友谊与理解，得到勇气和力量。增强适应能

力，培养广泛的兴趣爱好，保持思维的活跃。

4. 敞开心扉，结交挚友。

遇见可结交的朋友，务必要用真诚的心打动他们。不可盛气凌人地对他们，不可听信谗言而远离他们。要有福同享，有难同当。这样，你才能得到真正的朋友。真诚友好、相互关心的人际关系，会带来好心情。

5. 亲近给你“良药”的人。

要尊重而且亲近那些经常规劝责备你、引导你行正路的人，他们这样帮助你，就证明他们是真心对你，也许你感觉他们有些可怕，有些讨厌，有些不顺你的意思，但这就是他们可爱可敬的地方，也就是他们于你有益的地方。正所谓“良药苦口利于病，忠言逆耳利于行”。对于那些看见你行不正的路、做不义的事时，不但不劝阻你，反而推波助澜的人，或是为你设恶谋、引诱你行邪恶之事的人，你应当像躲避毒蛇和瘟疫一样离他们远远的。

6. 告诉自己：没有十全十美的人。

有些人经常将自己和他人比较，比较工作、比较成就、比较外形、比较能力，然后在比较的落差中失落、自卑。须知，没有一个人是十全十美的。

7. 在心里撒一颗自信的种子。

心理学中有这样一个著名的实验。一个女孩长相很丑，因此对自己缺乏自信心，不爱打扮自己，整天邋邋遢遢的，做事也不求上进。心理学家为了改变她的心理状态，让大家每天都对丑女孩说“你真漂亮”“你真能干”“今天表现不错”等赞扬性的话语。经过一段时间的努力，人们惊奇地发现，女孩真的变漂亮了。其实，她的长相并没有变，而是精神状态发生了变化。她不再邋遢了，变得爱打扮、做事积极、爱表现自己了。怎么会发生这么大的变化？其根源正在于自信心。因为女孩对自己有了自信，所以使大家觉得她比以前漂亮了许多。

自信是人生不竭的动力，它能帮你战胜自卑和恐惧。你相信自己会成为什么样的人，并且去做了，你当然就会成为你希望的那个人。

8. 在社会交往中开放自我。

现代社会要求人不仅要“读万卷书，行万里路”，而且还要“交八方友”。交往能使人的思想观念保持新陈代谢；交往能丰富人的情感，维护人的心理健康。

只有开放自我、表现自我，才能使自己成为集体中的一员，享受到人间的快乐和温暖，而不再感到孤独与寂寞。一个人的发展高度，决定于自我开放、自我表现的程度。谁敢于开放，谁敢于表现，谁就能得到更好的发展，因此要改变封闭状态。

强迫症的自我调适

李方栋是某修配厂的一名工人，平时非常怕脏，只要别人碰过的衣物就丢弃，只要手碰了一下某种东西，就洗刷不止。三年前李方栋刚去工厂不久，生活上有些不适应，热心的老工人袁师傅对他比较关心，在生活上关照他，业务上指导他，因此关系比较密切。某次业务考试，李方栋不及格，内心紧张，

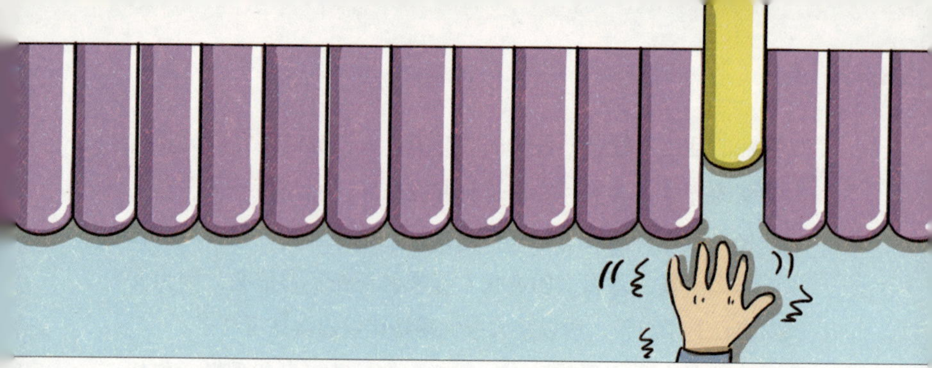

后听人说袁师傅曾患有肝炎，因而更紧张，怕传染上肝炎，于是将所有被袁师傅接触过的衣物器皿丢掉，被袁师傅碰过的东西，如自己再碰着就不断地洗手，直洗到双手发白、皮肤起皱才罢休，否则就会内心紧张不已，甚至感到思维都不灵活了。自己明知这样洗是不必要的，但无法控制。在朋友的劝说下，李方栋去找心理学专家进行咨询，经诊断他患上了强迫症。

强迫症又称强迫性神经症，是病人反复出现明知是毫无意义的、不必要的，但主观上又无法摆脱的观念、意向的行为。其表现多种多样，如反复检查门是否关好，锁是否锁好；常怀疑被污染，反复洗手；反复回忆或思考一些不必要的问题；出现不可控制的对立思维，担心由于自己不慎使亲人遭受飞来横祸；对已做妥的事，缺乏应有的满足感……

对于强迫症的发病原因，一般认为主要是精神因素。现代社会压力大，竞争激烈，淘汰率高，在这种环境下，内心脆弱、急躁、自制能力差或具有偏执型人格或完美主义人格的人很容易产生强迫心理，从而引发强迫症。通常，他们会制定一些不切合实际的目标，过度强迫自己和周围的人去达到这个目标，但总会在现实与目标的差距中挣扎。此外，自幼胆小怕事、对自己缺乏信心、遇事谨慎的人在长期的紧张压抑中会焦虑恐惧，也易出现强迫症行为。

需要指出的是，像反复检查门锁这种强迫心理现象在大多数人身上都曾发生过，如果强迫行为只是轻微的或暂时性的，当事人不觉痛苦，也不影响正常生活和工作，就不算病态，也不需要治疗。但如果强迫行为每天出现数次，且干扰了正常工作和生活，就可能是患了强迫症，需要治疗。

专家介绍，强迫症并不可怕，关键在于你能否勇敢理智地面对它，战胜它，让它再也“强迫”不了你。如果你有此决心，请你不妨试试以下几种方法进行自我调适。

1. 顺其自然法。

任何事情听其自然，该怎么办就怎么办，做完就不再想它，有助于减轻和放松精神压力。如好像有东西忘了带就别带它好了，担心门没锁好就没锁好了，东西好像没收拾干净就任它脏着乱着。经过一段时间的努力来克服由此带来的焦虑情绪，症状是会慢慢消除的。

2. 夸张法。

患者可以对自己的异常观念和行为进行戏剧性的夸张，使其达到荒诞透顶的程度，以至自己也感到可笑、无聊，由此消除强迫性的表现。

3. 活动法。

患者平时应多参与一些文娱活动，最好能参加一些冒险和刺激的活动，大胆地对自己的行动做出果断的决定，对自己的行为不要过多限制和评价。在活动中尽量体验积极乐观的情绪，拓宽自己的视野和胸怀。

4. 系统脱敏法。

先学会放松的方法，然后由易到难列出强迫性行为的次数和激怒情境，再对每种情境下的强迫行为逐渐进行放松脱敏。就洗手而言，应一步步地减少洗手次数，增加脏物的刺激量，依次执行下去。

5. 自我暗示法。

当自己处于莫名其妙的紧张和焦虑状态时，就可以进行自我暗示。比如："我干吗要这样紧张？一次作业没做没有关系，只要向老师讲清原因就可以了，就是不讲，老师也不会批评；就是批评了，又有什么好紧张的，只要虚心听取下次改正就可以了，何必那样苛求自己呢？谁没有犯过一点过失呢？"

6. 满灌法。

满灌法就是一下子让你接触到最害怕的东西。比如说你有强迫性的洁癖，请你坐在一个房间里，放松，轻轻闭上双眼，让你的朋友在你的手上涂上各种液体，而且努力地形容你的手有多脏。这时你要尽量地忍耐，当你睁开眼，发现手并非你想象得那么脏，对思想会是一个打击，即不能忍受只是想象出来的。若确实很脏，你洗手的冲动会大大增强，这时你的朋友将禁止你洗手，你会很痛苦，但要努力坚持住，随着练习次数的增加，焦虑便会逐渐消退。

7. 当头棒喝法。

当你开始进行强迫性的思维时，要及时地对自己大声喊"停"。如果你在自我控制的过程中遇到了困难，请别忘了向你身边的朋友或心理学家寻求帮助，大喊一声：“我不要受‘强迫’！”

癔症的自我调适

癔症又称歇斯底里症，是神经官能症中的一种类型。它是因心理或社会刺激引起的，其典型的症状是患者自己认为失去身体某部分的功能，而且也确实表现出身体某一部分功能的丧失。如有的人认为自己失聪、失听、失语、肢瘫了，确实就表现出失聪、失听、失语、肢瘫的症状，但各种检查又表明根本没有相应器官的损伤或病变。其症状轻重、持续时间长短与暗示相关联。

癔症多发病于16～30岁之间，女性多于男性。

癔症的病症一般表现为以下方面：

1. 感觉障碍。

（1）感觉缺失。各种浅感觉减退和消失，有多种表现形式，如全身型、半侧型、截瘫型、手套或袜套型等，以半侧型多见，麻木区与正常侧界限明确，或沿中线或不规则分布，均不能以神经系统器质性病变规律来解释。

（2）感觉过敏。表现为某些皮肤过敏区的存在，此时即使轻微地触摸亦可引起剧烈疼痛；有的患者在咽部有梗阻感，但用喉镜检查则正常；有的患者则是头部有紧压感，皮肤感觉异常或各种内感受性不适。

（3）特殊感官功能障碍。有暴发性耳聋、视野缩小（管型视野，又称管窥）、弱视或失明、嗅觉和味觉障碍等。

2. 躯体化障碍。

（1）呕吐：多为顽固性呕吐，食后即吐，吐前无恶心，吐后仍可进食，虽长期呕吐，并不引起营养不良。消化道检查无相应的阳性发现。

（2）呃逆：呃逆发作顽固、频繁、声音响亮，在别人注意时尤为明显，无人时则减轻。

（3）过度换气：呈喘息样呼吸，虽然发作频繁而强烈，但无发绀与缺氧征象。

3. 精神障碍。

（1）情感爆发。在精神因素作用下急性发病，表现为哭笑、喊叫、吵闹、愤怒、言语增多等，常以唱小调方式表达内心体验。情感反应迅速，破涕为笑并伴有戏剧性表情动作。发作持续时间常受周围人言语和态度的影响。发作时有轻度意识模糊，发作后能部分回忆。

（2）遗忘症。以对引起精神创伤事件的局限性遗忘较多见，对既往经历全部遗忘一般见于战时癔症。

（3）神游症。不仅记忆丧失，而且从原地出走，被发现时则否认全部经历，甚至否认自身的身份。神游现象除癔症外，还可见于癫痫病患者。

（4）癔症性神鬼附体。常见于农村妇女，发作时意识范围狭窄，以死去多年的亲人或邻居的口气说话，或自称是某某神仙的化身，或称进入阴曹地府，说一些“阴间”的事情，与迷信、宗教或文化落后有关。

（5）癔症性精神病。患者表现为情绪激昂，言语零乱，有短暂幻觉、妄想，盲目奔跑或伤人毁物，一般历时3～5日即愈。

如何对癔症进行有效调节呢？专家建议运用以下几种方法进行自我调适：

1. 情绪高涨时，借助静坐或者冥想，使心情平静。

不要以自我为中心，必须正确了解周围的人，并反省自己的言语行为。利用静坐，想想是否曾经希望自己比他人更引人注目；是否希望自己永远都是话题的中心；别人说话时，是否会打断他人的讲话，自己抢着说；当自己的希望无法达成时，会不会归咎于他人。请真诚、坦白地自我反思，让心灵活跃起来，不在意一切事情，静静地度过这段时光。养成心平气和的习惯，通过静坐、冥想，了解自己的心理状态，才能使心理健康。

2. 反省自己的言行、行为是否太轻浮。

睡觉前，客观地回想自己一天的言行，站在他人的立场，想想他人对自己这种言行的接受程度如何。为什么当时会出现那种行为？为什么当时会说那番话？为什么对方会生气？为什么自己会生气？冷静地思考，仔细想想自己的表现是否过于轻浮、任性或者自私自利。

再面对那种场面时，一定要控制自己的情绪，学会忍耐，即使精神上受到很大的打击，也不要说出口，应该以正常的行动代替自己任性的行为。

3. 借助阅读，提高自己。

为了提升与改善对于人生的看法、与人交往的方式、工作方法等，必须阅读有关的书籍，也可以写日记，反省自己一天的生活，整理自己一天的情绪，想想应该如何面对他人，同时分析自己内心深处的欲求、不满及烦恼等。

为了正确地适应社会，必须充分了解自己感情的动态，不要被自己的情绪所左右，有时候必须控制自己的欲求。通过阅读好的书籍，你的心灵会更丰富。

神经衰弱的自我调适

很多人都可能听说过神经衰弱这个病名。有的人说睡眠不好是患了神经衰弱；有的人记忆力差就怀疑自己患了神经衰弱；也有的人认为自己精力不足，也是患了神经衰弱……众说纷纭，似是而非。但究竟什么是神经衰弱呢？

我国精神病学家经过长期的调查研究认为，神经衰弱症是精神科的一种常见病、多发病，患者常感脑力和体力不足，容易疲劳，工作效率低下，常有头痛等躯体不适感和睡眠障碍。据统计，神经衰弱症患者占内科门诊人数的10.8%，占神经精神科发病人数的40%。在神经衰弱症的门诊患者中，女性患者也明显多于男性患者。

神经衰弱症患者一般以脑力劳动者居多，且多为青壮年。因此，只要有与疾病做斗争的愿望和决心，从解决认识问题入手，并在行为上进行自我调适，完全可以依靠自己的力量恢复健康。

1.消除紧张情绪，减轻心理压力。

要放松心情，面对压力要从容，要认识到症状是一种信号，应该先冷静地分析一下，这种情绪紧张和心理压力来自何方。适当降低自己的奋斗目标，要量力而行，要把目标确定在自己能充分发挥潜能，而又不导致精神崩溃的限度。将目标降低，轻装前进，能收到出人意料的好结果。

2.自我锻炼法。

神经衰弱是能够治愈的，虽然需要较长时间。合理安排生活，改变不良习惯，起居定时，生活有序，劳逸结合，加强体育锻炼和工作学习的计划性，并与医生积极配合，是治疗神经衰弱的主要环节。下面介绍一些具体的方法，以供参考。

（1）自我按摩法。

有头痛者，可擦颜面，按摩太阳穴；有头晕者，可加用“鸣天鼓”手法；有失眠、心悸者，可于临睡前擦涌泉穴。具体操作方法如下：

鸣天鼓：两手心掩耳，食指放在中指上，然后让食指滑下，弹击脑后（风池穴附近）20～30次，可听到击鼓样的声音，这对减轻头昏、头痛有一定作用。

擦涌泉：两手搓热后，用右手中间三指擦左足心，至足心发热为止，然后依法用左手擦右足心，一般以擦4次为佳。按摩这个穴位，有助于失眠、心悸症状的缓解。

（2）冷水浴。

冷水的刺激有助于强壮神经系统，增强体质。因此，神经衰弱患者适宜于洗冷水浴，在早晨起床后进行。早期先用温水擦身，经过一段时间锻炼，习惯以后改用冷水擦身，最后用冷水冲洗或淋浴，每次30秒到1分钟左右。从夏天起可以参加游

泳，如能坚持到秋冬，效果更佳。

（3）散步和旅行。

根据实验研究，神经衰弱患者做较长距离（2～3公里）的散步，有助于调整大脑皮质的兴奋和抑制过程，使精神振作、心情舒畅、头痛减轻。

（4）优化你的睡眠。

要想改善睡眠，首先要养成良好的睡眠习惯，注意生活有规律。晚饭不宜过饱，临睡前不要进食，不饮用具有兴奋作用的饮料，不要进行大运动量的体育锻炼，不听节奏感太强的音乐等，不睡觉时尽量不进入卧室，没有睡意时不上床。

3. 药膳改善法。

在我国医学宝库中，有不少关于药膳的论著，积累了丰富的经验，是一项宝贵的医学遗产，数千年来为我国人民和世界人民的保健事业做出了很大的贡献，至今对不少慢性疾病的防治仍有很大的实用价值。现就有关改善神经衰弱的药膳配方介绍如下。

（1）桂圆红枣粥。

桂圆15克、红枣5～10枚、粳米100克，煮粥。有养心、安神、健脾、补血之功效。适用于心血不足，有心悸失眠、健忘乏力和自汗盗汗等症状的患者。

（2）百合粥。

百合30克，先用清水浸泡半日，去其苦味，再加大米50克，共煮至米熟有清香气味，加冰糖适量，早晚各服一次。百合内含有少量淀粉、脂肪、蛋白质、微量生物碱（秋水仙碱），具有清热养阴、润肺安神的功能，是治疗神经衰弱的有效药物。

（3）糯米山药莲子粥。

鲜山药90克（切片）、莲子30克、粳米250克，共煮粥，加少许糖渍桂花，即可服食。有补中益气、健脾养胃、宁心安神之效。

（4）桂圆莲子汤。

取桂圆肉15克、莲子15克，同时放进瓦锅内，加水后煮成汤汁，添入适量的冰糖，每天早晚各食一次，可长期坚持，无不良反应。有养心、宁神、健脾、补肾的功效，对心血虚亏的失眠、心悸、自汗、神志不安、食欲不振有一定治疗效果。

恐惧症的自我调适

恐惧症又称恐怖性神经症，是以恐怖症状为主要临床表现的神经症。恐惧对象有特殊环境、人物或特定事物，每当接触这些恐惧对象时即产生强烈的恐惧和紧张的内心体验。患者神志清醒，明知其不合理，但是一旦遇到相似情境时，就会反复出现恐惧情绪，无法自控，并且产生回避行为。脱离该情境后，症状就会逐渐缓和消失，间歇期基本如常。

恐惧是一种正常的情感。恐惧性情绪反应是一种具有自我防护、回避危害、保证生命安全的心理防卫功能，人皆有之，例如人们对黑暗、僻静处、高空环境、毒蛇猛兽都可能产生恐惧性回避反应。儿童、女性、胆小者和某些心理缺陷者，恐惧心理尤为明显。恐惧症患者呈现异常的、强烈的恐惧和紧张不安，假若不予治疗，症状越来越重，恐惧对象和内容有泛化倾向，影响生活质量和社会秩序。

心理医生治疗恐惧症有许多种方法，常用的有认知疗法、行为疗法和强迫疗法。认知疗法对患者的刺激强度最弱，强迫疗法最强。

认知疗法是通过解释、疏导，告诉患者他之所以对某种物体、情境或人恐惧，是因为他自己主观意念所致。如社交恐惧，就是自己的一种强迫性的消极观念占上风，总担心与别人谈话、交往，别人会嘲笑或看不起自己，不管事实上是否真如此，总觉得很不自在、很尴尬、很恐慌。所以，要消除恐惧症，就要勇敢地面对引起恐怖的事物，学会控制、调节自己的害怕情绪。

行为疗法主要采用系统脱敏法。所谓系统脱敏法也称缓慢暴露法，是一种常用的行为治疗方法。其基本原则是交互抑制，即每次在引发焦虑的刺激物出现的同时，让病人做出抑制焦虑的反应，这种焦虑就会削弱，最终切断刺激物同焦虑间的联系。采用系统脱敏法治疗恐惧症要求有计划、有目的地指导、鼓励患者去接触使他产生恐惧的人群、事物或情境，即使暂时会产生恐惧，也要忍受和适应，直到恐惧情绪全部消失为止。此法可以在医生指导下进行，也可以进行自我脱敏训练。

强迫疗法实际上是行为疗法的一种。医生会让患者站在车水马龙的大街上，或者让其站在自己很惧怕的异性面前，总之是直接面对患者恐惧的对象，利用巨大的心理刺激对患者进行强迫治疗。这种方法必须由富有经验的心理医生在对患者做出谨慎的评估后再进行。因为强迫疗法对患者的心理刺激非常强烈，容易使患者产生其他心理疾病，但是疗效非常显著。

此外，还可以采用药物治疗方法。药物治疗主要是针对恐惧症所引起的焦虑和忧郁情绪。三环类抗抑郁药可以减轻空间恐惧症的症状，但停止服药有较高的复发率，故药物治疗只是一种辅助疗法。

亚健康最爱找上抱怨的人

做自己的心理健康导师